始于入门的
精品
制作

手缝皮革技法教程

〔韩〕金　辰　著
边铀铀　译

河南科学技术出版社
·郑州·

图书在版编目（CIP）数据

始于入门的精品制作：手缝皮革技法教程 / (韩)金辰著；边铀铀译.—郑州：河南科学技术出版社，2016.4
ISBN 978-7-5349-6651-4

Ⅰ. ①始… Ⅱ. ①金… ②边… Ⅲ. ①皮革制品—手工艺品—制作—教材 Ⅳ. ①TS973.5

中国版本图书馆CIP数据核字(2016)第047103号

出版发行：河南科学技术出版社
地址：郑州市经五路 66 号　邮编：450002
电话：（0371）65737028　65788613
网址：www.hnstp.cn
策划编辑：刘　欣
责任编辑：张　翼
责任校对：张小玲
封面设计：张　伟
责任印制：张艳芳
印　刷：北京盛通印刷股份有限公司
经　销：全国新华书店
幅面尺寸：190 mm × 260 mm　印张：17　字数：400 千字
版　次：2016 年 4 月第 1 版　2016 年 4 月第 1 次印刷
定　价：68.00 元

序言

prologue

从首次接触皮革制作工艺开始，不知不觉间已过去十年了。

时间在繁忙中匆匆而逝，这十年我完全沉迷于皮革的魅力中。它也给我带来了许多乐趣与享受。但是随着对其了解的深入，我也常有困惑与劳累之感。

皮革的柔软与坚韧、好与坏，不是经别人说明便可以正确理解的，要靠自己去感悟，这一点很难。用于品牌商品的皮革，有的时候并非是好皮革。此外，便宜的皮革也不一定就不能满足我们的需要。

皮革属于高价材料。想要掌握皮革制作工艺，唯一的路径就是加强学习并不断实践。通过学习，自己才会知道在何种情况下，使用何种皮革是最理想的。皮革工艺的魅力是无限的，自己在制作时会有享受感，而且可以按照自身意愿去制作，这一点是在市场上买不到的。

皮革工具的分类也是多样的。本书所介绍的重点是手工缝制，但是仅仅熟悉手工缝制技法是不能制成好作品的，裁切、割皮、黏合、收尾等重要节点与方法都要具体的了解。为了制成好的作品，正确使用工具与材料是十分重要的。对于皮革的鞣制、收尾、染色、构造等的说明，虽然书中介绍的并不多，但我还是希望可以在此为大家提供帮助。我希望初学者在制作时按步骤一一进行，在学习后，可以利用这些技术制作属于自己的独特作品。

相信阅读过本书，即使是在皮革制作方面毫无基础的人也可以学会轻松制作皮革制品了。希望这本书可以为广大皮革工艺爱好者提供些许帮助。

目录

Part 1

认识皮革

细谈皮革

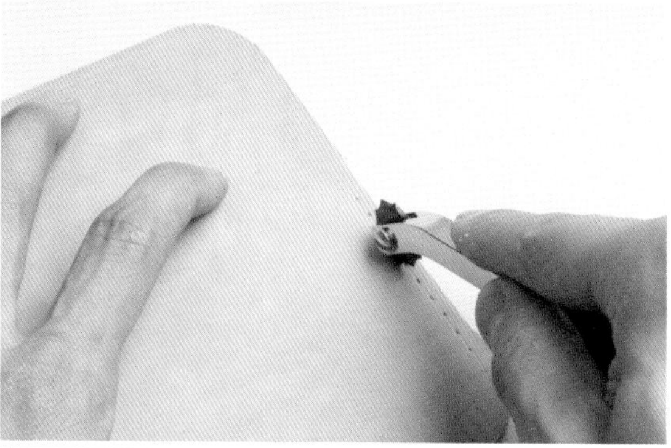

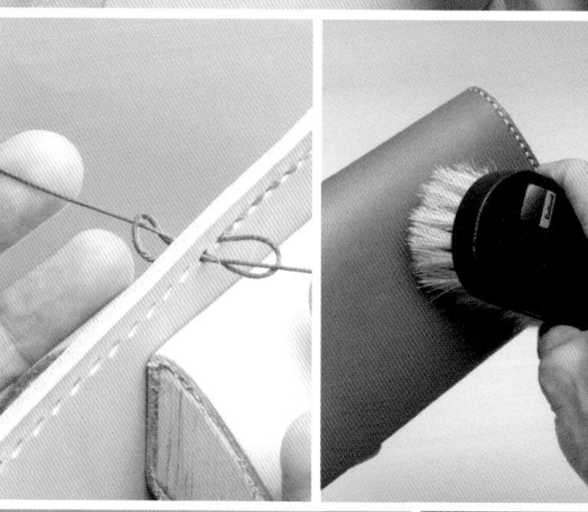

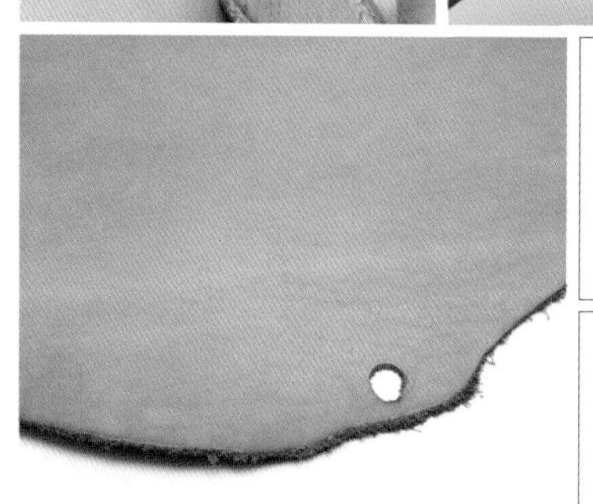

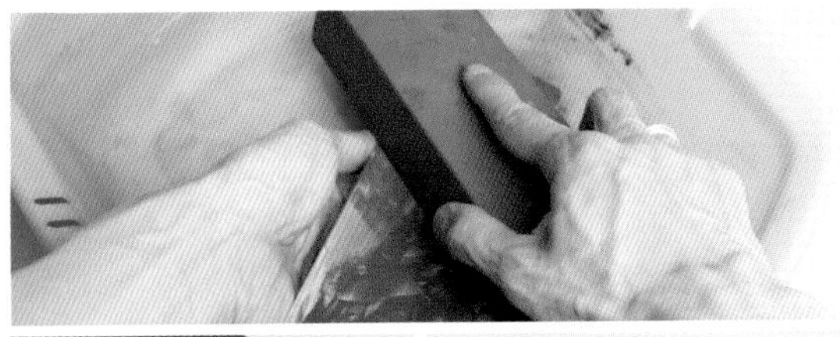

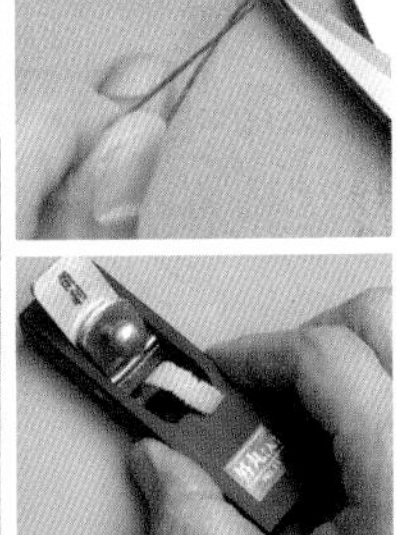
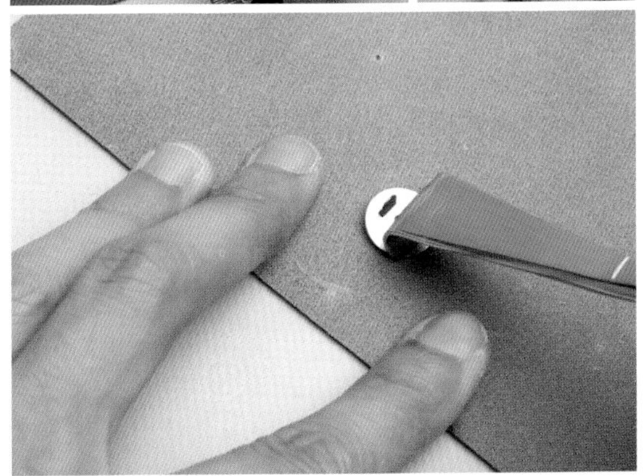
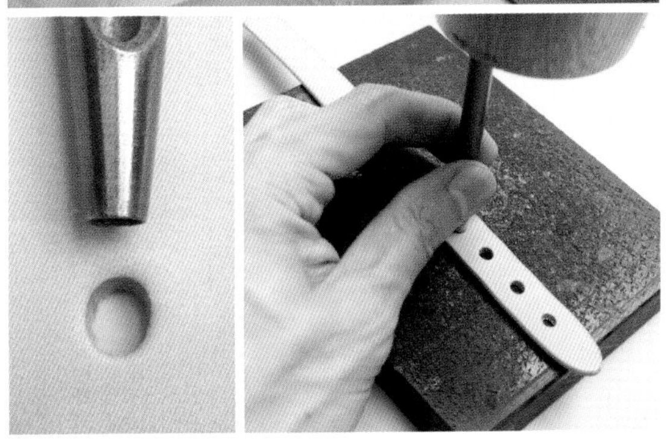

皮革工具的使用

皮革工具的保养

Part 2

作品制作方法

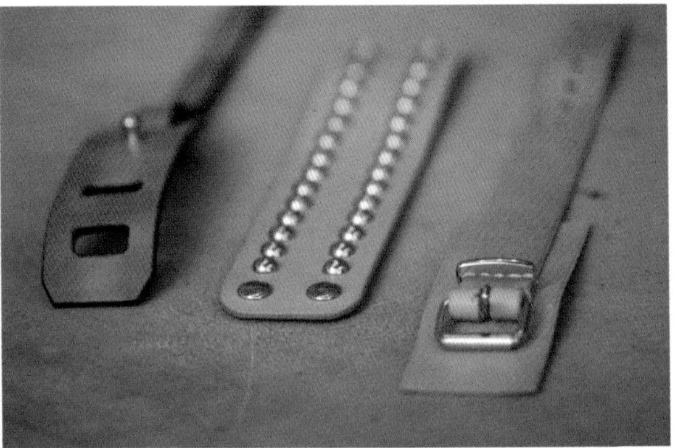

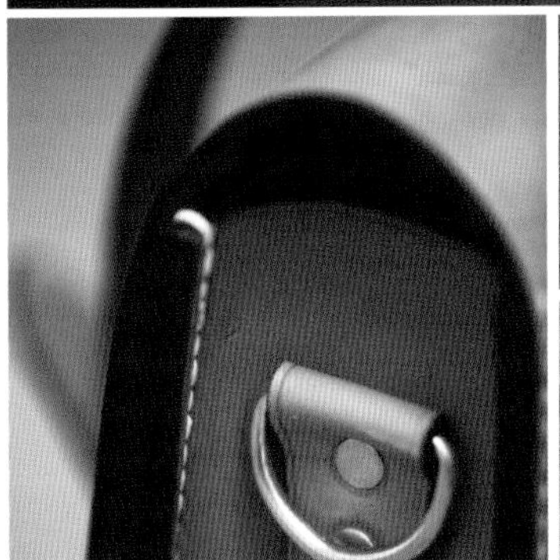

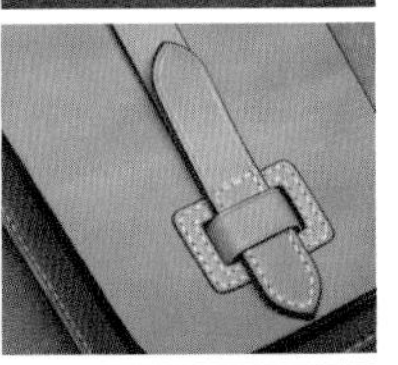

Part 1

认识皮革

细谈皮革

在开始皮革工艺之前，首先要了解皮革。只有对皮革有一定程度的认知，才能正确购买和使用皮革。困惑之处虽然能在制作过程中逐渐理解，但如果是初次尝试皮革缝制，那就一定要先解开疑惑。首先请了解皮革的特性与种类，学习如何选用和制作。

1 皮革

我们经常穿的衣服、用的背包等皮革制品都是经过加工制作而成的。通过观察皮革的制作过程，可以发现大部分柔软且耐用的优质皮革都是除去家畜皮的脂肪与异物后，再经过鞣制和其他后续加工制作而成的。

1) 皮革的特性

用途不同，使用方法也不一样。只有利用其长处才能制造出优质的皮革制品。首先了解一下皮革的优点与缺点。

皮革的优点	皮革的缺点
受温度影响较小，有较好的保温性与持久性。因其良好的弹性与可塑性，可以经受各种形态的加工且着色容易。	形态与品质不均衡（纹路、伤口等），易受湿度影响。潮湿的环境下会长出霉菌，太过干燥则有收缩的可能。

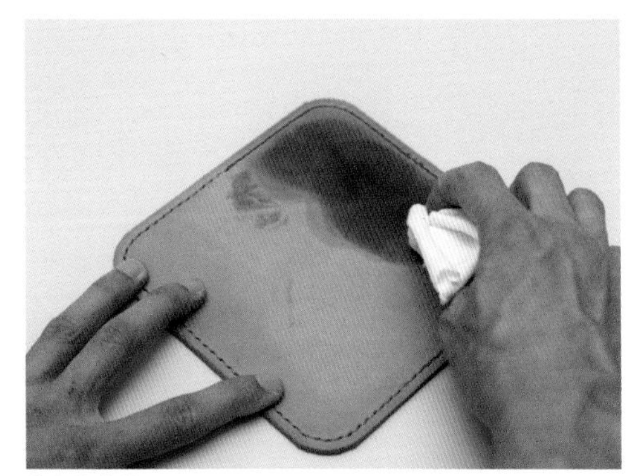
染色的皮革

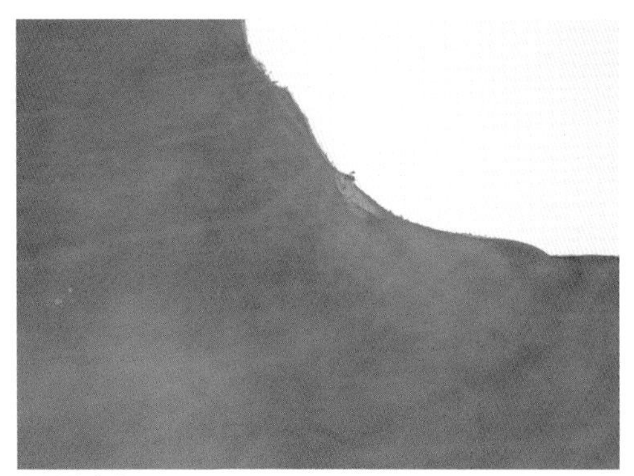
起皱的皮革

2) 皮革的构造

皮革有银面与床面之分。银面指皮革的表面，床面指皮革的背面。银面一般看起来比较光滑，床面看起来则较粗糙。

■ 银面

皮革表面（正面）约 0.5mm 厚的部分称为银面。皮革种类不同，其纹路、毛孔等也有差异。

银面

■ 床面

皮革的背面称为床面。削去银面，剩余的皮革也属于床面。常称为“toko”，是日语“床”的意思。

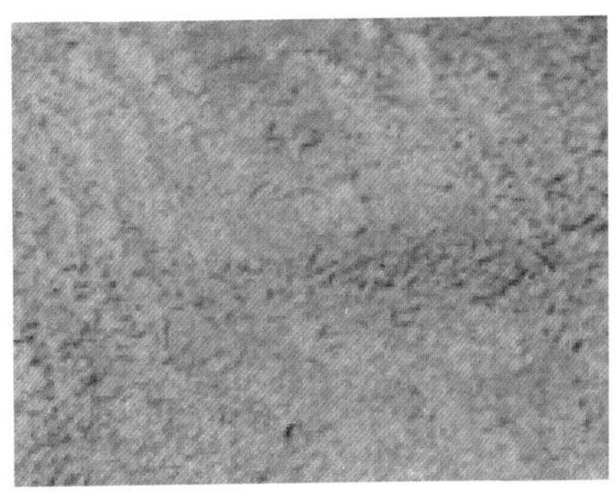

床面

3) 皮革的基本单位

通常标记于皮革的床面，多使用国际标记单位 DS（ 1DS=10cm^2 ）。但在中国常使用 SF（1SF=30.48cm^2），称为“平”，为主要单位。

以一张牛皮为准，为 200~300DS；一张猪皮一般为 100~150DS。

所有皮革上标记的数字都是 DS。152DS（约 49.87 平）。

4）皮革的厚度

皮革一般被加工成各种厚度，流通于市场。根据制作产品的不同，所需的皮革厚度也不相同，因此在购买前，最好先确认一下。如果没有理想的厚度，可购买比所需尺寸稍厚点的皮革，之后委托商家加工成理想厚度即可。

Tip 削皮商家——将皮革切割成平均厚度的商家。（商家多将源于日本语的漉、割作为专用语使用，漉是割掉部分皮革；而割是将皮革全面割下。）

关于皮革厚度的图片

2 皮革的分类方法

同样的动物皮革，如果品种及动物的年龄、生活环境有所不同，其性质也不一样；按鞣制方法、收尾方法等来区分也有不同的类别。在此做如下阐述。

1) 鞣制(Tannage, Tanning)

鞣制是除去动物皮革表面的异物、毛、多余的脂肪与蛋白质等，浸透特定鞣剂的过程。

鞣制后的皮革对水与热的耐久性会变高且变结实，柔软且不易腐坏。在皮革界，鞣制前称为皮，鞣制后称为革，以此来区别。所用鞣剂不同，皮革的性质也不同。主要的鞣剂有植物鞣剂和铬鞣剂。

Tip 用语说明

- 鞣剂（tanning agent）：生产生活用皮革时，为不使皮革腐坏而用于鞣制的物质。
- 鞣酸（tannin）：用于鞣制的单宁酸是从胶质金合欢树中萃取的。其茎干可用于造纸，树皮中可提取出单宁酸液。该类皮革伸缩性较小，具有良好的定型效果。

■植物鞣制（Vegetable Tannin Tannage）

植物鞣制作为长久以来使用的方法，是将植物中提取的单宁酸液加工为鞣剂的方法。我们常说的全皮，就是用这种方法制成的。虽然全皮需要很硬，但是经过加工后就会变得柔软。植物鞣制的制作过程需要2~10个月，需要在不同浓度的鞣剂中多次进行。

皮革虽然比较坚韧结实，伸缩性与弹性较小，但可塑性很强。且因其对油分和水分具有良好的吸收能力，所以可简化整形作业，进行立体加工，适宜手工缝合，亦可雕刻。

染色前的植物鞣革呈肉红色，随着使用而暴露于光线下，颜色会变为深褐色，燃烧后也不会产生有害物质，属于绿色皮革。一般植物鞣制的皮革、全皮、滑革等是植物鞣革的常用名称。

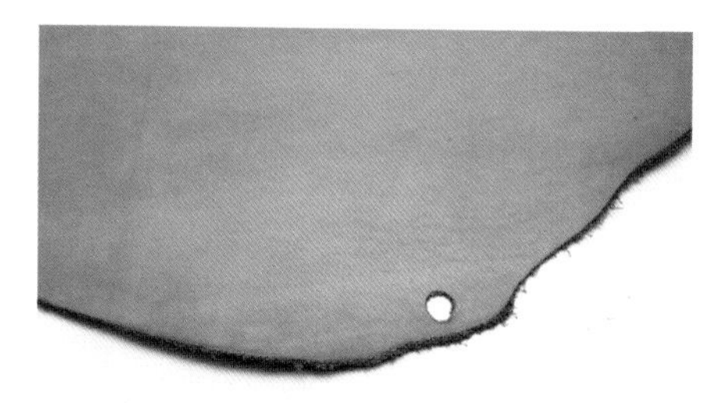

植物鞣革

■ 铬鞣制 (Chrome Tannage)

以三价铬化合物为反应剂的鞣制比植物鞣制花费小，且生产性能良好，因此适用于批量生产。铬鞣革有显著的耐热性，染色时发色良好、不易变色，质地柔软可缝纫，伸缩性较好，主要用于制作衣类或背包。由于铬鞣革在染色前呈浅蓝绿色，故又称作蓝湿皮。

■更多鞣制

• 油鞣

将动植物油脂制成油脂剂的方法，主要在进行麂皮生产时使用。

铬鞣革

• 铝鞣

铝鞣革与铬鞣革性质相似，但耐热性低；因加工时无色，故发色效果显著。主要用于毛皮加工与复合鞣制。

• 锆鞣

即四价锆碱性热鞣法。锆鞣革具有显著的耐光性与耐摩擦性。

• 结合鞣（合鞣）

两种以上鞣法并行，称之为结合鞣，可得到多种鞣制效果。

另有其他多种鞣制，考虑到绿色环保，能够代替铬鞣的鞣制一直正在研发中。

2) 收尾

皮革在鞣制以后，通过多种收尾工作便可成为一般的可用皮革。经过鞣制，皮革的特性会变得不一样；同样，收尾方式不同，皮革的特性也会变得大不相同。

■ 摩擦收尾法 (Puffing Finish)

仅进行摩擦作业的收尾（puffing：用布或砂纸进行摩擦）。

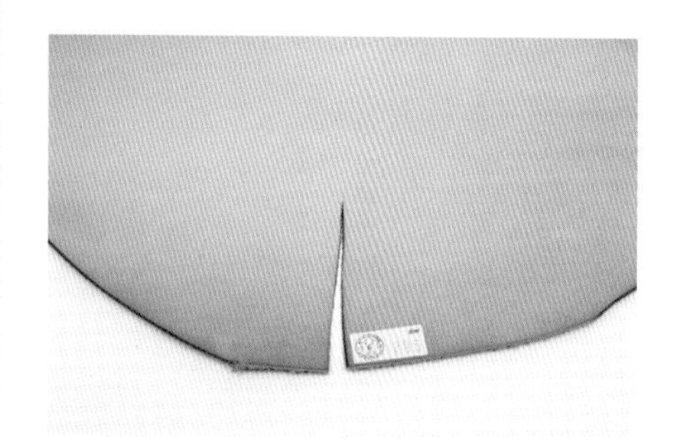

■苯胺收尾法 (Anyline Finish)

使染色皮革具有透明感，可看出皮革类型的收尾方法。也有配合少量颜料的微苯胺。

■ 上釉收尾法 (Glazing Finish)

用加热的玻璃、金属等磙子，给予银面强大压力，通过摩擦，使其柔软并有光泽。

■颜料收尾法 (Pigment Finish)

使用颜料收尾，比较适合于遮盖银面的伤口。

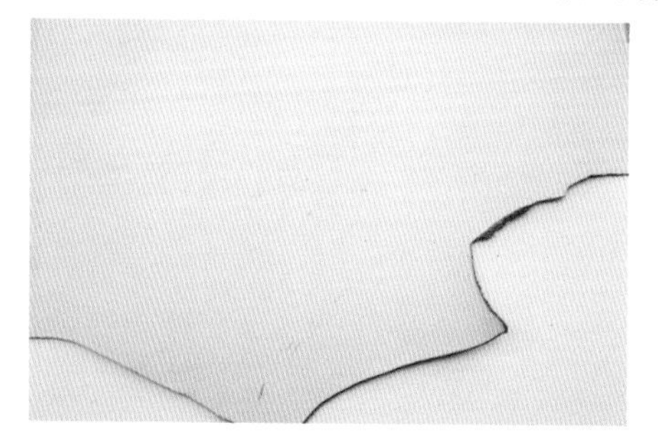

■烙熨收尾法 (Ironing Finish)

用丙烯酸合成树脂的主要成分颜料涂抹后，用加热的金属压熨，使皮革平整且有光泽。

■原始收尾法 (Antique Finish)

使用染料，用两种颜色染色的收尾法。

■ 压缩收尾法 (Pull Up Finish)

将蜡、油大量浸入到银面后，用压力机压缩的方法。如果折叠或拉扯皮革，伸展部分的色相会有浓淡浑浊之变。

■涂料收尾法 (Patent Finish)

又称涂漆收尾法。使用氨基甲酸乙酯涂料，在银面形成比较厚且具耐水性的强力膜，光泽十足。

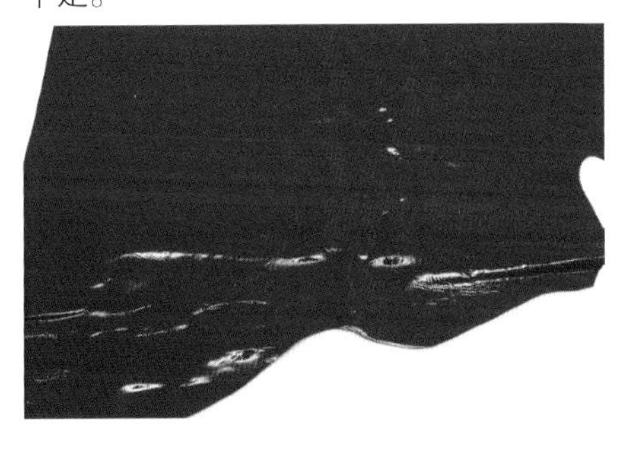

■折纹收尾法 (Boarding Finish)

将皮革向银面方向折叠会形成折纹，从而遮盖银面的缺陷。可用机器作业，也可手工作业。

■压花收尾法 (Embossed Finish)

在皮革银面用加热而成的阴刻版与阳刻版压缩收尾。在牛皮等的银面上压出阴阳刻纹，可代替高价的爬行动物的皮革。

3) 起毛革

■软皮革

打磨床面纤维的收尾法。

■毛毡

比绒皮毛长，较粗糙地打磨收尾。

■绒皮

打磨竖直的银面纤维的收尾法。

■薄兽皮

削皮后只在剩余的床面上打磨纤维收尾。与软皮革类似，但是因没有银面比软皮革更薄。

4) 毛皮

不除去动物毛的收尾。

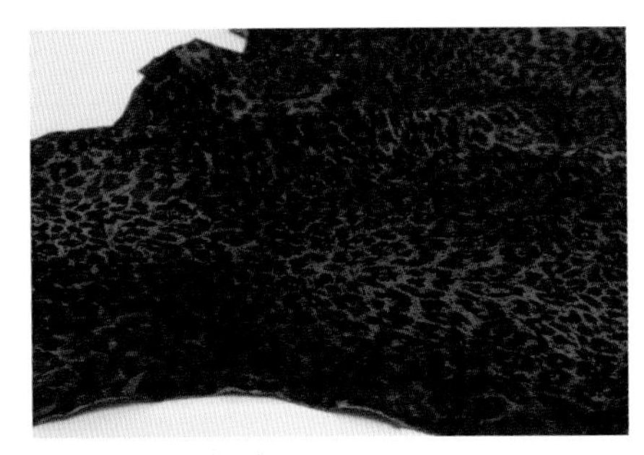

小牛皮（染成虎皮色）

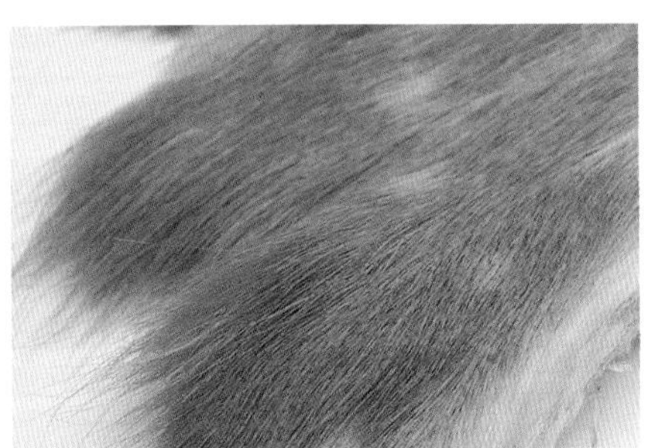

小鹿皮

5) 染色

染色方法的不同，皮革的反应也有许多不同。鞣制后，大部分皮革表面都要经过染色过程。皮革的染色可分为两大类：一种是吸收油分与水分的染料染色，另一种是不吸收的颜料染色。

染料染色有透明感，可自然流露原有的皮革感，但是如果沾上水或油，会很容易生出斑点。另有随摩擦掉色的缺点。

颜料染色是在皮革表面涂抹不溶于水或油的颜料，形成的涂层可强力防水或防污染，而且不用担心掉色。但是即便可以遮盖皮革表面的伤口和斑点，看起来自然平滑，也依旧给人强烈的人工感。

给皮革沾水，便能轻易区分染料染色与颜料染色。水被吸收则为染料染色，水未被吸收则为颜料染色。

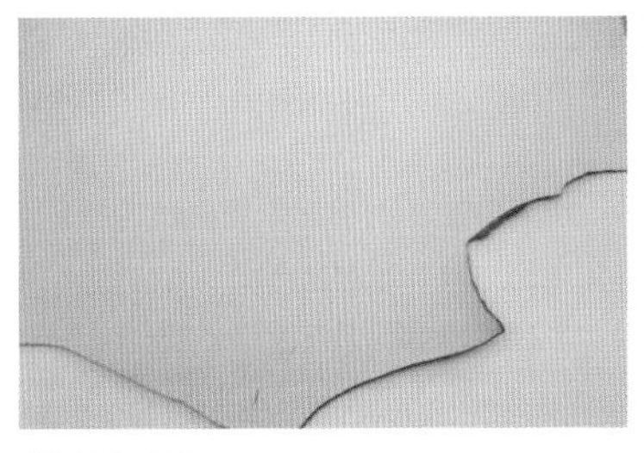
颜料染色皮革

染料染色皮革

Tip 在染料染色之上，如果使用涂漆之类的收尾制剂，则有防水之效，水亦不会被吸收。

3 牛皮

在众多的皮革中用途最广的是牛皮。

大部分牛皮使用的是成牛（steer hide= 出生后 3~6 个月被阉割的生长 2 年以上的公牛）。

1) 依牛的年龄分类

■小牛皮 (Calf)

出生 5 个月以内的牛，牛皮品质优良。小而薄，皮革纤维细密。银面柔软，有独特的条纹特征。

■中牛皮 (Kip)

出生 5~12 个月的牛，牛皮比小牛皮稍厚且硬。属于小牛与成年牛的中间品。

■母牛皮 (Cow Hide)

出生后 2 年以上的母牛，牛皮比公牛皮薄。银面较平整，但皮革的纤维组织（尤其是腹部）都十分稀疏。

■阉牛皮 (Steer Hide, 成牛)

出生后 3~6 个月被阉的公牛中，经过 2 年以上的成长而成的牛。牛皮厚度均衡，是牛皮的代表。

■公牛皮 (Bull Hide，成牛)

没有阉割，生长 3 年以上的公牛，牛皮较厚，纤维组织一目了然。头、肩、颈部的牛皮非常厚实。

2) 各部位名称

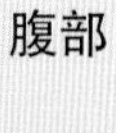

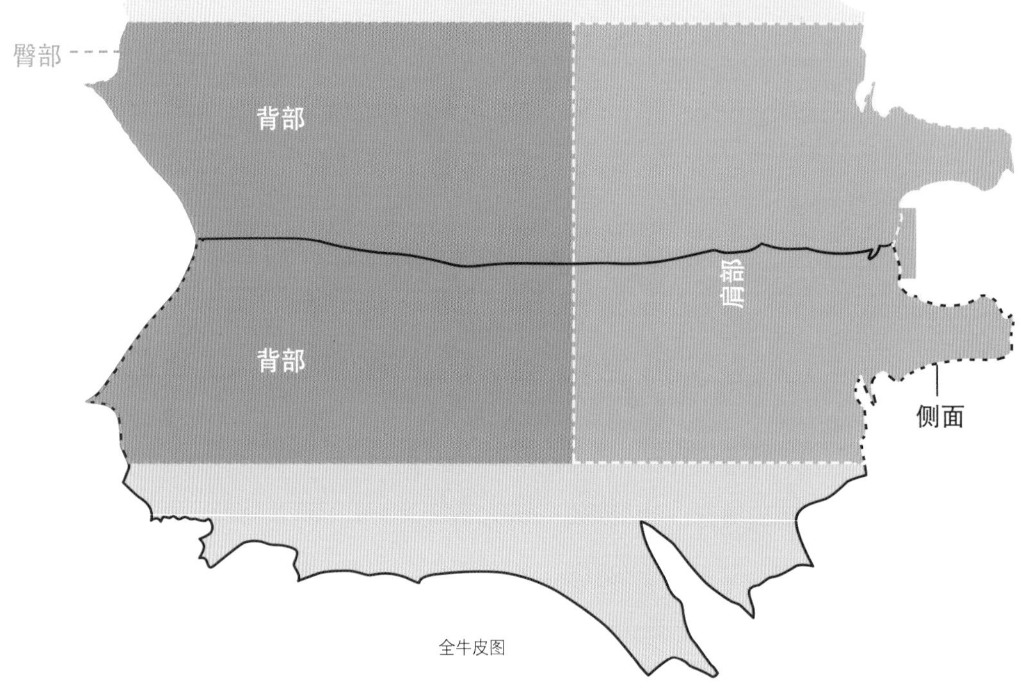

全牛皮图

• 臀部（Butt）
纤维紧密且结实，品质优良。

• 背部（Benz）
纤维密度致密，皱纹较多。

• 肩部（Shoulder）
纤维稀疏，厚度不均。

• 腹部（Belly）
纤维稀疏，较柔软，易伸展。

3) 各部位特征

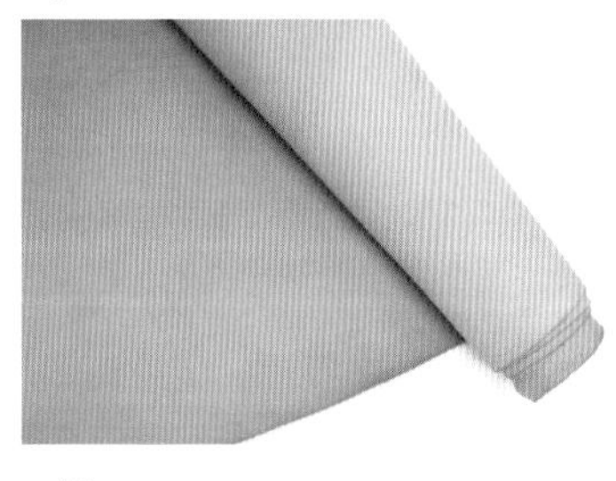

A 背部

B 腹部

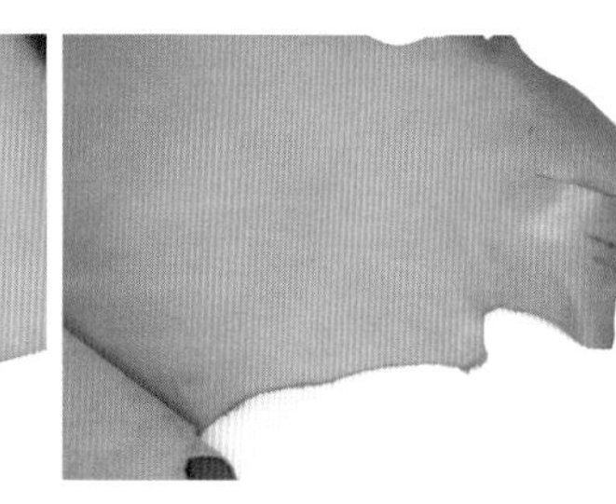

C 颈部、腿部、臀部

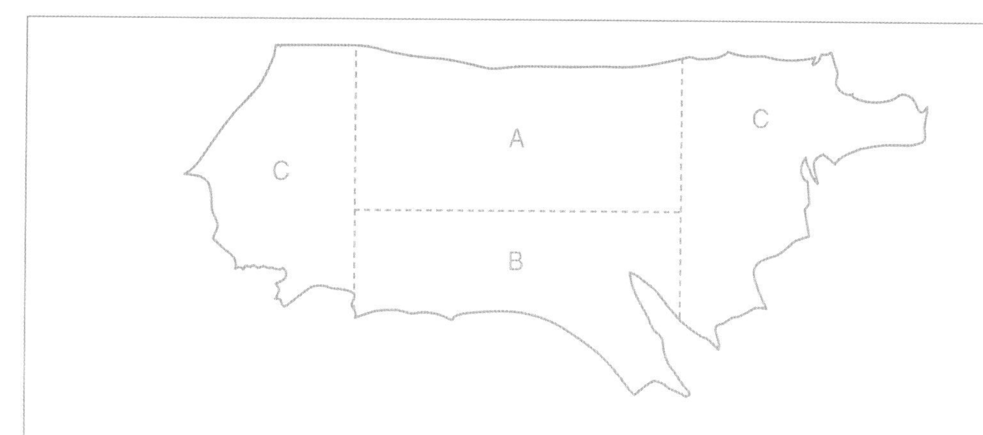

• A 背部：作为不易伸展且较结实的优质部位，首先适用于背包侧面或底面等着力面或者外观上可看到的部分，也适用于腰带或者皮条之类的有长度的物件，同时也可使用于不宜伸展的制品中。
• B 腹部：纤维稀疏，较柔软，适宜伸展，因此可用于制品不受力的部分，或者削成薄皮，制作衬垫等。
• C 颈部、腿部、臀部：皱纹多，纤维稀疏，厚度不定。可通过设计巧妙利用伤口或皱纹部分，最好使用在不受力部分或背包的包盖上等。

如果两张牛皮粘在一起或者把纤维稀疏的部分缝在一起使用，皮革会更坚实，使用时不易伸展。由于纤维方向的不同，用手拉扯皮革时会发现，既有较易伸展的方向，也有无法伸展的方向。

如因皮革较厚而无法判断时，可将皮革折弯，皮革弯曲的方向就是可伸展方向。观察皮革的床面，可以看出纤维稀疏与致密等。

首次学习缝制皮革时，整件作品的皮革须使用无皱纹的优质部分。一件制品的部分的不同，所需皮革的品质也不相同。比如：看不见的部分、不受力的部分没必要使用优质皮革。注意这一点，皮革的所有部分都会有效利用，便不会造成浪费。

4) 其他皮革

■猪皮

植物鞣制而成的猪皮，可像牛皮一样使用，但是猪皮厚度偏薄。铬鞣制而成的猪皮，根据软皮革、绒皮等收尾方式的不同也分许多种类。这种皮主要用于做衬里。

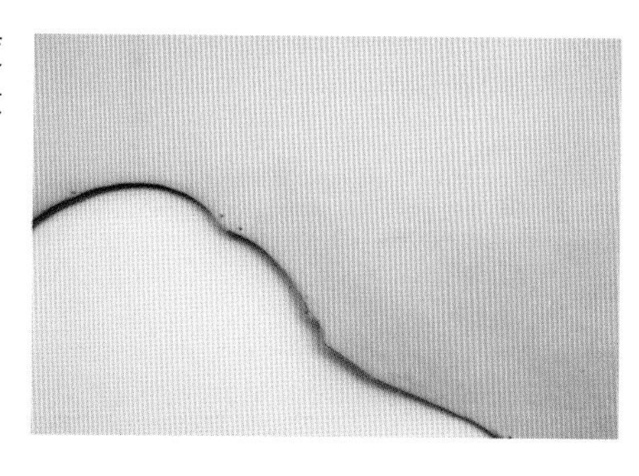

■羊皮

吸水性好，柔软且容易染色，适用于背包、小艺术品等。衬里或扣结等也常使用羊皮。

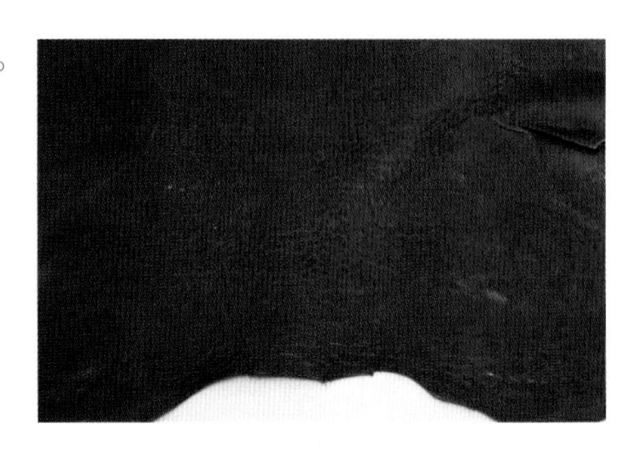

■爬行动物的皮

鳄鱼、蛇、蜥蜴、青蛙等爬行动物的皮，湿气很强，在没有霉菌长出的情况下，银面图案较华丽。

■其他皮革

如有美丽皱纹且耐磨性较强的山羊皮；柔韧有余，手感良好的麂皮；毛孔独特的鸵鸟皮；具有漂亮凹凸图案的鳐鱼皮等毛皮。

4 皮革的选购与保养

1) 皮革的选购

为了制作好的作品，皮革的选择尤其重要。除了要将前文讲述的内容牢记心头，还要根据作品的特点与用途来选择皮革。每家皮革商销售的皮革都会有所差异，但如果售卖的是牛皮，那么头部、颈部、臀部等一般都是按尺寸销售的。

如果牛皮按各自理想的方式销售，皱纹多、纤维稀疏的部分是不会有人购买的。一些网上的商家多以平为单位销售，但网上购买是无法精确得知皮革所属部位的，而且好的背脊部分是绝不会以平为单位来销售的。

因此，尽量以张为单位购买头部、颈部、臀部等部位的皮革。

植物鞣制的皮革，根据染色与收尾方法的不同，皮革的价格与品质也是千差万别。但是对于国内的消费者来说，除了原产地信息外，很难清楚地了解到皮革的收尾工艺、加工过程等基本信息。因此，国内市场常常单纯地根据原产地来区分皮革的好坏。这样，想要买到合适的皮革便十分困难。

希望通过本书，就皮革的加工方式、收尾与性质等方面，为大家提供些许帮助与参考。

2) 皮革的保养

皮革与人的皮肤相似，都需要不断地保养。

如果是植物鞣制皮革，越使用会越柔软且愈发有光泽。人体分泌的油脂可以供给皮革充足的油分。因此，每天都使用则是最好的保养方式，不必提供额外的油分。

如果不是每天都使用的皮革制品，最好时常清除上面的异物或污渍，同时还要供给油分与营养。皮革的种类不同，所使用的保护剂也不一样。天然的皮革要想有自然的皮色，就要像人做日光浴一样，给予油分。如果油分不足，皮革的银面便会干燥开裂，甚至脱落。

相反，染色皮革，即使暴露于光线下，皮革的原色也不会显露。但最好涂抹像防晒霜一样的保护剂，否则皮革的原色便会显露且变黄。

存放皮革时，最好将其置于通风良好的阴凉处。存放时最需要小心的是霉菌。如果污渍、湿气、温度三者适宜，那么霉菌很容易繁殖。存放前一定要擦除灰尘，使其尽量干燥后，用软布或无纺布包裹，置于通风良好且背光的干燥场所。如能时常取出并进行干燥更好。此过程要小心翼翼，不能使皮革出现划伤。

如果皮革长出了霉菌，可用蘸了水的软布将其擦拭掉并在阳光下杀菌。如果霉菌长到了皮革内部，即使擦掉表面的，内部的也无法清理，所以最重要的便是尽早发现并处理霉菌。

■ 皮革被打湿或沾上污渍

植物鞣制的皮革因有良好的吸水性，需要格外小心。打湿时，用干布或纸巾将水分吸掉，将报纸放到里边以保持形状。如果皮革上有异物，擦拭起来会很困难。但如果有泥垢，直接擦掉即可。

圆珠笔印记等油性污渍基本上是擦不掉的。丙酮或者香蕉水会伤害皮革表面，绝对不能使用。尽管皮革专用清洁剂可以清除斑点，但最好还是先在不显眼的地方试验后再使用。

3) 皮革保养用品的使用方法

■毛刷

毛刷经常用于擦除表面的灰尘，如果有污渍，可用带药剂的布或湿布擦拭后，再使用养护品。这是皮革的基本保养方法。

■牛皮皂

牛皮皂可清除皮革表面的灰尘与杂质、防止霉菌生长，但只适用于软皮革等起毛革之外的牛皮（鞋子、背包、腰带等）。如西蒙得木油，可有效滋润皮革。

01 用海绵蘸取适量的水。

02 轻磨牛皮皂，使其产生泡沫。

03 在皮革上轻擦。

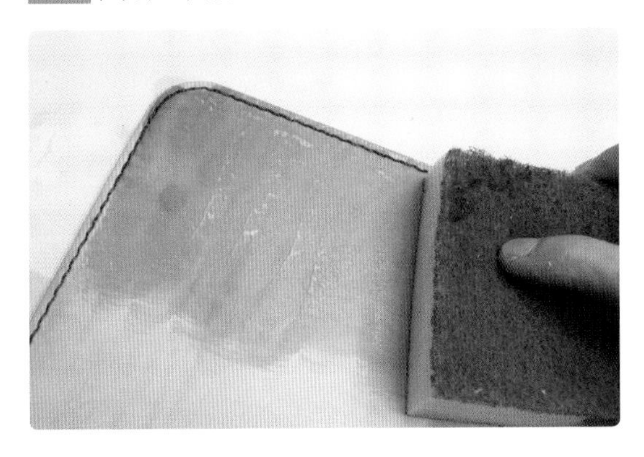

04 用软布擦掉泡沫。

05 置于通风良好处晾干。

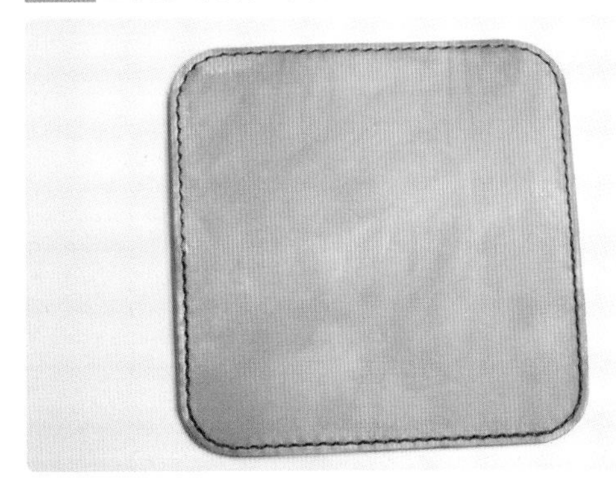

■皮革杀菌剂

皮革杀菌剂是一种无害于人体的天然抗菌防臭剂，主要作用于恶臭之源——黄色葡萄球菌。皮革杀菌剂中不含蜡的成分，不黏，速干，使用方便，但不适用于软皮革之类的起毛革。

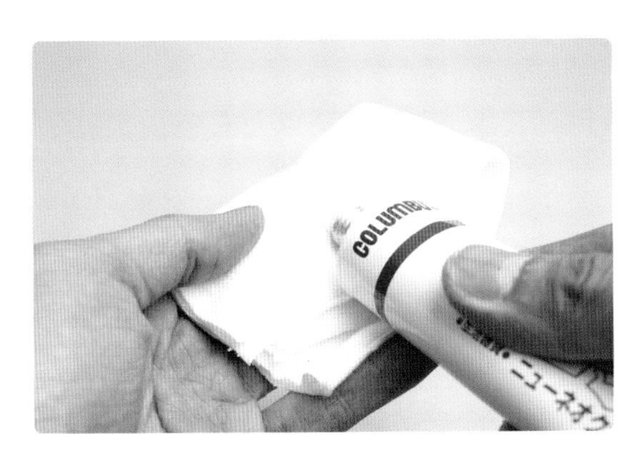

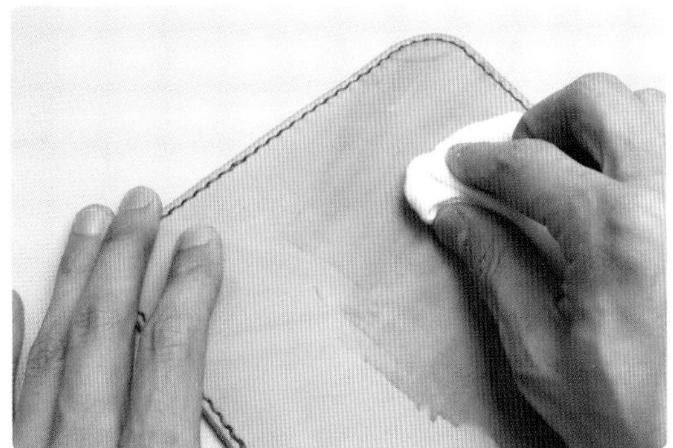

■貂油

貂油可为皮革提供油分，使皮革变得柔软。动物性貂油会很好地浸透到皮革中。如果是有斑点或者褪色的皮革，最好在不显眼的部分试用后再使用。貂油不能用于爬行动物的皮革、软皮革、绒皮等起毛革上。

01 用软布蘸取适量貂油。

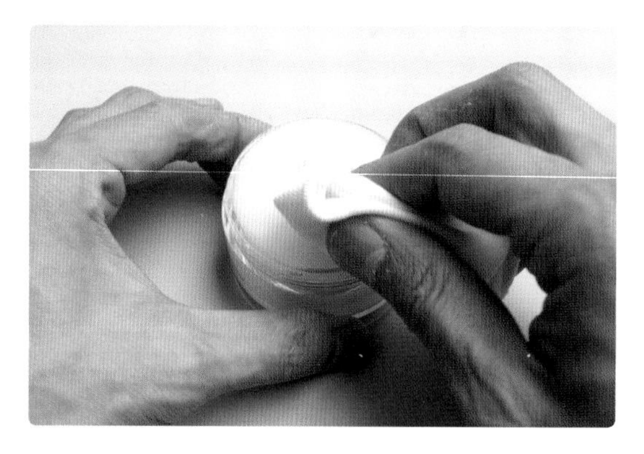

02 在皮革上像画圆圈一样均匀涂抹。当皮革吸收貂油后，用软布擦拭。

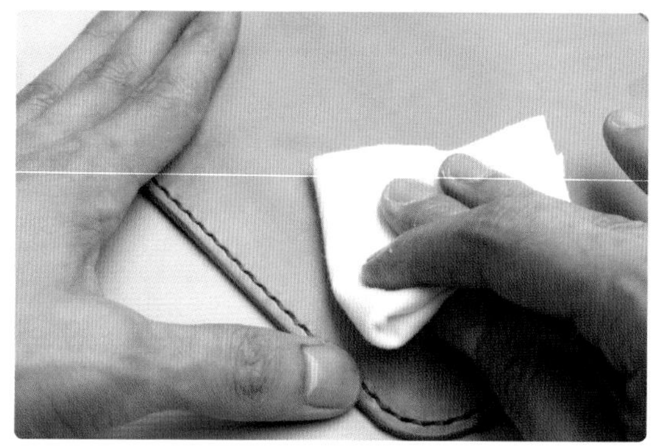

■植物鞣革专用膏

皮革专用膏搭配天然动植物蜡制成的膏体，为皮革提供油分并使之变柔软，消除异味，与防霉剂结合成为植物鞣革专用膏。这种膏体有防晒之效，若用于染色皮革，可有助于固色。

01 用布蘸取适量膏体。

02 薄薄地均匀涂抹开。

■ 牛脚油

以牛脚骨（去蹄和胫骨）熬制而得的牛脚油，可为植物鞣制革提供油分，用于皮革保养。一段时间之后，皮革中的油分会流失，从而变得松脆易裂，通过提供油分，可解决此问题。

01 用羊毛片或布蘸取牛脚油。

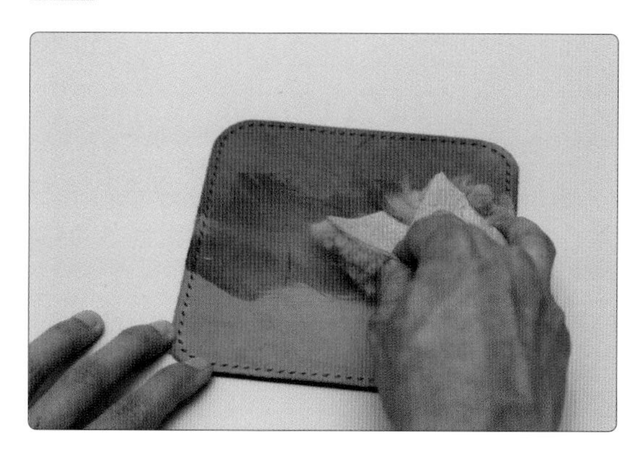

02 在皮革上画圆圈似的均匀涂抹。

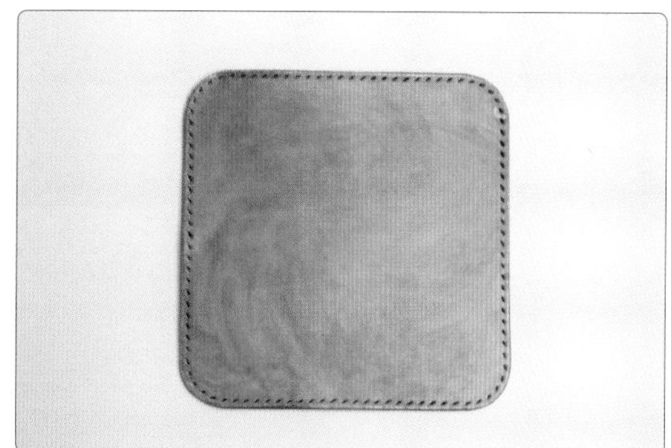

03 如图从左至右依次为涂抹前、涂抹后、吸收后。涂抹牛脚油时，皮革的颜色刚开始会很深，等到完全吸收后，基本会恢复原色。

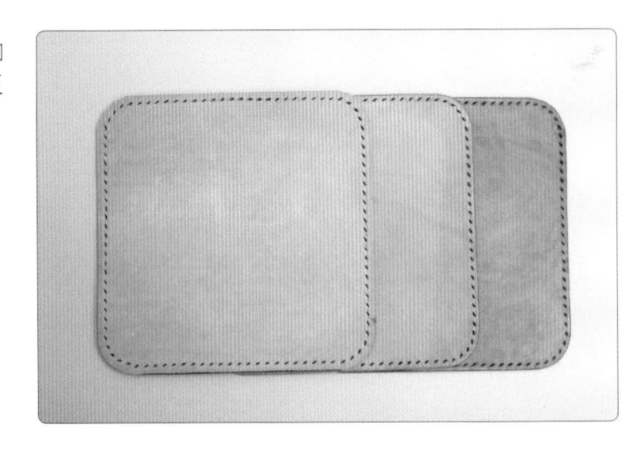

■油蜡

油蜡是油性硅树脂与白蜡的合成物。染色等工序会造成皮革油分流失、变硬。油蜡可使此种皮革变得柔软。在擦拭皮革上的污渍或斑点时使用，也很有效。

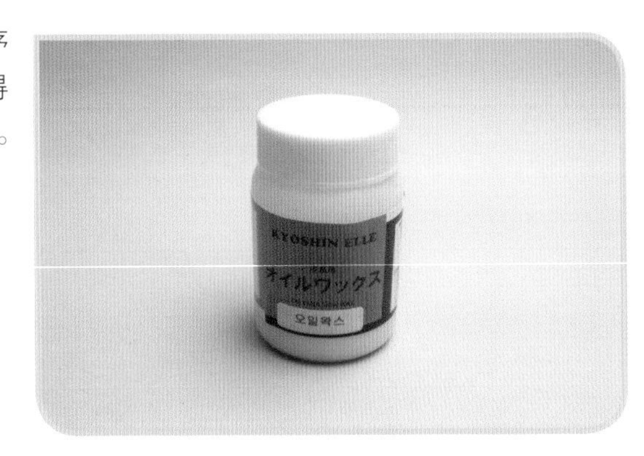

01 用软布蘸取少量油蜡。

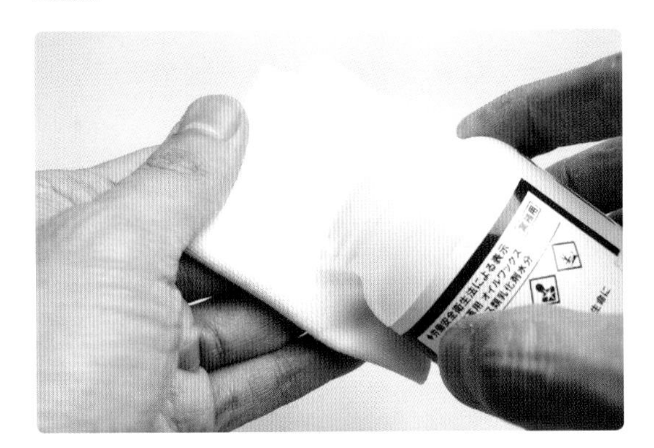

02 在皮革上均匀涂抹。

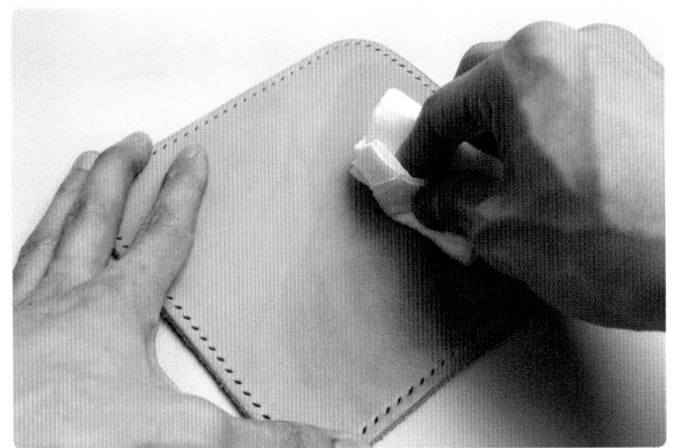

皮革工具的使用

了解裁切皮革的方法，以及缝合、收尾、黏合、装嵌等各种皮革作业所需的工具和材料。

1 设计图案与制作

皮革缝制工作开始前要绘制理想的设计图案，通过构想图案可提前确认作品是否方便使用、是不是理想尺寸。希望大家通过绘制构想图案制作来确定最终的设计图案，把握皮革的品相与伸展方向，从而准确地将图案转移到皮革上。

※ 进入实际绘图前，通过构想图案可以避免皮革被浪费。

1) 绘制构想图案的方法

可以采用手绘或电脑绘图。如果是首次进行设计，模仿现成的优秀设计也不失为一种好方法。如果是手绘，为了设计出独特且具有个性的作品，就必须努力才行。

01 将构想的图案绘制在速写本或纸上。

TIP

在绘制构想图案之前，最好在脑中准确地勾勒出精确的尺寸与厚度。

02 使用电脑绘图，要按实际尺寸绘制并打印。

※ 使用电脑绘图，可快速完成作业并获得多种设计方案。

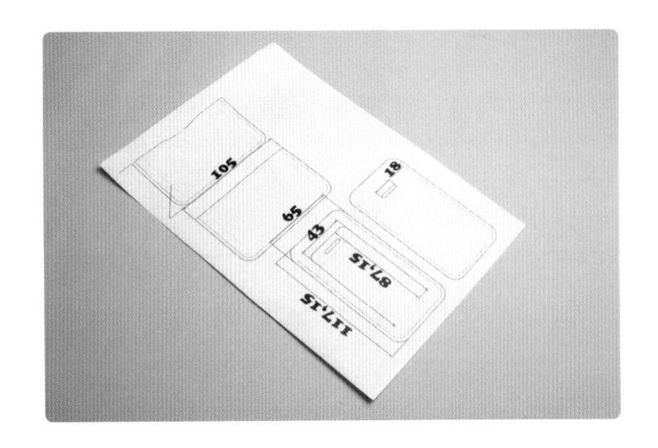

03 使用方格纸与尺子直接勾画。

※ 对于初学者来说是最方便的绘制方法。灵活使用尺子与方格纸，可轻易勾画出简单的图案。

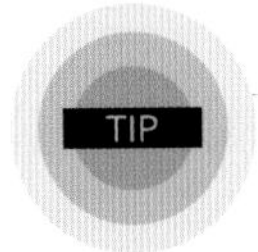

进入制作前

使用最后确定的图案，在皮革的床面进行绘制，确认设计有无异常、厚度是否合适后，修订图案或者直接使用。在削皮商家将皮革削薄到想要的厚度后，可收回剩余的皮革床面进行试画。

比如：2mm 厚的皮革要削成1mm厚时，带银面的1mm皮革为实际制作使用的皮革，被削掉的1mm便是床面部分。

2) 将图案转移到皮革上

转移图案时，用银笔和圆锥在事先准备好的皮革（符合使用厚度的皮革）上绘制。为了确认皮革上有无皱纹或划口等情况，在银面绘制时要边观察边转移图案。图案应紧凑一些，不能浪费皮革。

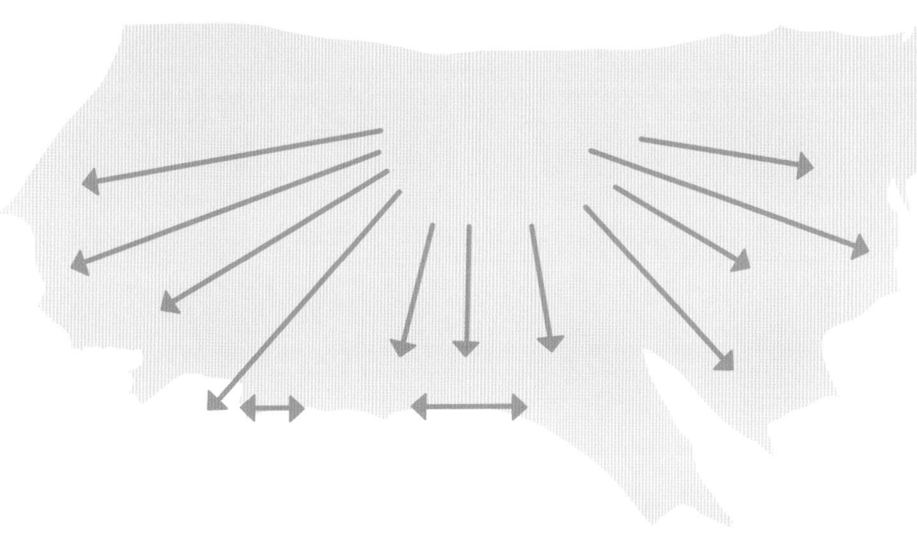

上图中的箭头方向为皮革纤维的走向。一般顺着纤维走向皮革不易伸展，纤维走向的垂直方向则易于伸展。通过拉扯皮革可得知准确的伸展方向，皮革较厚时可折叠皮革，易于折叠的方向便是伸展方向。

■银笔

在皮革上用银笔标记，更为醒目，在软皮上也容易画线。银笔也可用于标记打眼部分。裁切时可完全按照画好的银线进行裁切。

■ 锥子

将图案转移到皮革上或者标记时使用。与银笔不同，用锥子画出的线较细，与原图基本上没有误差。因为用锥子画的线不会消失，所以应先将图案在皮革上比对好，再顺着线小心勾画。

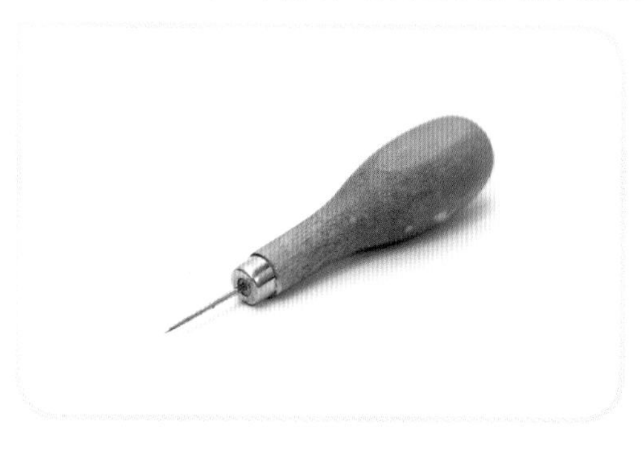

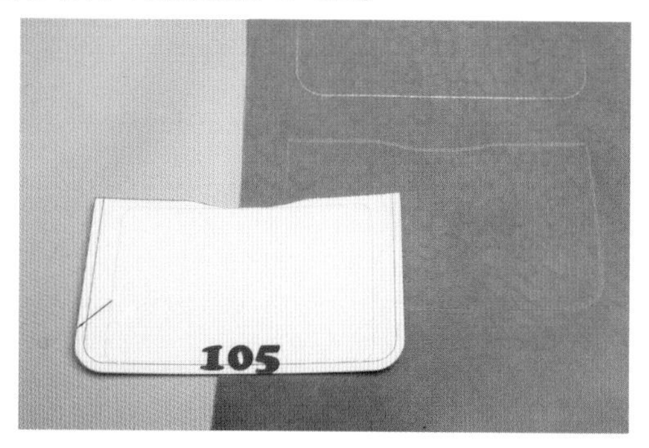

■其他工具

- 直角尺：多使用于画图或裁切时，确认直角等情况。
- 剪刀：临时裁切图案、线与皮革时使用。
- 美工刀：裁切图案时使用。

2 皮革裁切

裁切是皮革工艺中十分重要的环节。如果能较好地完成裁切，后续的作业会很顺利。假如裁切出的各个部分大小不正确，即使再次修剪，也无法制作出理想尺寸的作品。

将用银笔或锥子转移到皮革上的图案进行裁切。因皮革本身有一定的厚度，所以垂直于皮革面进行准确裁切很重要。

如果能熟练使用美工刀，裁切时，即便不用尺子也能轻易裁出直线。（如果使用一般的美工刀裁切，裁切面会不整齐，所以最好使用较有力的裁刀。）

Tip 注意不要将手放到刀刃行进的方向。

1) 皮革裁刀

先铺设塑料压缩板，保护刀刃，然后按照事先转移到皮革上的图案进行裁切。如果皮革的各个部分都有密集的图案，那么最好留出 5mm 的边进行粗裁，再进行精裁。注意，如果太过用力，刀刃会嵌到塑料压缩板中不易拔出。不要想着一次性就能将厚皮革裁好，要反复两三次，如果硬要一次性裁切的话，不仅费力而且裁切面也会不齐，这点需注意。一般刀的宽度为 24~39mm。

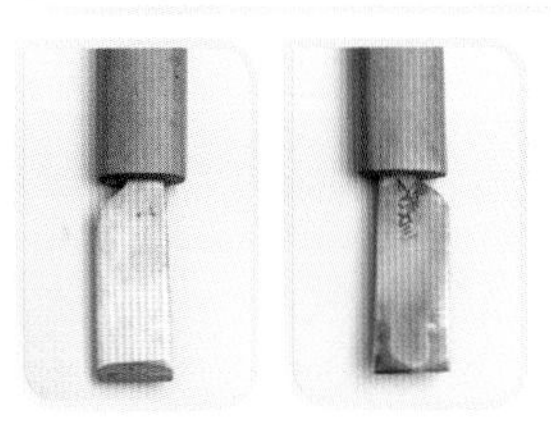

■手握裁刀的方法

因裁刀的刀刃部位有倾斜度，所以需按图示，往后倾斜着裁切，这样裁切面才会呈直角。如下图所示，握住裁刀，确认与裁切面呈直角后进行裁切。

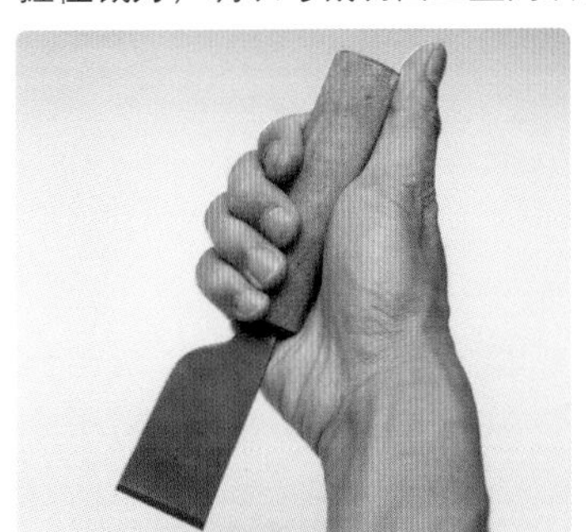

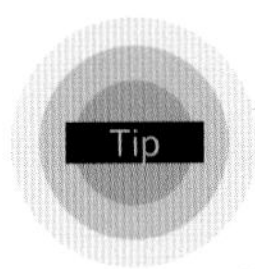

皮革的裁切面

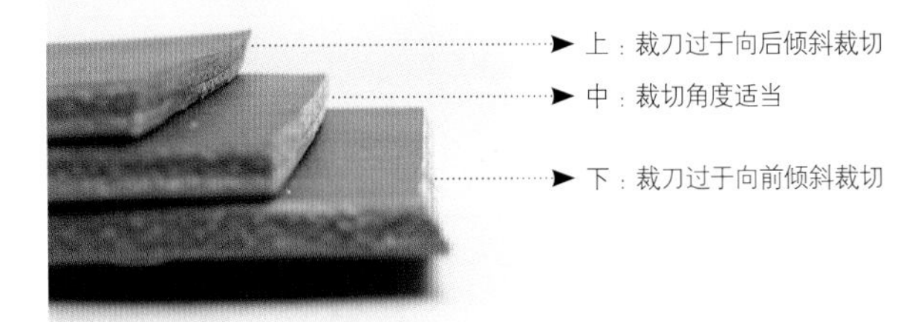

■裁切直线

裁切直线时不能用尺子。如果用塑料尺，可能会将尺子与皮革一起裁掉;用铁尺，裁刀的刀刃可能会损坏。如果尺子被推动，那么裁切线也会被一起推动。因此需要勤加练习，经过一定程度的练习便可轻松沿着图案线裁切出直线了。如果在皮革的银面上使用尺子，皮革则容易出现刮痕。

在皮革上比对好，刀刃不要太过深入，沿着裁切线自然裁切。初学者不要一次性裁切，最好分成两三次。

不要一直裁切到底，一下一下地，轻轻按压进行裁切，这样皮革就不会被推动。

■裁切曲线

裁切曲线或细微部分时，最好先进行试裁切，然后再实际裁切。首先裁直线，然后裁曲线。如果圆形过大的话，可以先画出小圆进行裁切；如果弯曲度较小，可用裁刀多次刨切再进行裁切。

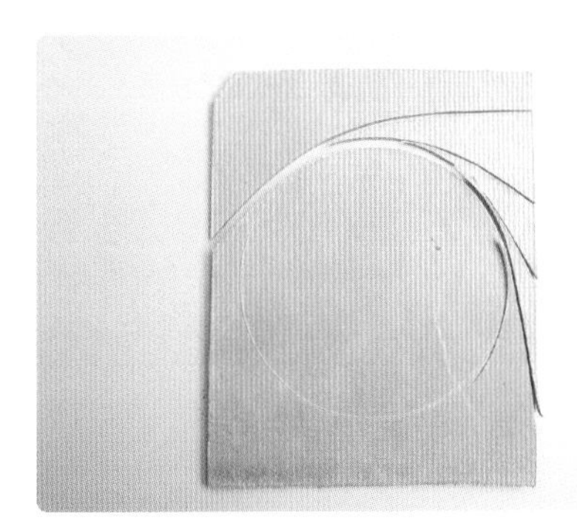

※ 逐次画出小圆。

※ 刀刃尽可能往左侧按压使用，这样裁切出的曲线较好。

若是小圆，可用裁刀按压裁切。

■工艺切割刀

内部较细微的部分，使用刀锋尖锐的工艺切割刀裁切较为方便。

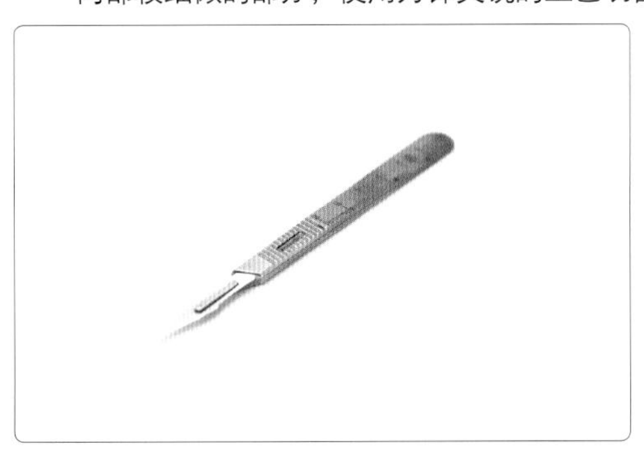

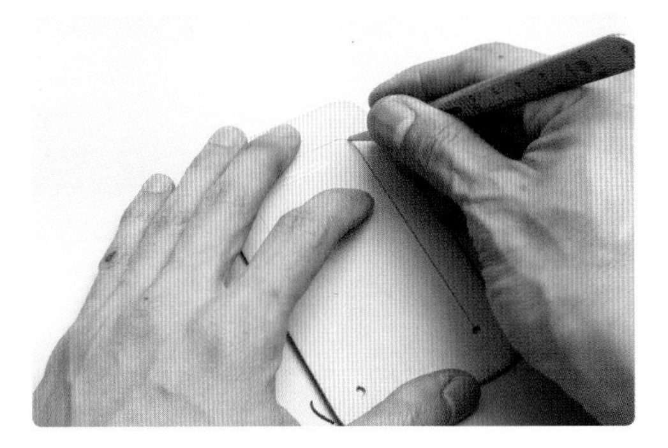

本书使用的皮革是全皮（植物鞣制革），有一定的厚度和韧劲，并用砂纸打磨裁切面。裁切皮革时，一次性完美裁切最好，即便有些许误差也可在收尾时进行修剪，因此即使不能完美裁切也不必担心（但尽量使误差最小化，以便接下来的作业顺利进行）。

2) 其他裁切工具

■一般切割刀

用尺子比好，使用一般文具切割刀进行裁切也行，但是比裁刀的刀刃薄，不适合垂直裁切。厚皮革不要一次性裁切，最好分多次进行。

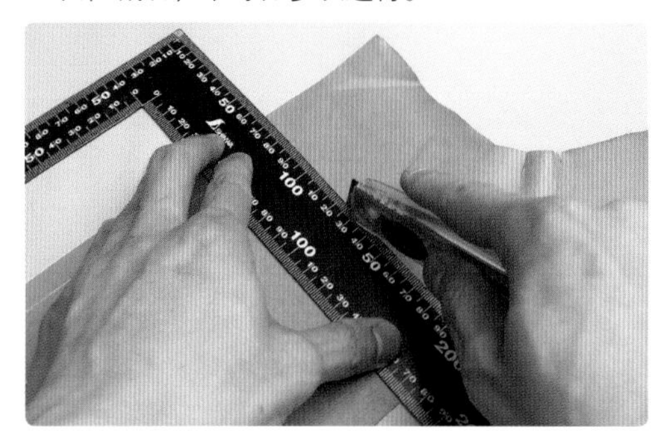

■皮带切割器

把皮革按照一定的宽度进行裁切并不容易。皮带切割器可以将皮革轻易地裁切成固定宽度的带状（0.33~10cm 的宽度），皮带切割器不适用于没有韧劲或较薄的皮革。

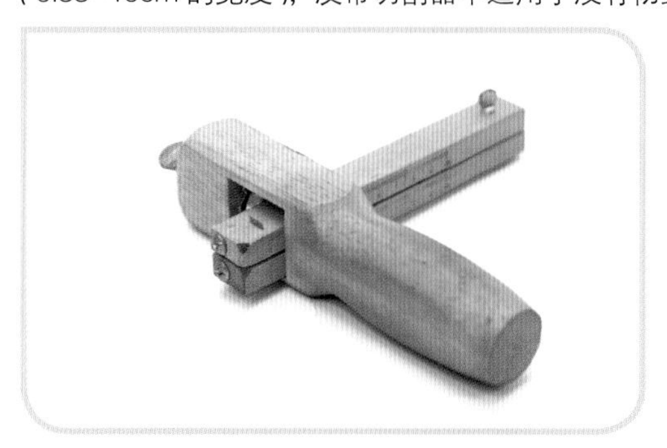

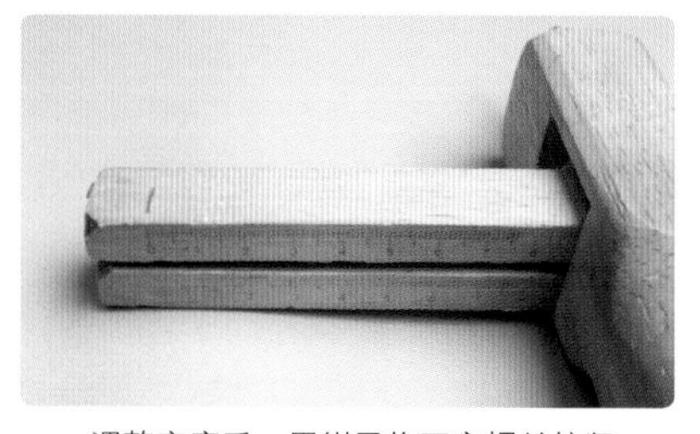

调整宽度后，用钳子将固定螺丝拧紧。

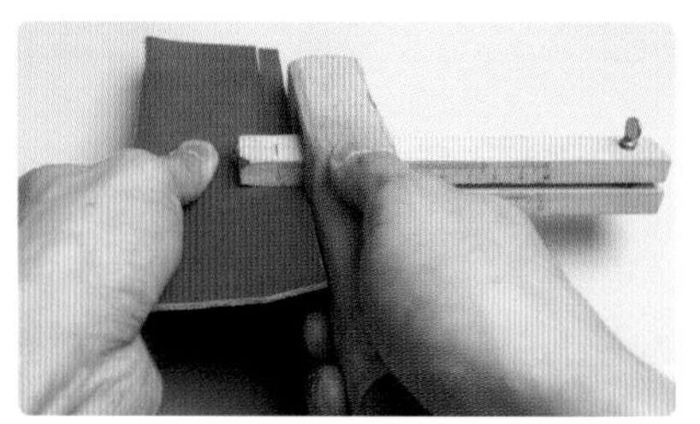

以皮革的一边为基准，夹住皮革，将皮革按一定宽度进行裁切。

■旋转式切割刀

如果皮革无韧劲、较软，使用旋转式切割刀可轻易进行裁切。

裁切厚皮革时，因要与皮革面垂直进行且十分费力，所以最好避免使用旋转式切割刀。

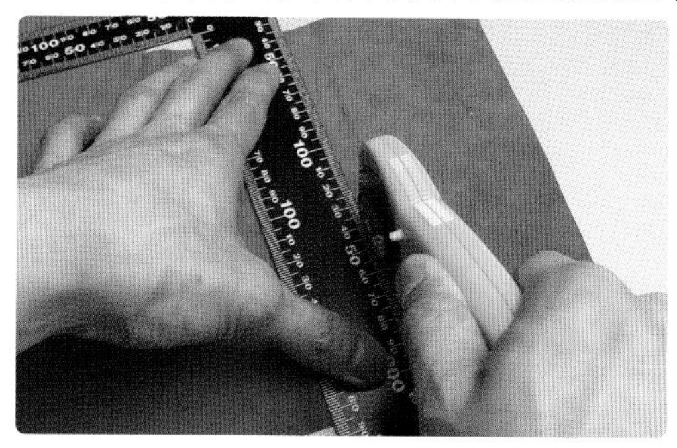

■圆形切割刀

将皮革裁切成圆形很困难，但是用圆形切割刀却可以轻易裁切出圆形皮革。

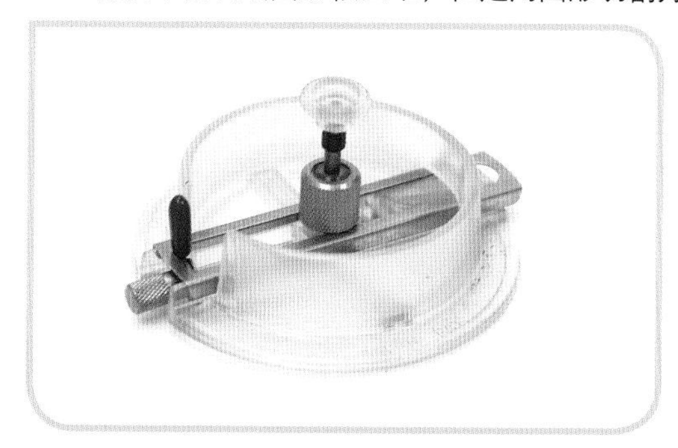

■皮革削薄

皮革有基本厚度，基本为 1~8mm。很多时候购买的皮革厚度并不是我们想要的，制作时各部分都有要求的厚度。如果各部分的厚度一定（1mm、1.5mm 等）时，我们可以委托削皮商家进行削皮。少量或部分皮革的话，我们也可以自己进行，这就要求得有削皮用的工具。个人购买削皮工具时价格多少会偏高，因此使用裁刀、刨子及其他工具也可以进行削皮。

皮革纤维稀疏的部分或者不宜用刀刃划的部分，在床面上蘸点水，吸收后，可将切割刀斜放，边推边进行削薄。

■削皮种类

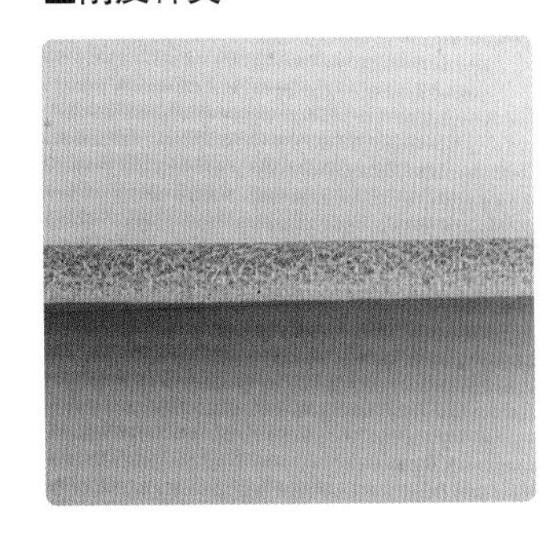

• 水平削薄

整体统一削薄（要进行统一时，最好交给削皮商家进行）。

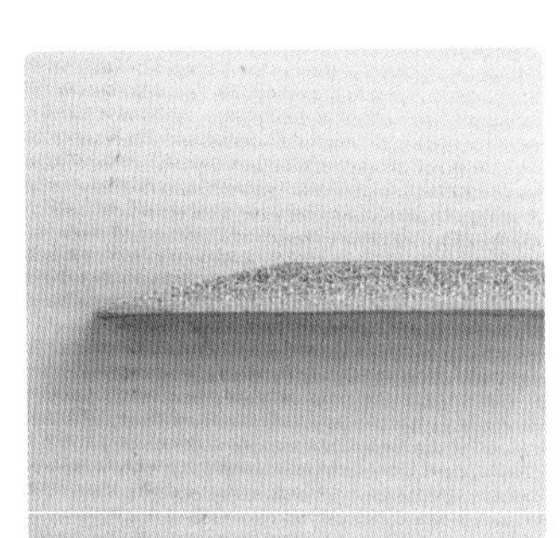

• 倾斜削薄

将裁切面进行倾斜切割（裁切面较薄或者折叠银面收尾时）。

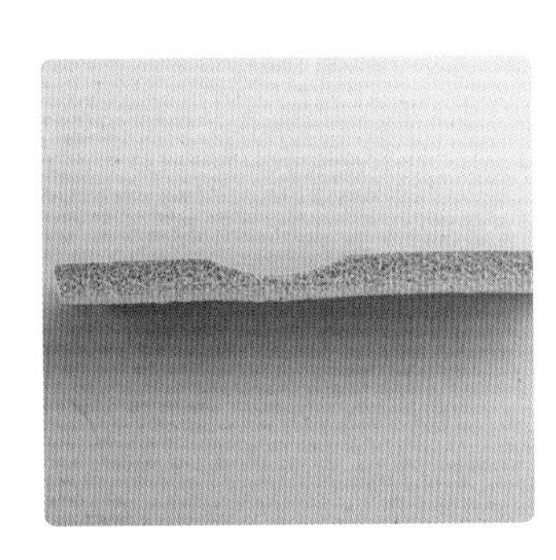

• 中间削薄

在中间部分挖槽削薄（皮革较容易折叠或者折叠不起皱）。

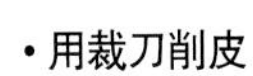

• 用裁刀削皮

可进行小部分削皮。标记削皮部分后，边推刀刃边进行削薄。提前在底层铺设玻璃板，固定好皮革。如果可以熟练使用裁刀的话，那其他削皮工具就没有使用的必要了。（用玻璃板做铺垫，撑起皮革，可将皮革削得更平整。因此一定要在玻璃板上进行削皮作业。）

裁刀削皮方法

用间距规将需削薄的部分标记出来。

沿着标记线，边推裁刀边进行削薄。不要试图一次性完成，要多进行几次。

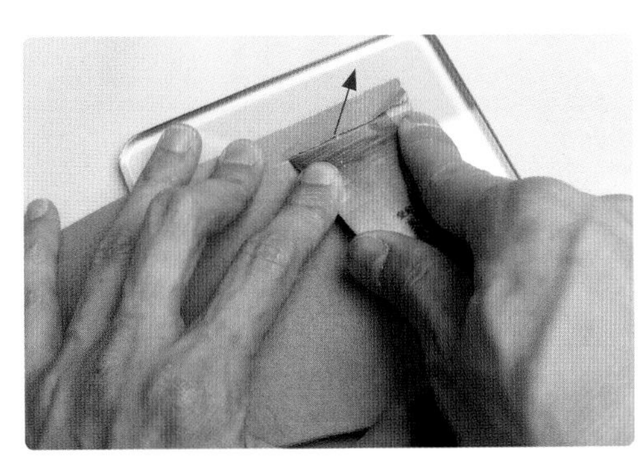

• 用刨子削皮

可用螺丝调节刀刃的深浅，十分方便。裁切平面、竖圆、横圆或者修整黏合后的裁切面误差时，使用刨子较为方便。

刨子削皮方法

将刀刃调整好深浅后进行固定（根据所需的皮革厚度与皮革深度进行调节）。

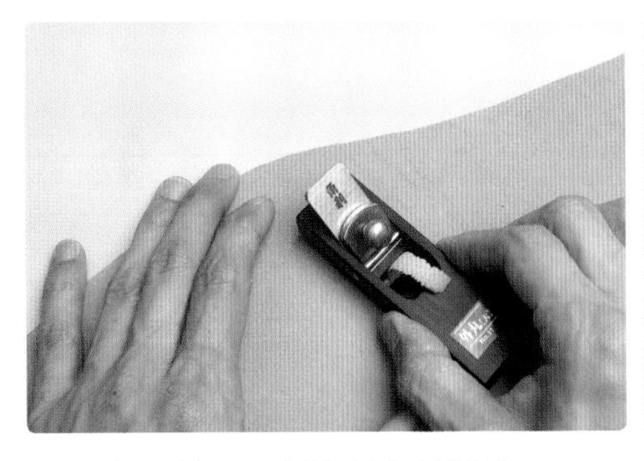

将皮革固定好，以一定的角度在上面边拉边削。

用于修整黏合后的裁切面误差时更方便。

Tip 不使用时最好不要使刀刃露出。

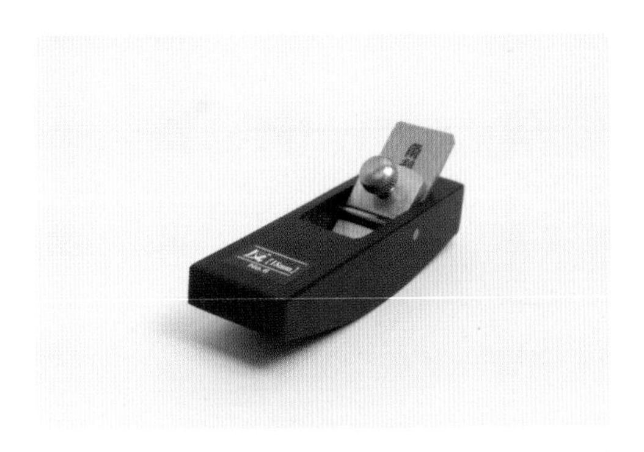

■其他削皮工具

• 削皮器、小裁刀、安全削边器

不能熟练使用裁刀的人们，可使用专用削皮工具轻松进行作业，可更换刀片。削皮器适用于面积较大的皮革，小裁刀适用于面积较小的皮革。

标记削皮的部分，将皮革放到类似于玻璃板一样的平坦物上，调整削皮工具的倾斜度后边拉边削薄。

3 缝合工具

皮革缝合的方法与一般材料的缝合方法不同。在皮革上标记线条后，沿线打孔，是皮革的基本缝合方法，被称作过孔缝合。因为要按孔的顺序进行穿缝，所以统一的孔距与宽度十分重要。同时，要以一定的力度与一定的顺序进行缝合，需要倾注精力，所以这是件细致活。如果能够正确穿缝，那么缝合便很轻松、简单了。

1) 刻画缝合线

• 裁切面与缝合线的间距

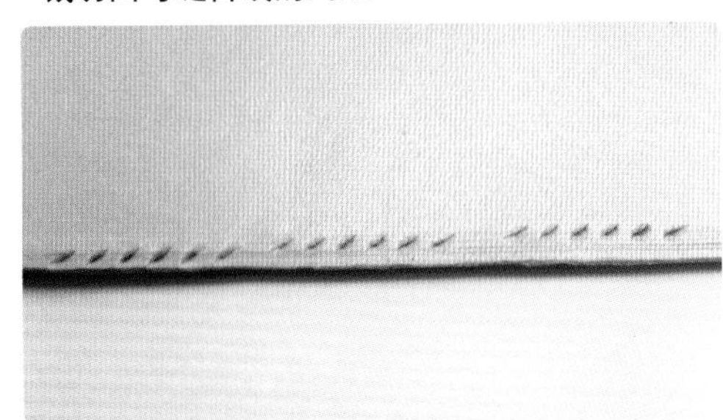

裁切面与缝合线的间距定为 2~4mm 比较适当。如果缝合线离裁切面较近，打孔时可能会将裁切面绷凸出来，所以需留意间距。如果缝合线歪了的话，那么缝合就会歪着进行。因此，缝合线作为一个标准线，一定要正确地沿着裁切面刻画。同时，要根据孔的大小与线的粗细，调节裁切面与缝合线的间距。

• 刻画缝合线槽的工具

刻画缝合线槽的工具有挖槽器、边线器、间距规。每个工具的特性都稍有不同，下面对这些工具进行些介绍（缝合线槽刻画后便不能擦除，因此需谨慎作业）。

■挖槽器

在皮革上挖槽的工具。用此工具刻画缝合线槽时，可使线免受摩擦并平整地进行缝合。

挖槽器的使用方法

01 拧松固定螺丝，调整间距后，锁定螺丝。

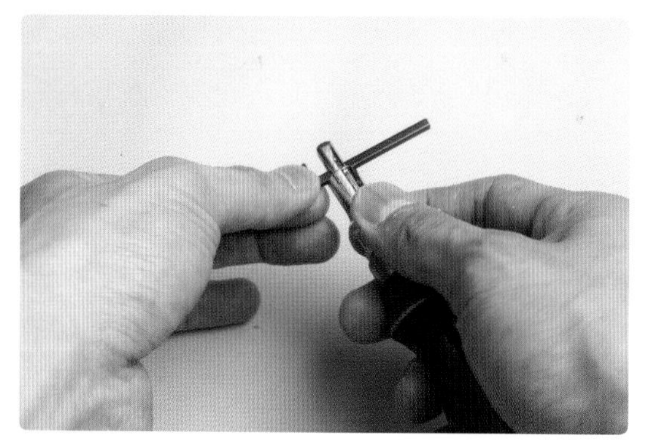

02 沿着裁切面挖缝合线槽。根据皮革厚度与线的粗细，需反复 2~3 次调整槽深。

■边线器

有时候在钱包装卡片的部位上画线，可以给裁切面带来一种收尾感，起到装饰的作用。除了上述基本用途外，边线器还可以用于标记缝合线。

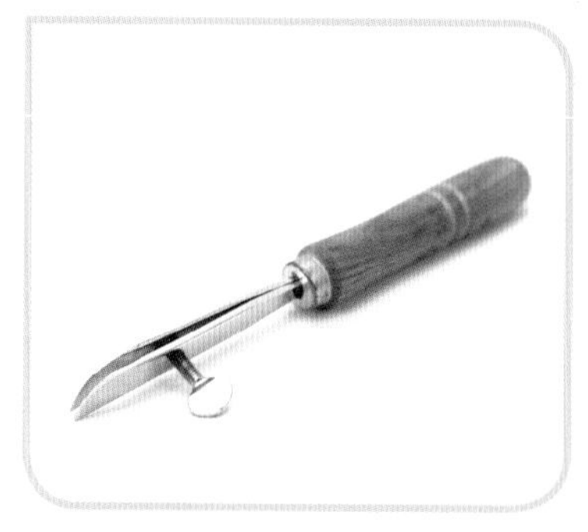

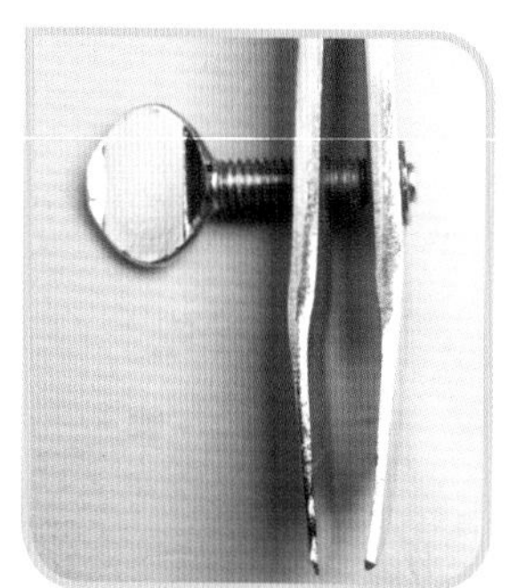

边线器的使用方法

01 调整螺丝间距。

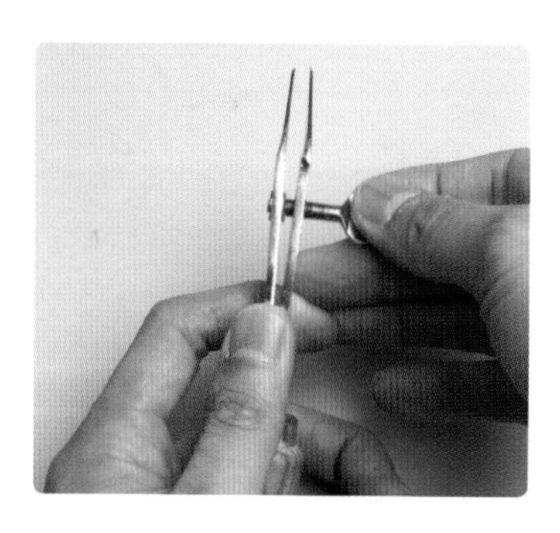

02 以右支架为支撑，竖起边线器，画线。

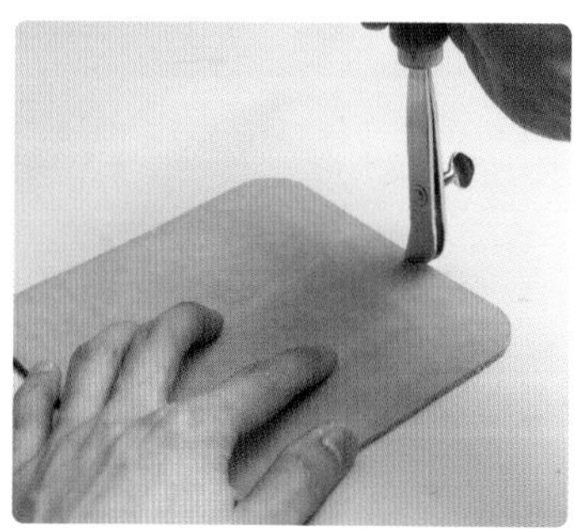

Tip

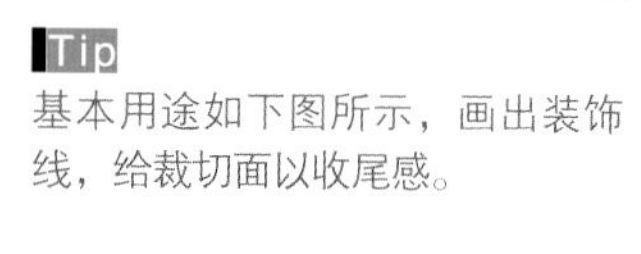

基本用途如下图所示，画出装饰线，给裁切面以收尾感。

■间距规

标记缝合线、黏合线、缝合间距或画圆时都可以使用间距规。

间距规的使用方法

01 转动螺丝，调整间距。

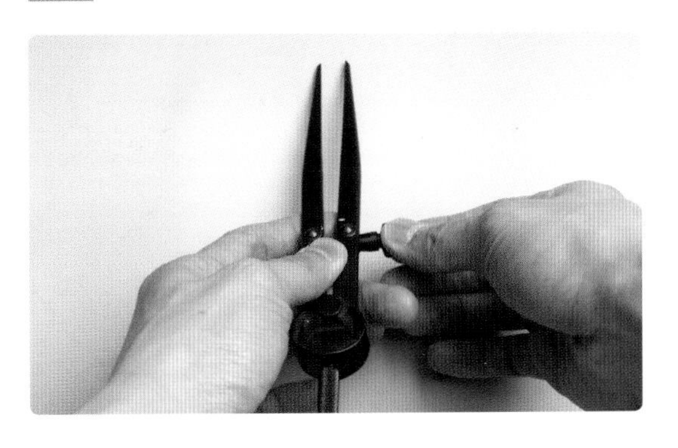

02 沿着皮革的裁切面画出缝合线。

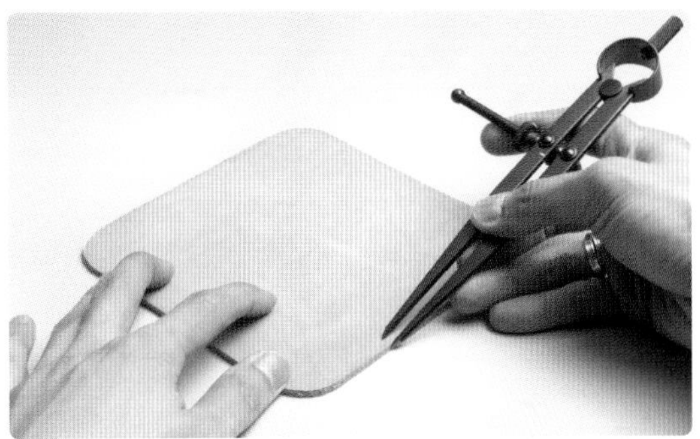

• 挖槽器、边线器和间距规的缝合线差异

挖槽器是削皮革银面的工具，可产生深且宽的凹槽。根据边线器画线的次数与力度，刻画的深度可灵活调整。间距规只是单纯地在皮革上画线，不能挖槽，在缝合时会更加明显。

挖槽器、边线器、间距规

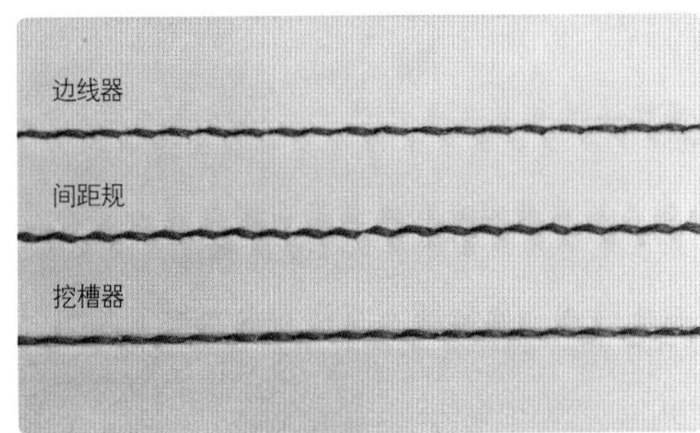

2) 打凿缝合孔

沿着画好的缝合线在皮革上垂直打孔并使间距一致是最为理想的。不要太用力打凿，多次轻轻进行即可。如果没有打透的话，缝合时会很费力。打凿缝合孔决定缝合的效果，因此要慎重打凿。

打凿缝合孔时，可使用与叉子形状相似的菱錾或凿子，为了不使錾刃受损，皮革下面要垫上橡胶板再用锤子打凿。打凿用的锤子，最好使用木质或者皮制的。橡胶类有弹力的锤子，因有弹跳感所以不建议使用。

■锤子与橡胶板

■菱錾

作为打孔菱形工具，在打凿钻石状（菱形）孔时使用。齿的间距不同，皮革受力也不一样。因此确定皮革的制作用途，考虑缝合孔间距，以此来选择菱錾的种类很重要。

菱錾的种类也有所不同，有 1~10 个刃之分，齿的大小为 1.5~3mm，齿的间距为 3~6mm。初学者在制作小作品时，可使用齿间距为 3~4mm 的菱錾；制作背包等时，可用 5~6mm 的。

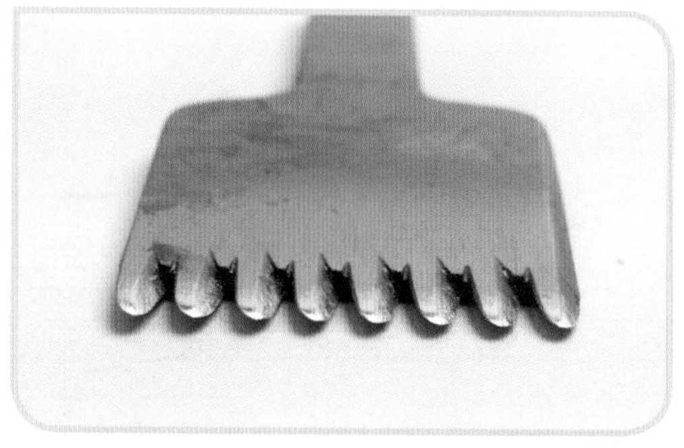

※ 不要想着第一次就能做得很好，要在制作各种作品的过程中，寻找理想间距。由于商家与制造工艺的不同，菱錾型号与形状等也有些许差异。

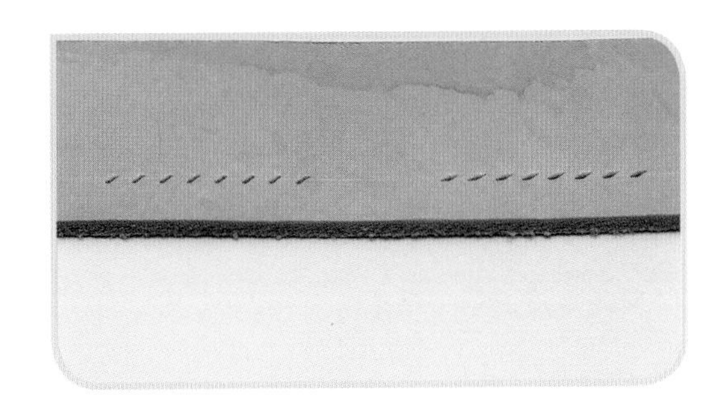

欧式菱錾的齿形完全呈斜线状，而日式、美式的更接近菱形。

打孔时的注意事项

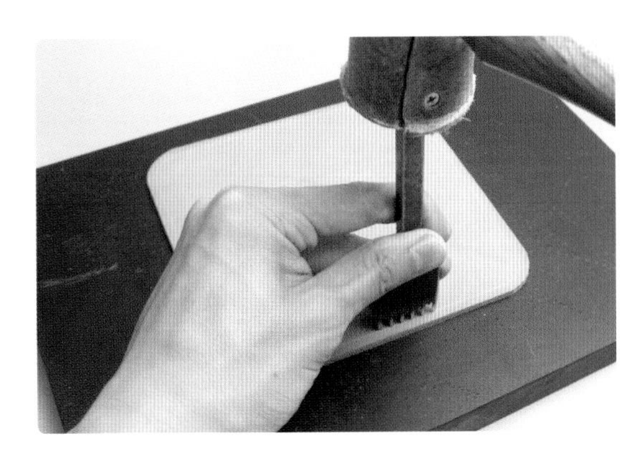

※ 垂直竖握菱錾很重要，特别是打凿厚皮革时，如不垂直握住，床面的孔会越来越斜。

※ 初学者在确认垂直握住菱錾后，可进行凿孔；如果熟练的话，最好横握菱錾，确认线条后，进行打凿。

• 前、后面的缝合孔

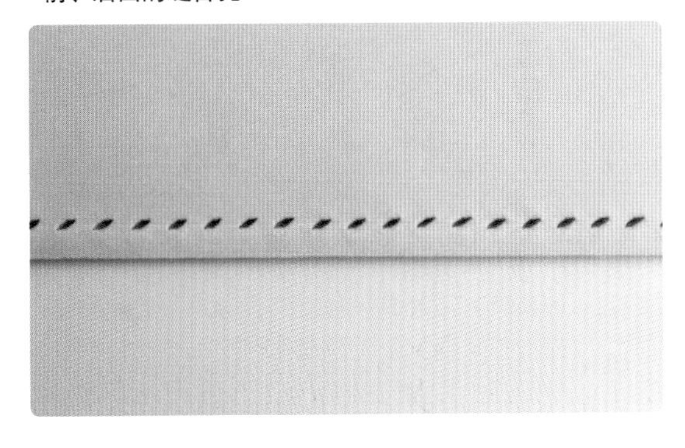

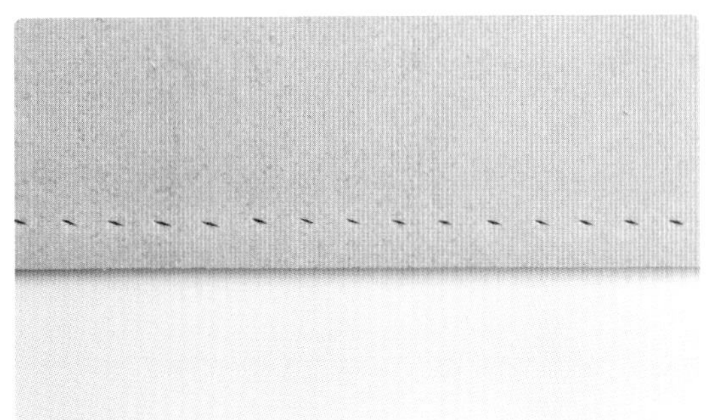

用菱錾打孔

直线时可使用齿数较多的菱錾，一个孔一个孔地进行打凿。观察菱錾的倾斜角度，可发现其右下方与皮革的对角线平行。因此，打凿曲线孔时，沿逆时针方向更为顺手。

曲线较缓的话，沿逆时针方向打孔；曲线较弯的话，根据情况的不同，打凿的孔会变大，所以最好做好标记，一一进行打凿。

01 直线时用齿多的菱錾。

02 保持一定间距，一个孔一个孔地打凿。

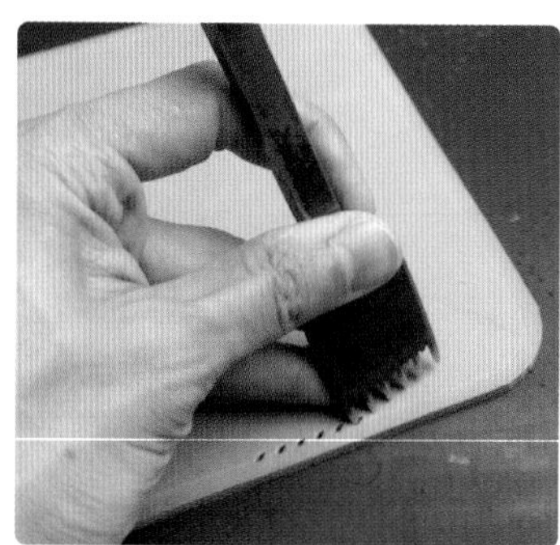

03 曲线时用两齿或单齿的进行打凿。两齿的要一个孔一个孔地进行打凿；单齿的用间距规标记孔眼后，进行打凿。

• 调整缝合孔间距的方法

01 从直线部分开始，沿逆时针方向打孔。

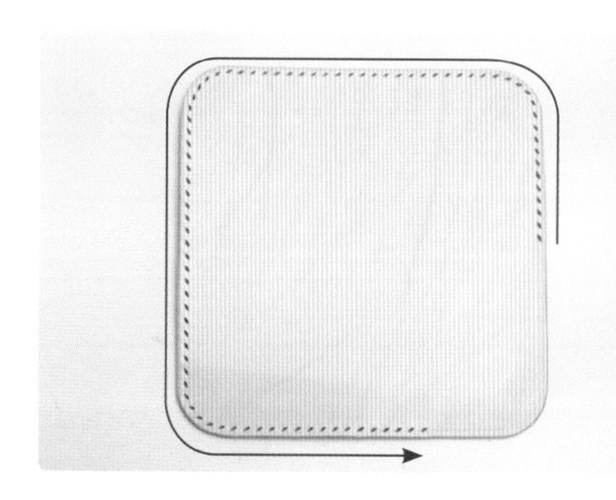

02 收尾时，继续进行打凿，则最后一段孔距很难确定。因此应留出大约10cm，进行缝合孔间距确认。

03 在打凿开始的地方用菱錾，标记孔眼，确定间距。

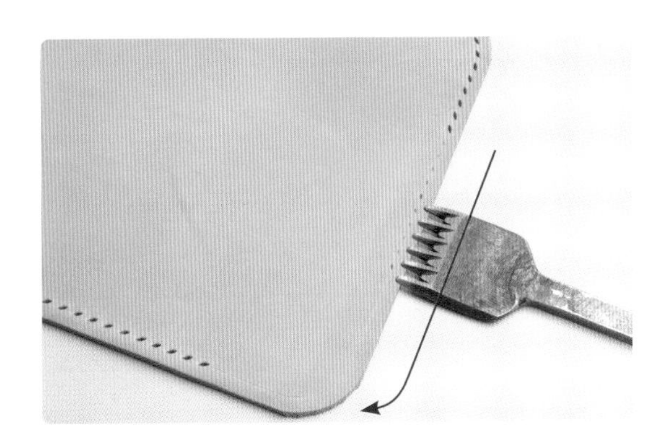

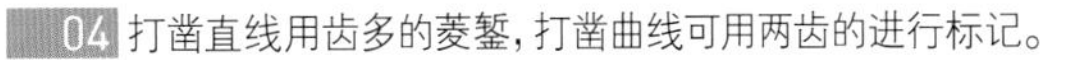
04 打凿直线用齿多的菱錾，打凿曲线可用两齿的进行标记。

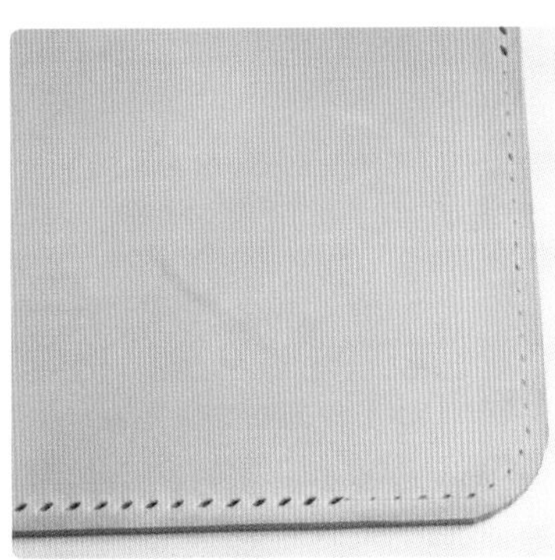

05 标记过的孔眼间距一定后，尽可能沿着均匀的孔眼进行打凿。如果孔距过窄或过宽，不要一次性调整，要随着标记的部分逐渐确认，适当加宽间距或缩短间距，直到最后正确调准孔距。

Tip 可使用间距轮，事先标记出缝合孔进行确认。

06 沿标记处打孔，使间距尽量一致。

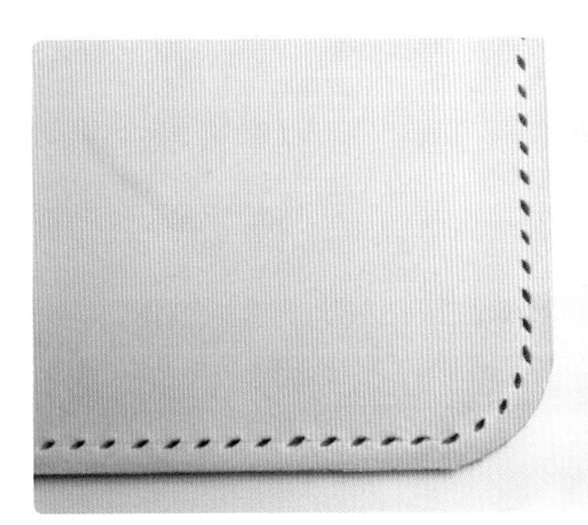

• 制作图案时标记并调准缝合孔

01 制作图案时，用菱錾以统一的间距标记缝合孔。

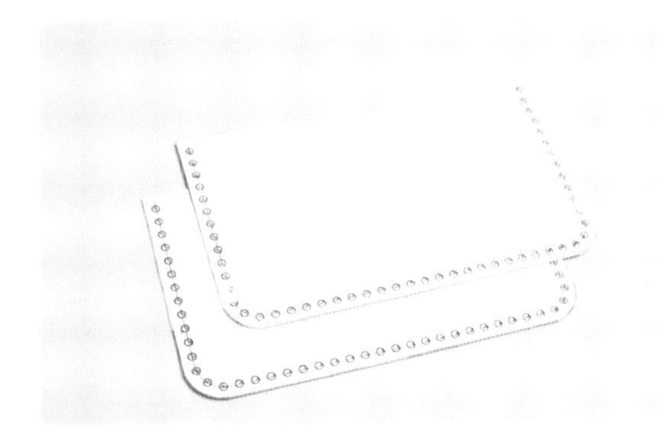

02 用锥子或菱錾标记。

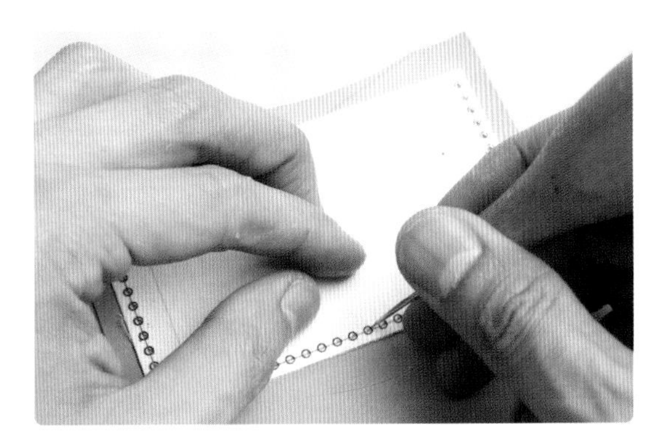

03 两面都打上缝合孔后，孔眼均会以斜线呈现。

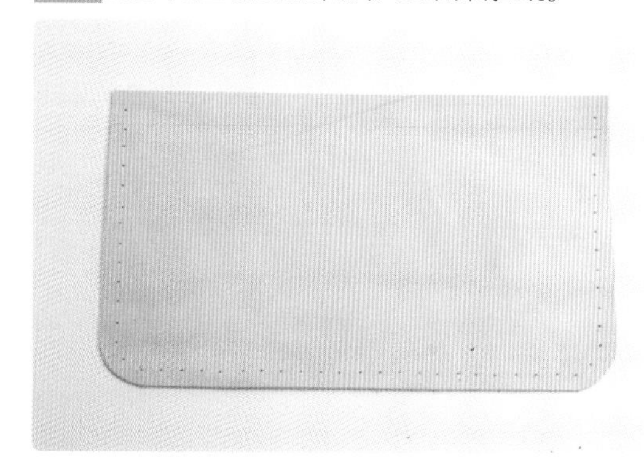

• 有收纳层时的打孔方法

01 制作收纳层时，皮革在黏合后会高出一层。

02 为了不使黏合好的皮革分离，如下图所示，需将重叠的部分打眼缝合。

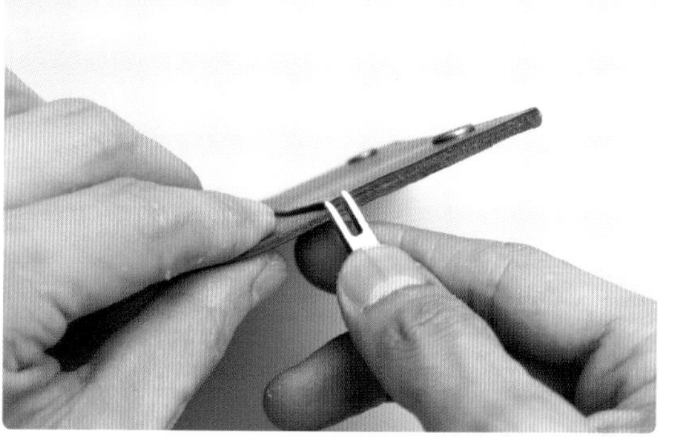

03 标记打孔位置。

04 因有黏合层，所以需在下面铺垫统一厚度的皮革，打孔时不要按压皮革。

05 不能使里面的黏合层分离。

3) 其他缝合工具

■皮革打孔钳

可以进行无噪声打孔。

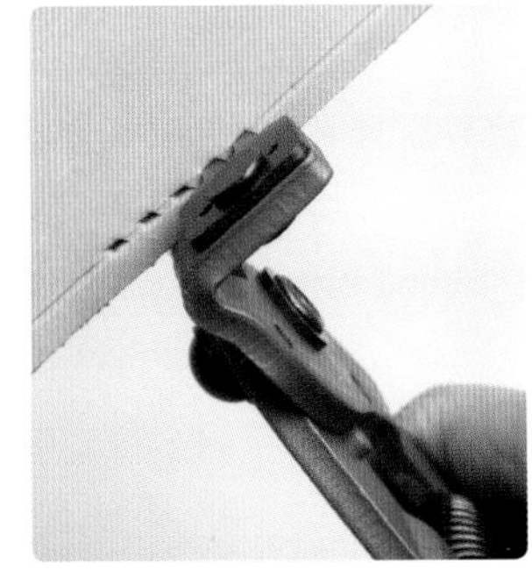

用皮革打孔钳打孔，操作简单。

■间距轮

标记缝合间距的工具。锯齿型号一般有3mm、4mm、5mm和6mm。

间距轮的使用方法

01 沿着画好的缝合线，滚动齿轮，标记出缝合孔。

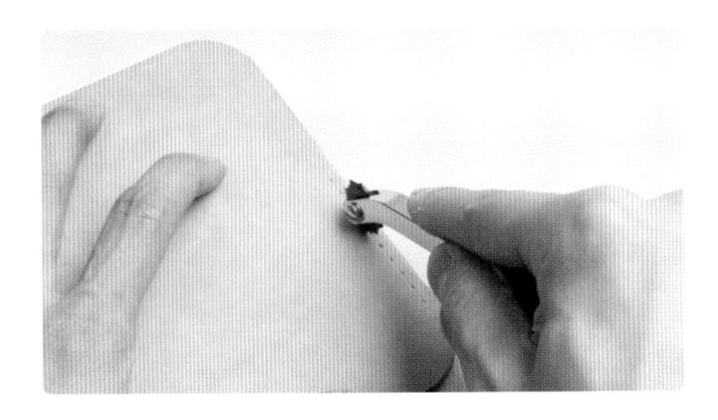

02 滚动齿轮时，如一次性过快滚动则容易出现歪斜的现象，所以应慢慢进行，一边用力按压，一边留下齿痕。

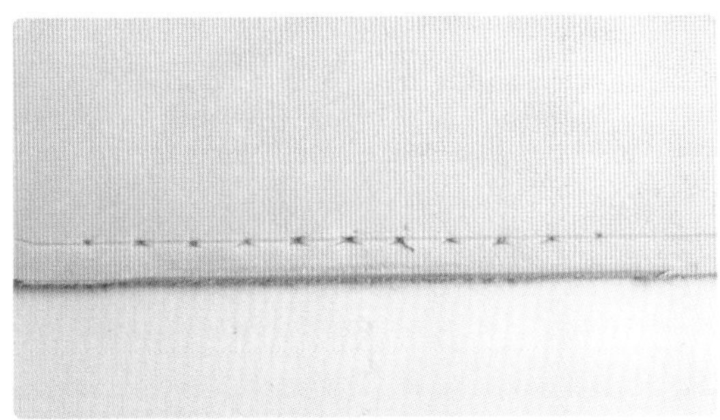

■菱锥

制作箱包等时，若皮革较厚，不易打孔时，可使用此工具。背包等正面的缝合孔打好后，黏合侧面时会有与正面缝合孔出现重叠的部分，此时在重叠部分打孔也可用此工具。它的齿与菱錾齿的形状相似。

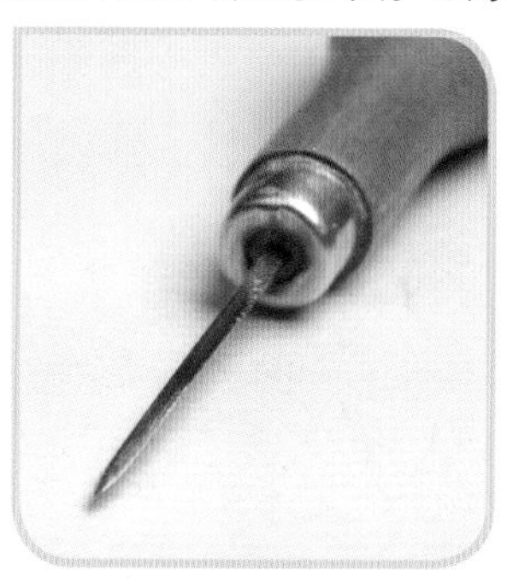

菱锥的使用方法

01 进行与箱包缝合一样的作业时，用于打缝合孔。

02 缝合时如缝合孔太小，针不易穿过，可用菱锥再次打孔。

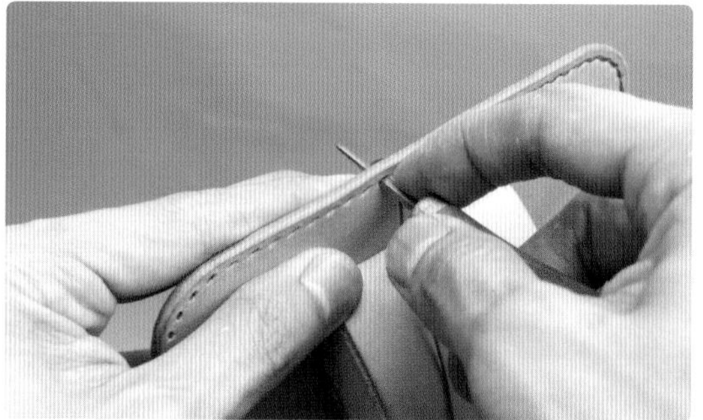

■针

针是在打好的缝合孔中作业，所以针尖不用过尖，最好制作成圆的。针的型号有大、中、小之分，可根据线的粗细与缝合孔的大小来选择型号。

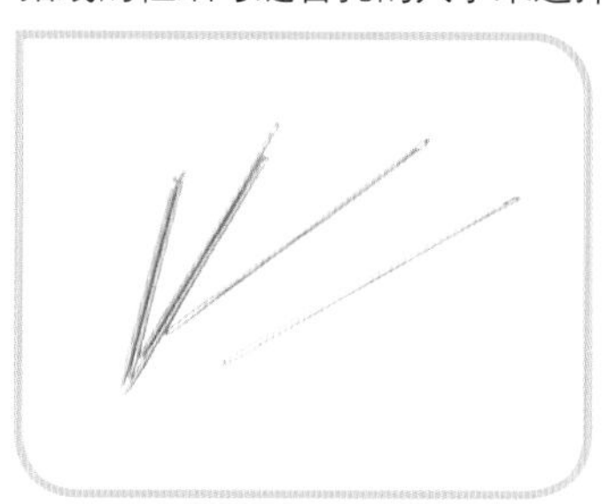

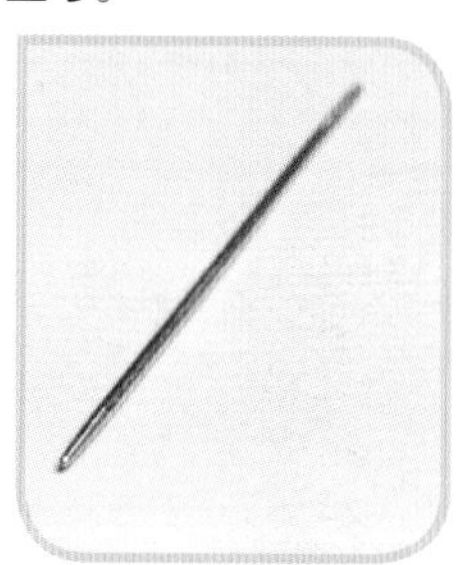

Tip 虽然把针制成圆形不易穿透皮革，但这样可以防止扎伤手。

4) 缝合用线

可使用天然纤维的麻线(亚麻、苎麻),合成纤维制成的尼龙线或聚酯线。尼龙线与聚酯线的长处是较结实,不易起毛，但是线体透明，人工感较强。麻线与合成纤维类的线相比较脆弱且易起毛，但却适合于皮革搭配，给人温暖的设计感。

■天然纤维——麻线(亚麻、苎麻)

麻线是由各种麻丝搓捻而成的，属天然纤维中最结实的线。色相与粗细多种多样，因此可根据皮革的颜色与缝合孔的大小自由选择使用(亚麻、苎麻虽同属麻类，但有差异)。

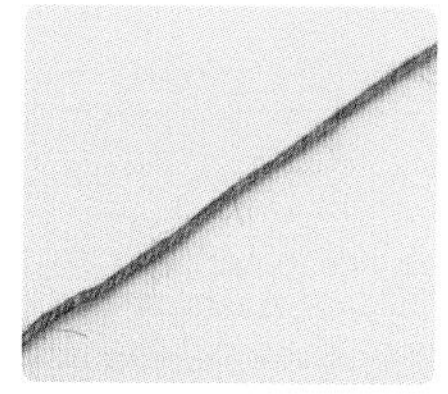

■合成纤维——尼龙线

尼龙线属人造纤维，十分结实，可调节宽度使用。

■合成纤维——聚酯线

聚酯线与尼龙线一样，十分结实，有些许伸缩性，颜色也很多。

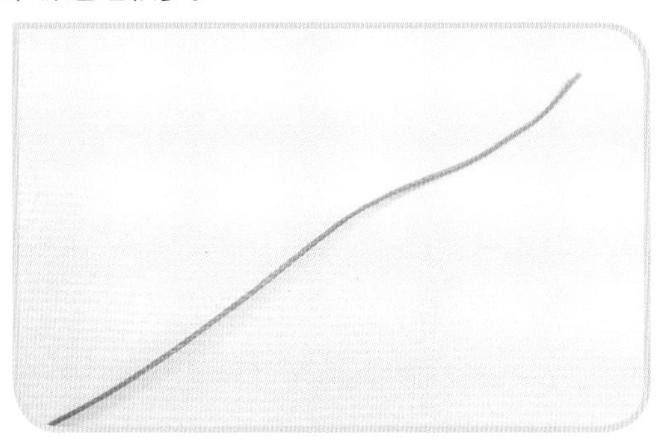

5) 缝合用蜡

缝合用蜡能防止线起毛，使线有一定的黏腻感，所以缝合时线不至于太过松弛，而且使用蜡也可防水、防污染，提高线的强度。

■蜜蜡

往线上涂蜡的方法

01 蜡在线上多擦抹几次。

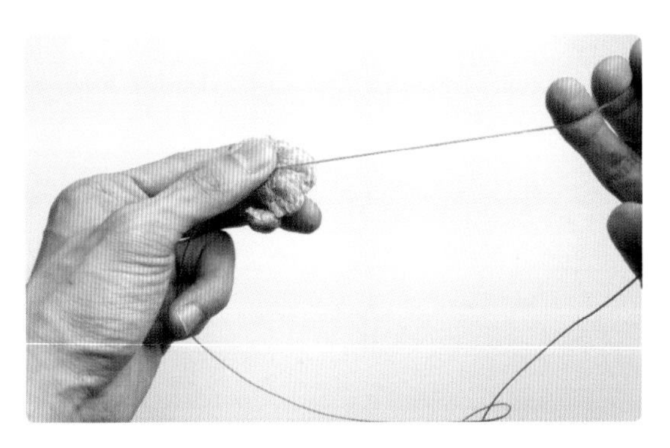

02 在离线头 10cm 处，捏紧线，用力擦抹，使其硬挺。

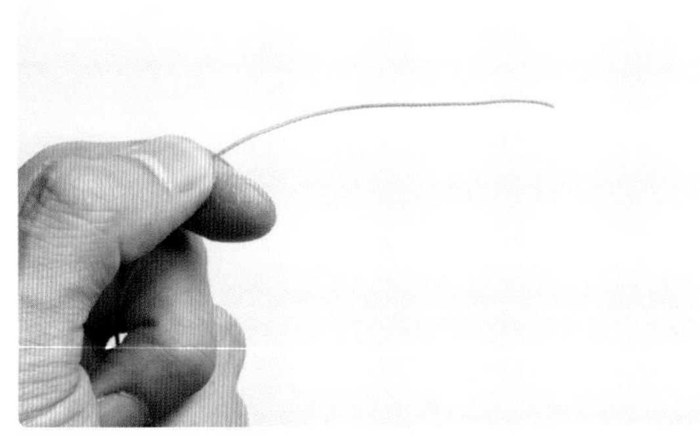

TIP

在缝合时，由于摩擦，蜡可能会脱落，此时可再次进行擦抹。

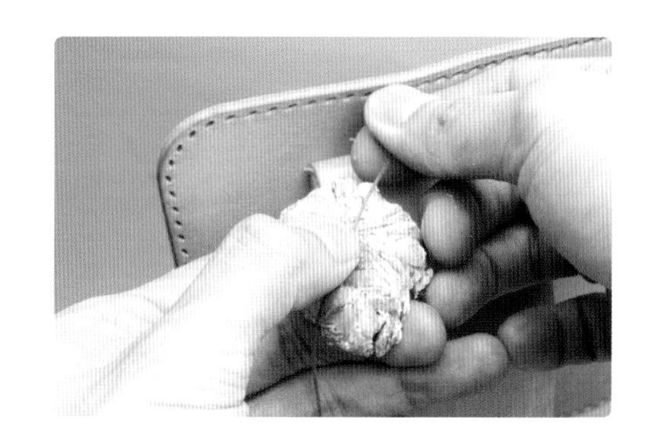

· **穿线**

01 准备两根针、一条擦抹过蜡的线。

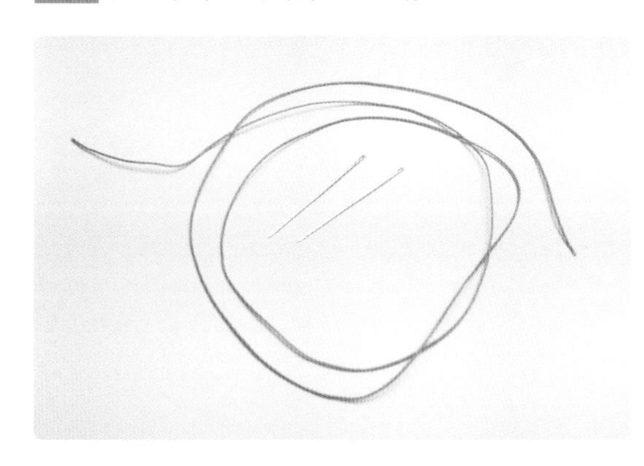

02 将线穿入针孔。

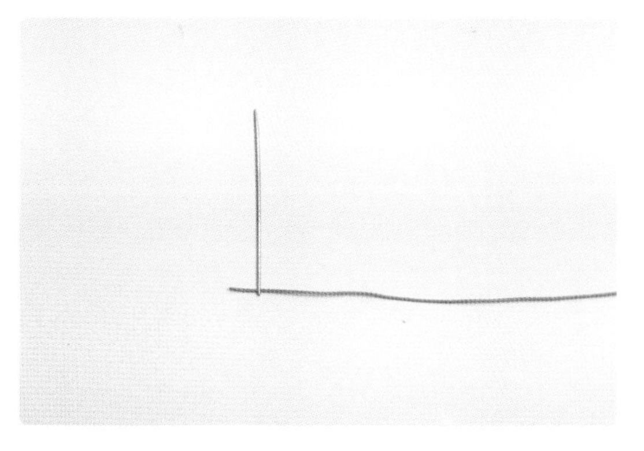

03 将针尖穿过线。

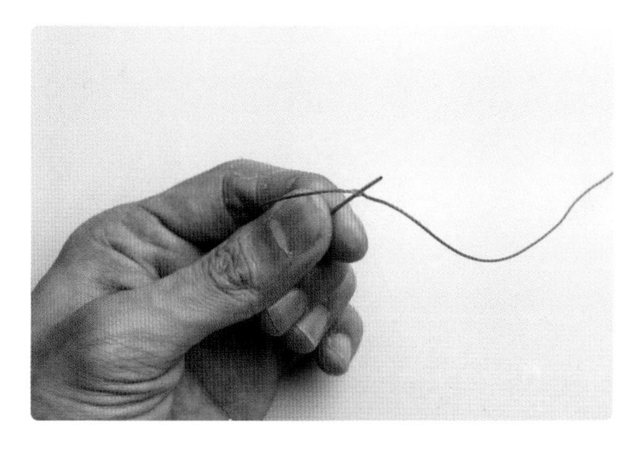

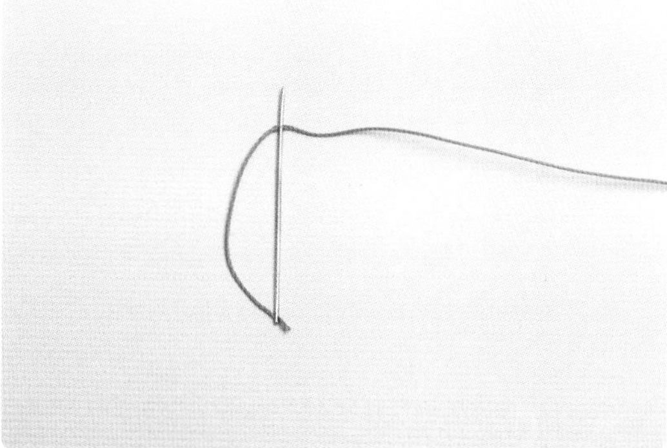

04 每隔 5mm，用针穿过线，进行 3~4 次。

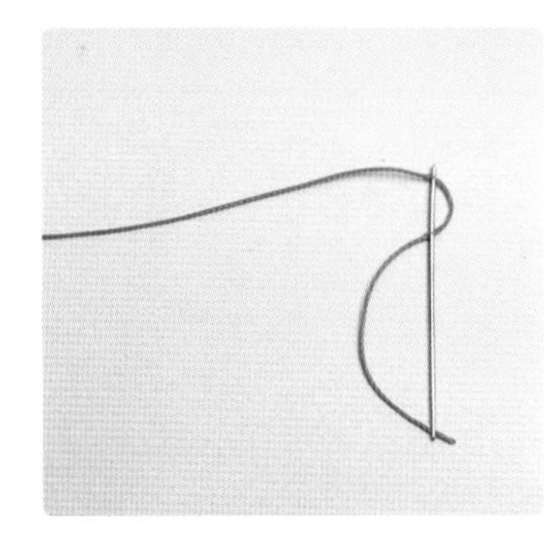

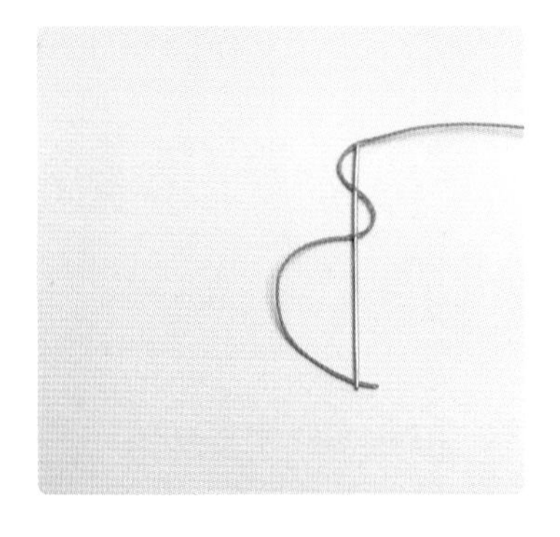

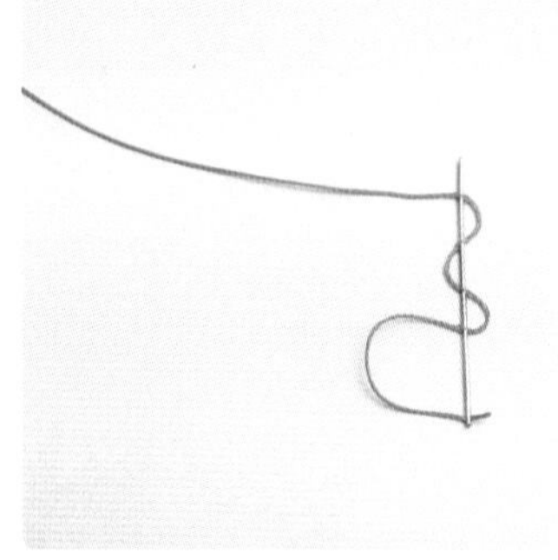

05 为了使首次穿过的部分更靠近针孔，可将针孔部分的线头往下拉。

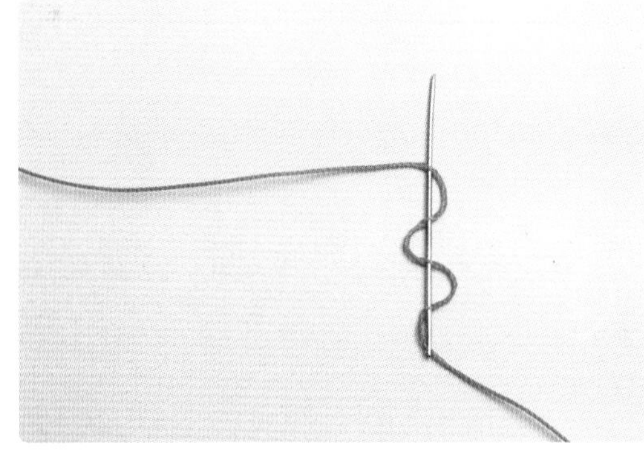

06 将穿过的线往下拉。

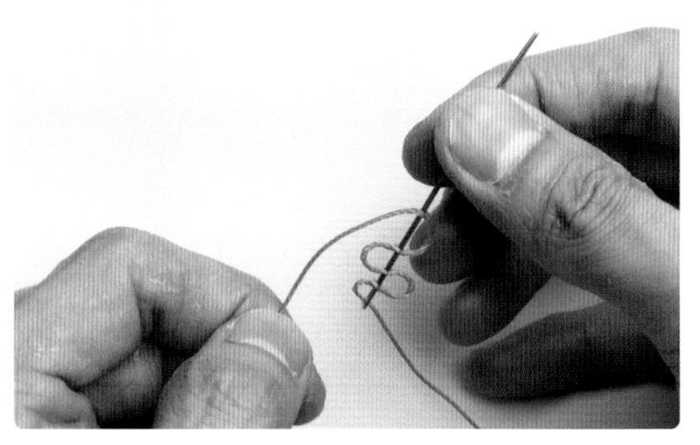

Tip 细线时，要增加穿线次数；粗线时，穿3次即可，这样不用担心线会脱落。

07 如图为拉伸好的线，线的另一端也可按同样方法进行。

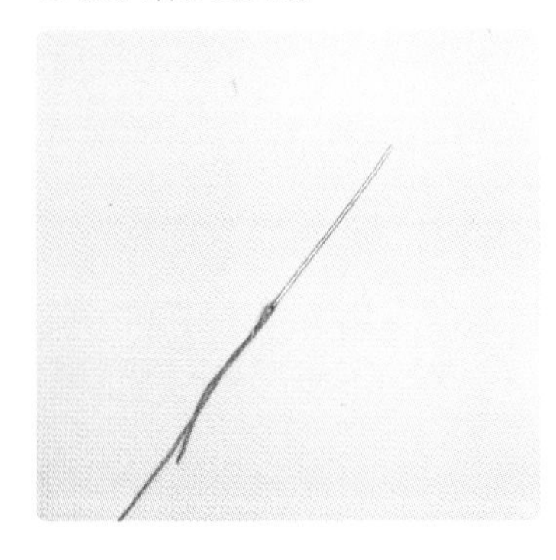

08 用同样的方法在线的另一端用针穿线。

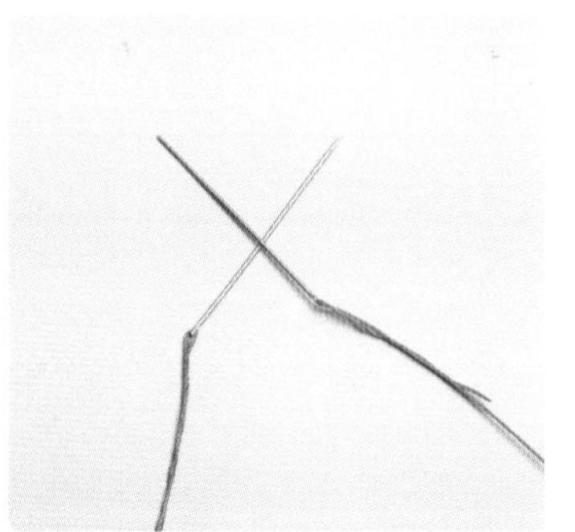

• 将麻线打薄

穿过针孔的部分属于双层线。使用粗线时，由于双层部分过粗，不易穿过针孔。此时，最好将此部分打薄。

01 将锥子按压在距离线头 8~10cm 处，边拉动边刮线，使其起毛变薄。

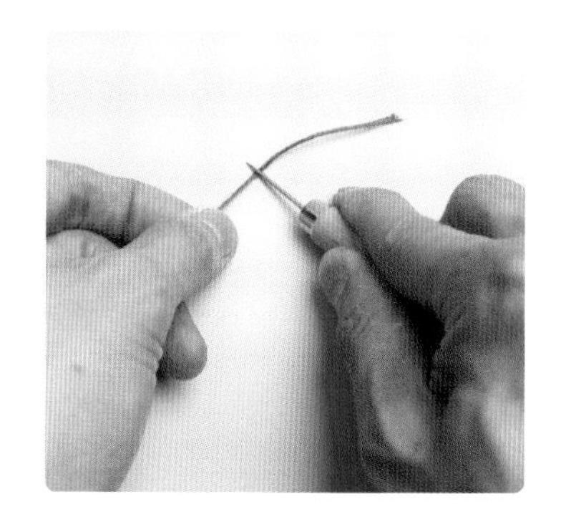

02 擦抹缝合用蜡，再穿线即可。

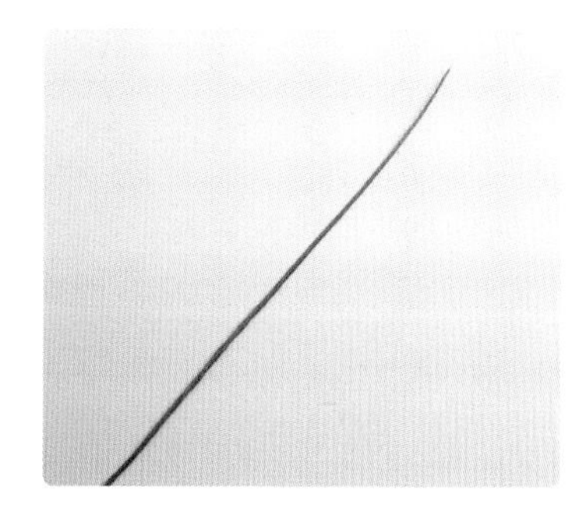

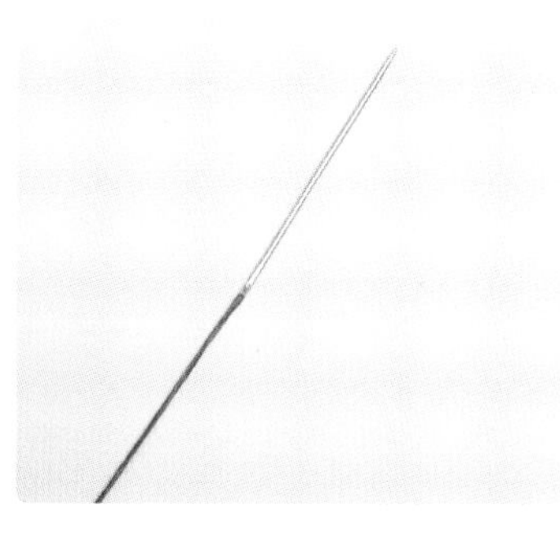

■尖嘴钳

针不易拔出时，如果左右晃动拽拔，针可能会因较细而折断。所以此时最好使用尖嘴钳，垂直夹出。

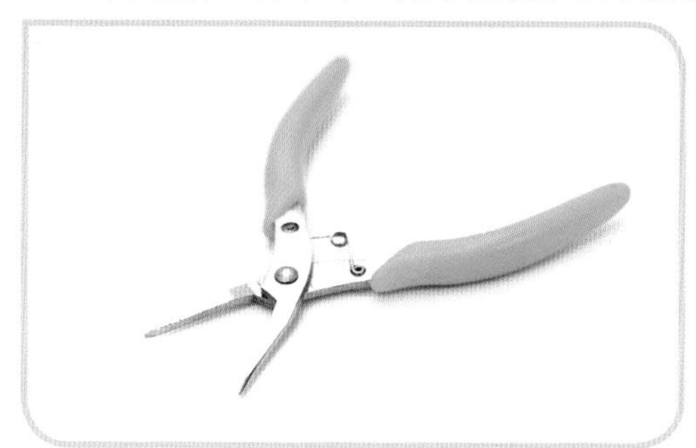

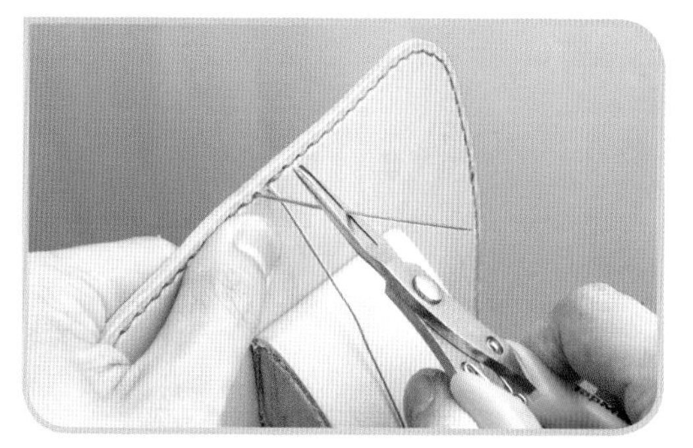

■皮革手缝木夹

如果在固定不牢的情况下进行缝合，效率会较为低下。缝合时，如果经常用蘸蜡的手触摸皮革，则会弄脏皮革。因此使用固定皮革的工具，可以轻松、快捷、干净地进行缝合。

• 缝合间距与线的粗细

首次接触皮革工艺的人，在选择菱錾与线时会比较困难。一般情况下，制作小工艺品时使用齿间距 3~4mm 的菱錾，背包等使用齿间距 4~5mm 的菱錾较为合适。

间距较大且皮革较厚的大型作品最好使用 6mm 的菱錾。如果是初学者，不论是制作小工艺品还是书包均使用尺寸为 4mm、20 号线，是最为明智的选择。另外，缝合间距与线的粗细还要根据自身的爱好选择。

6mm 5mm 4mm 3mm
30 号线
20 号线
16 号线

只有通过各种方法不断地进行练习，才会知道作品如何受力，哪个部分的间距需要再调整等。

• 预测线长

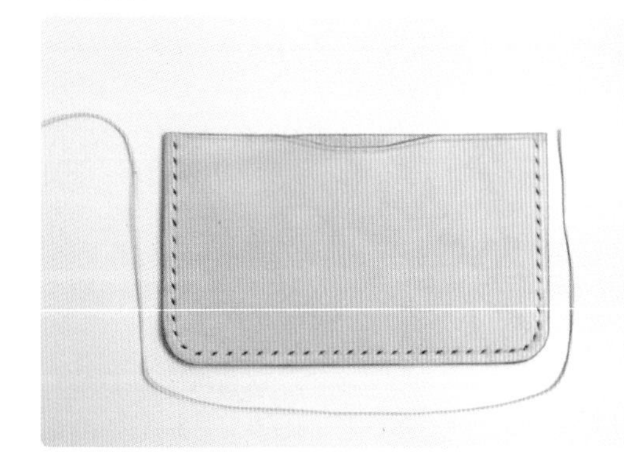

如果皮革厚 2mm，那么准备缝制距离 4~5 倍的缝合线就十分充足。预测的线长，如果超过两臂张开的长度，那么就准备两臂长度的线进行缝合，剩余的线在缝合时接上即可。若线长超过两臂张开的长度时，线会不易搓拧且容易弄脏。

6) 缝合作业

01 准备好打有缝合孔的皮革与两根穿好线的针。

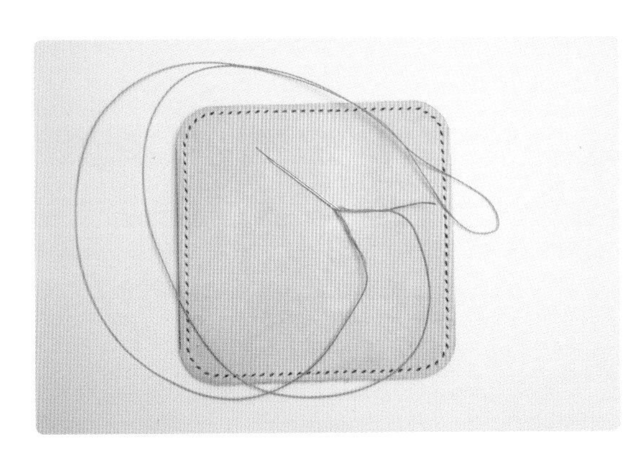

02 如图所示准备进行缝合作业。

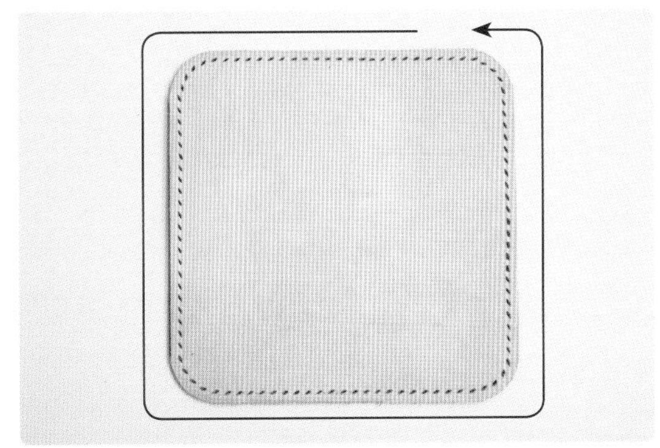

03 在皮革手缝木夹上固定后，从右边插入用菱錾打凿而成的孔中，由外向里进行缝合。

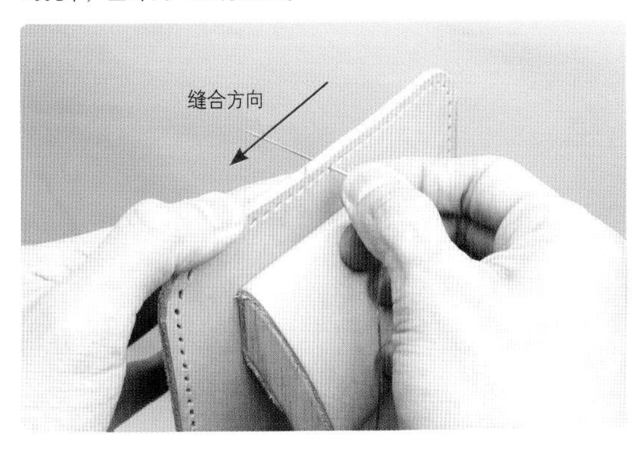

04 将两根针一并捏好，使两边的线长度基本相等。

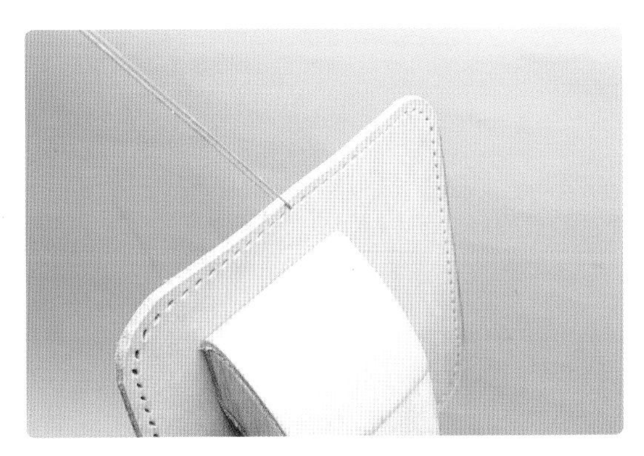

05 两手中的针线一一进行缝合。左侧针❶，右侧针❷。

06 将针❶从左边穿到右边，暂时不要完全穿过。

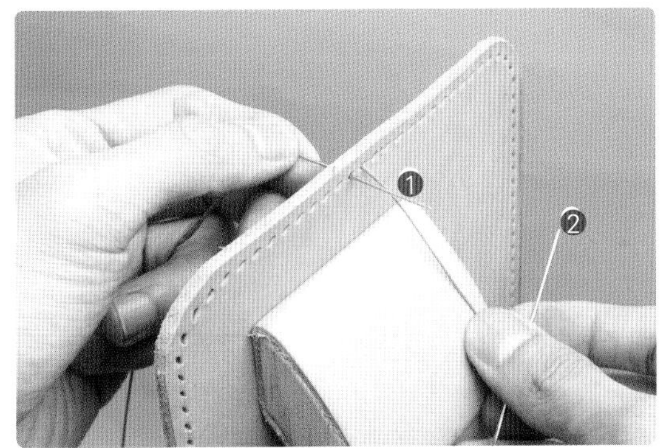

07 将捏在右手中的针❷垂直放在针❶下方，两针呈十字形（此时针❶在上）。

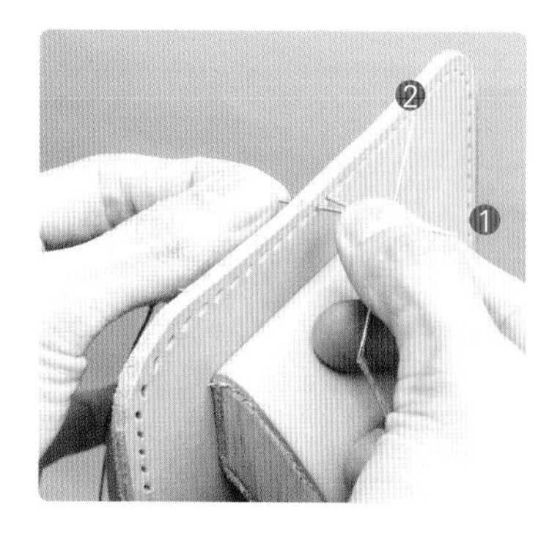

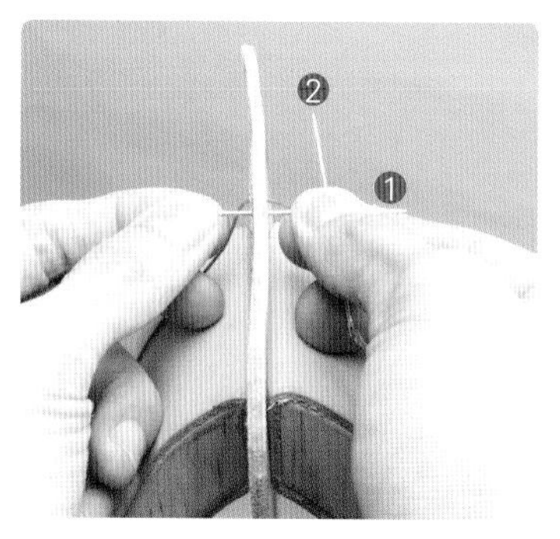

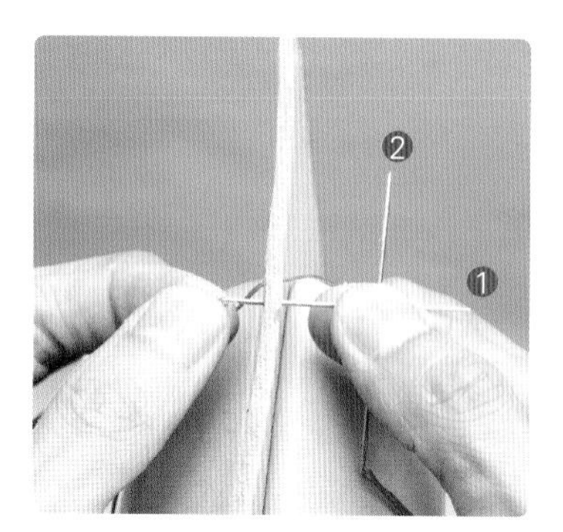

08 用右手捏住针❶与针❷的右手，将针❶拉出。

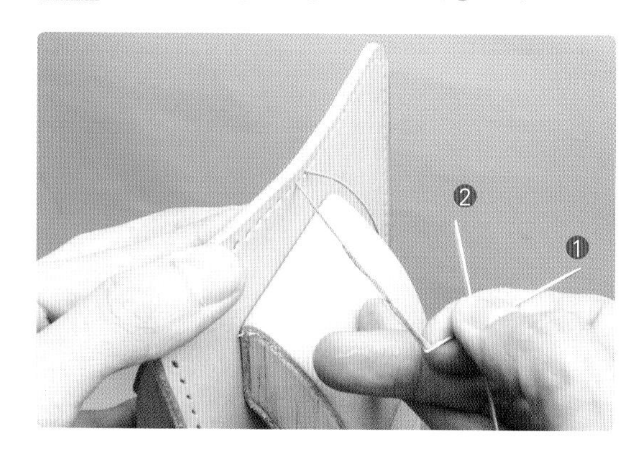

09 保持针❶与针❷在紧捏状态，将针❷由右侧从针❶穿过的缝合孔中向左侧穿入。此时，针❷与针❶交叉完成，但要注意针不能挑到线。

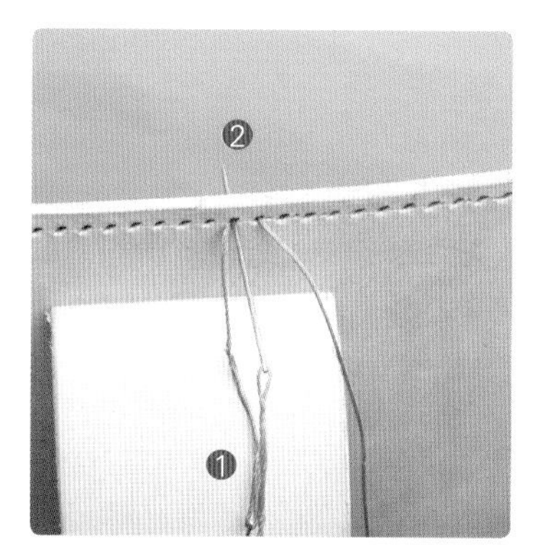

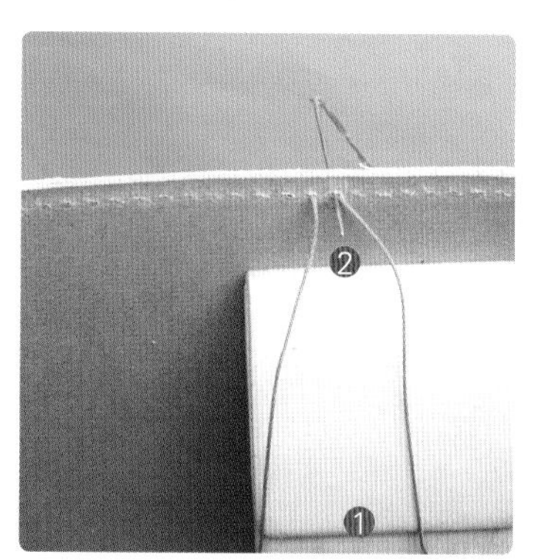

10 用左手捏住由右至左穿过的针❷。

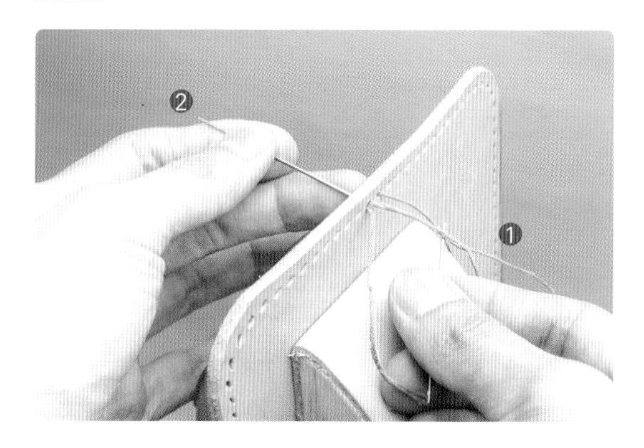

11 用两手拉紧穿过的针线。此时要注意，如果皮革较软，太过用力抽拉便会弄皱皮革。以同样的方法，这次先将针❷穿过去缝合。

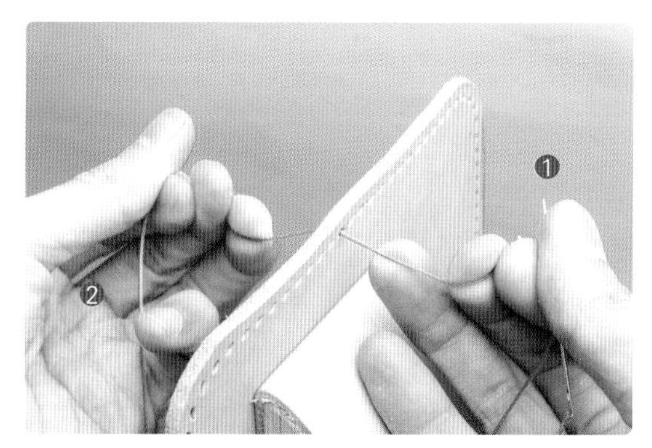

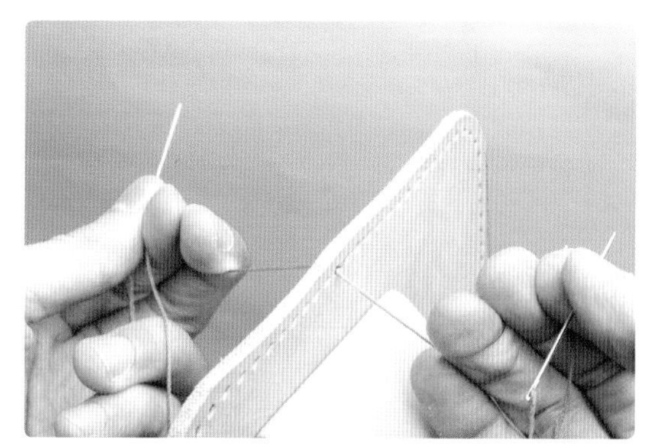

Tip 这种方法是为了不使缝合时两手中的针线松落。如果松落的话，还要费时去捡线找针。

12 以同样的方法继续进行缝合。

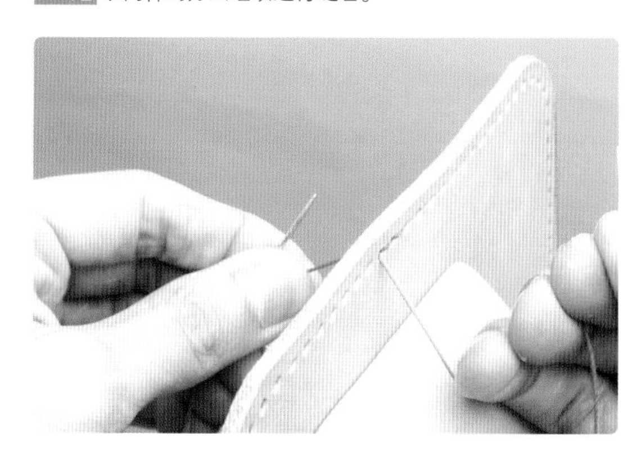

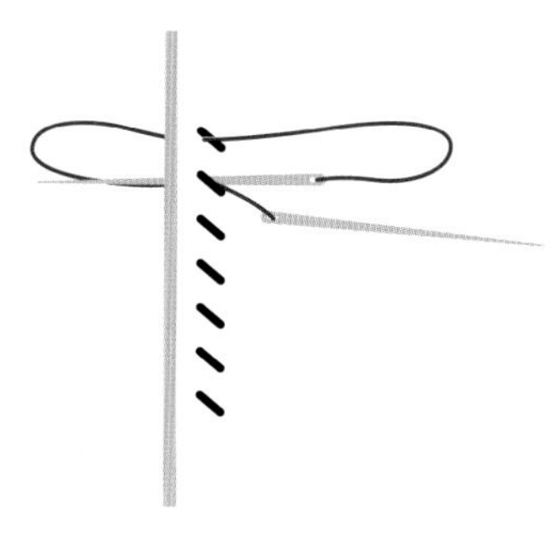

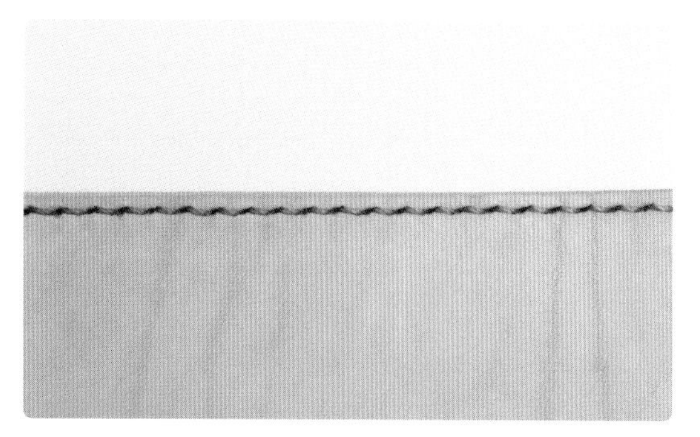

前缝合面

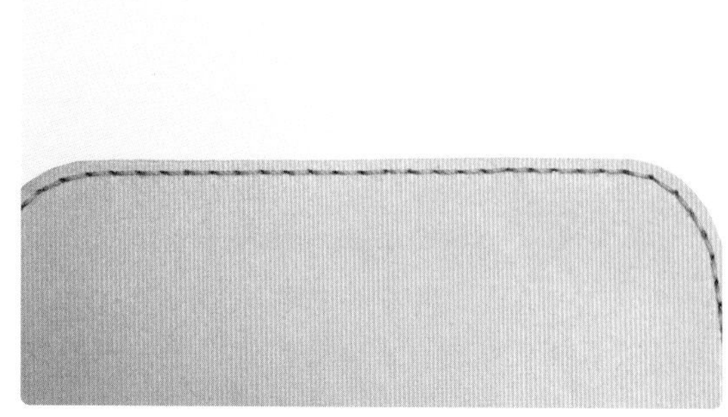

后缝合面

• **二重缝合**

经常开合或者受力的部分最好进行二重缝合。

01 抽拉两手中的针线，使两边线长度基本相等。

02 将两手中的线绕一圈，形成交叉。

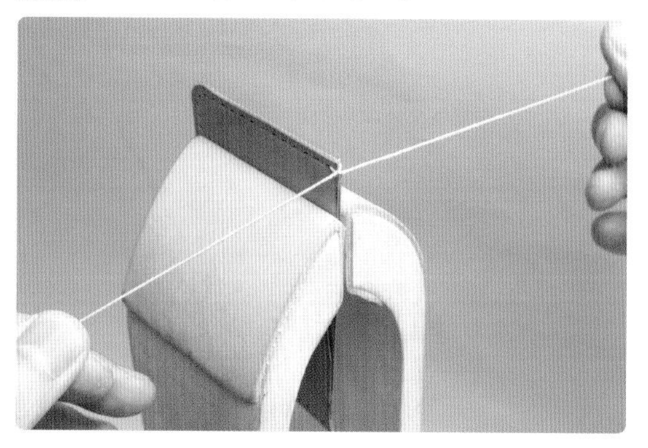

03 与基本缝合法一样进行缝合。

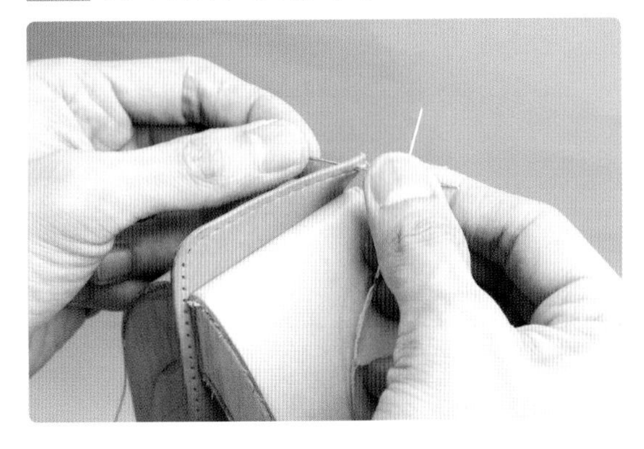

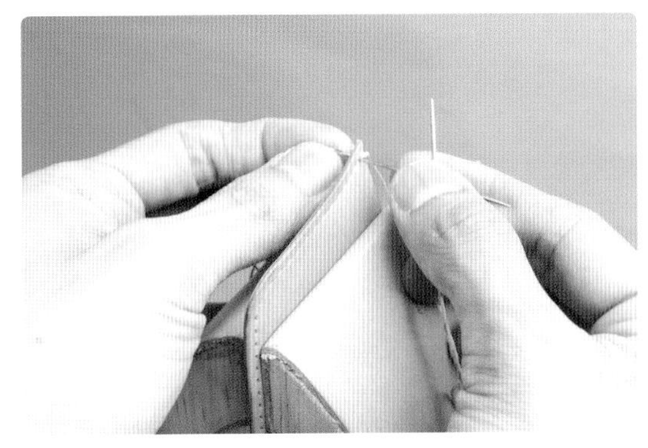

04 所示为二重缝合的效果。

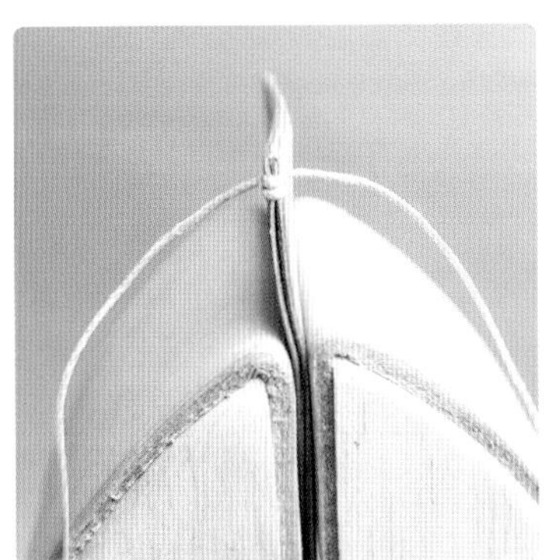

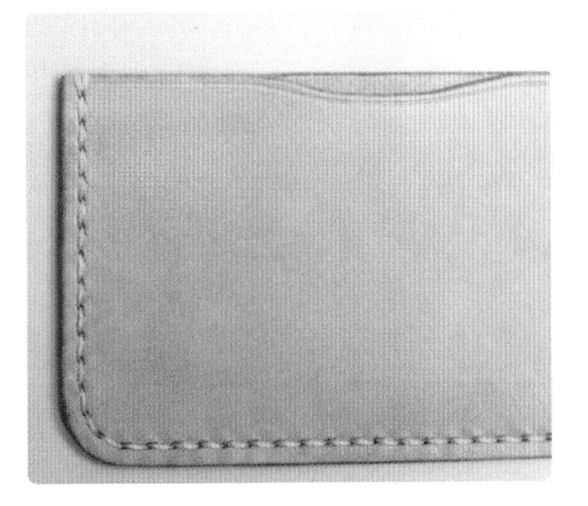

7) 缝合收尾1

01 缝合一圈，回到起缝处。

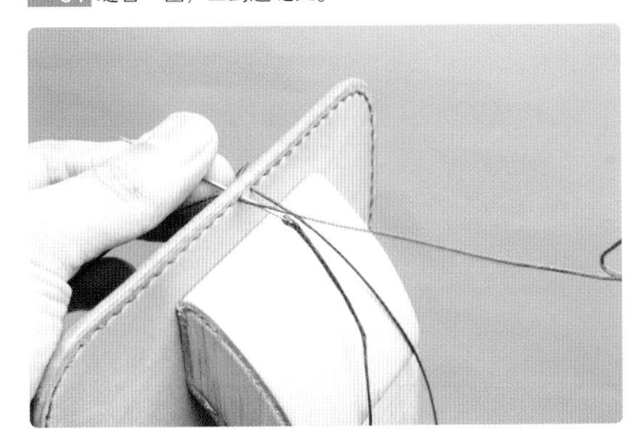

02 将缝合进行到最后。

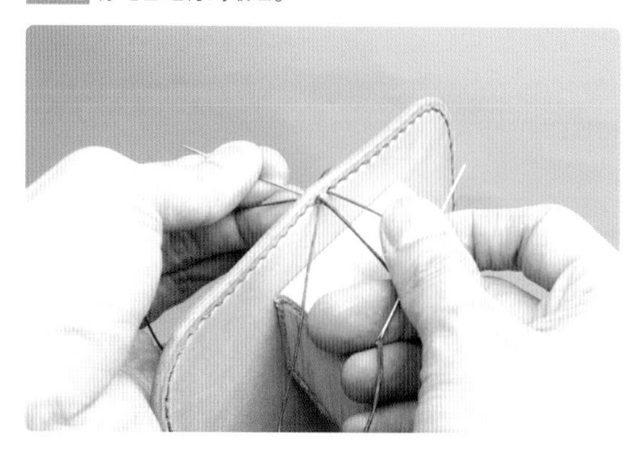

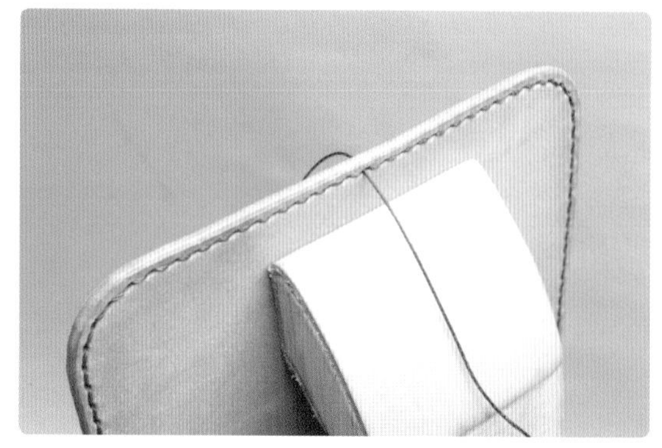

03 到起针处时还是从左侧穿入针线。此时要与起针处的缝合线迹相同，针同样不能挑到线，这点十分重要。

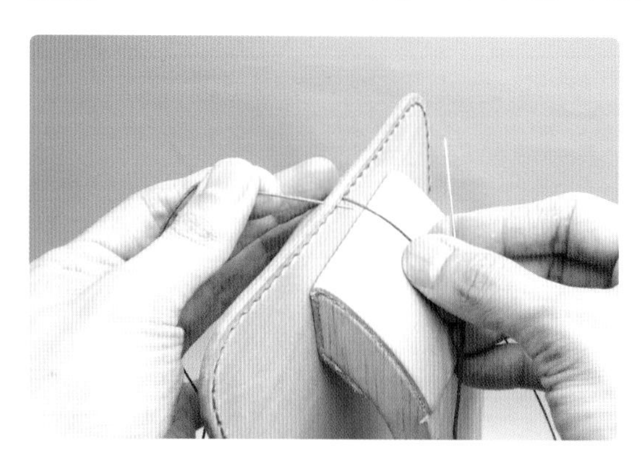

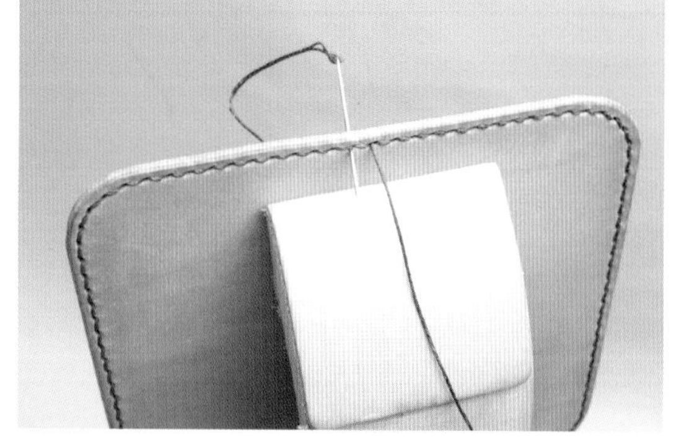

04 将右侧的针穿入同一个孔中。

05 将线拉到底。用同样的方法在一个孔中再次缝合。

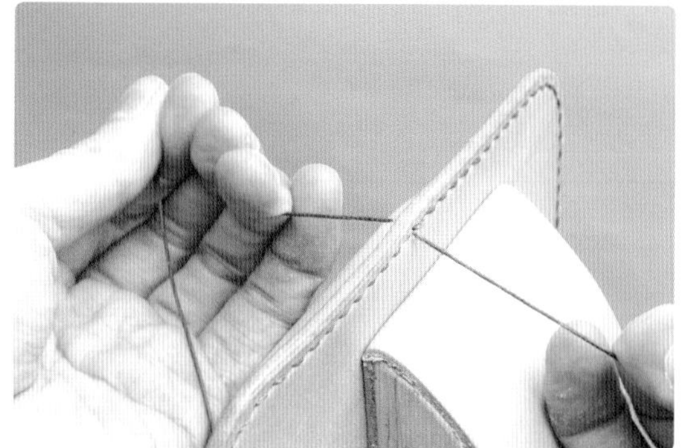

06 最后一针也就是第三针，同样还是从左侧穿入针线。

07 不要将线完全拉过去，在要穿入针孔的部分涂抹上白乳胶。

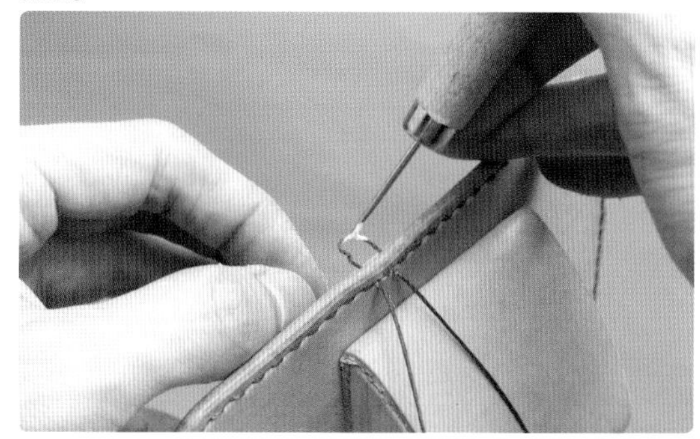

08 拉线。

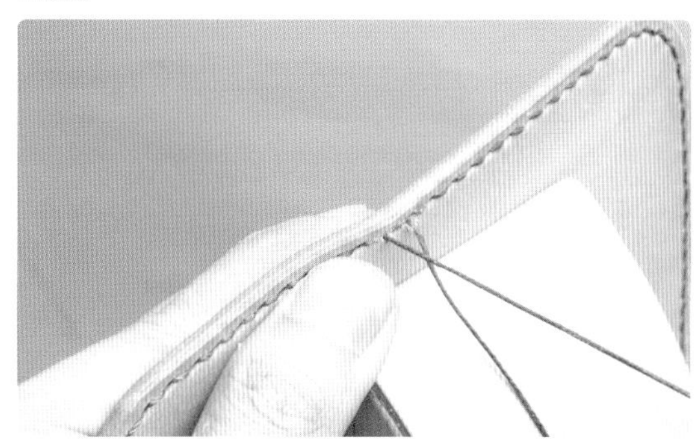

09 从右侧穿入针线。

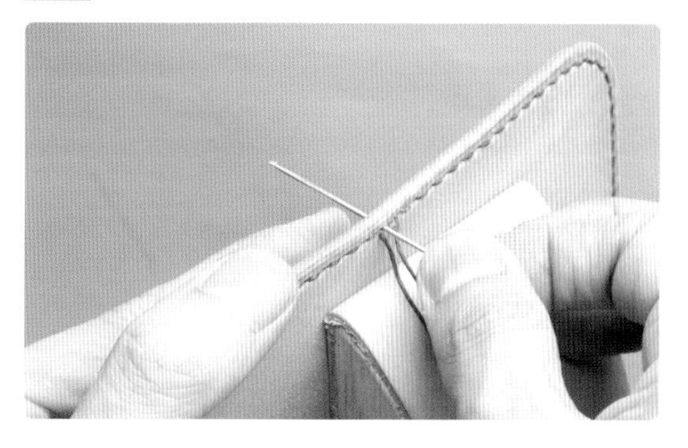

10 与左侧一样，涂抹上白乳胶。

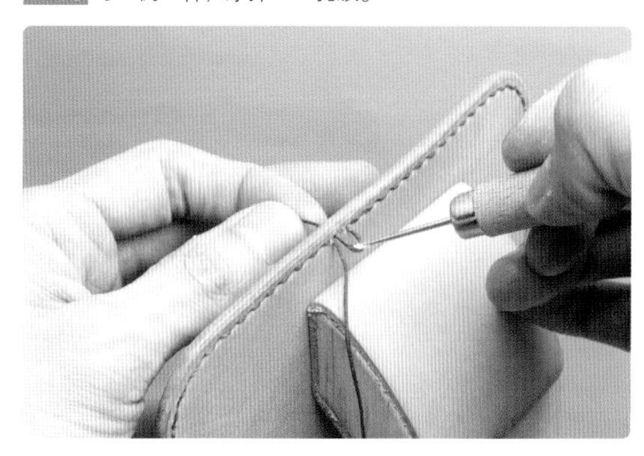

11 从两侧分别抽拉线。

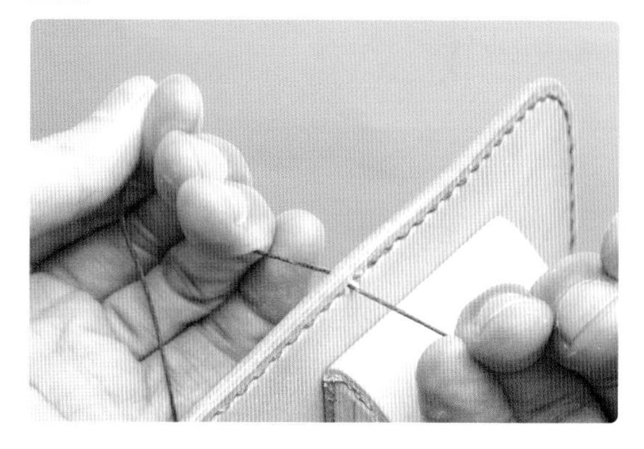

12 从二重缝合进行到三重缝合。

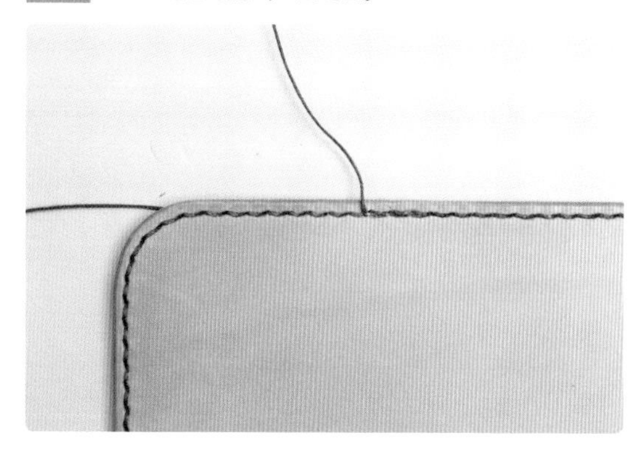

13 将线紧紧地拉住并剪断根部。

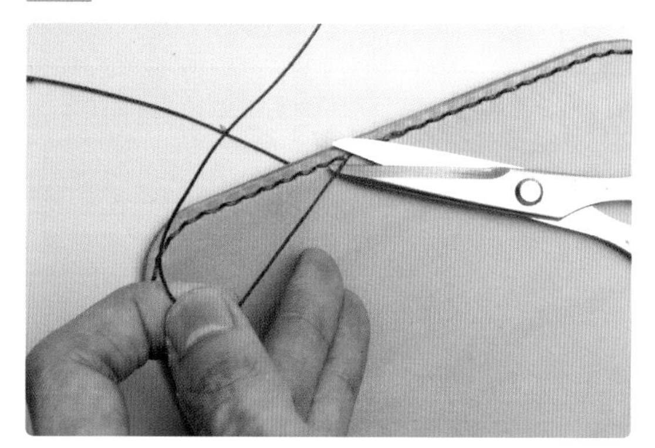

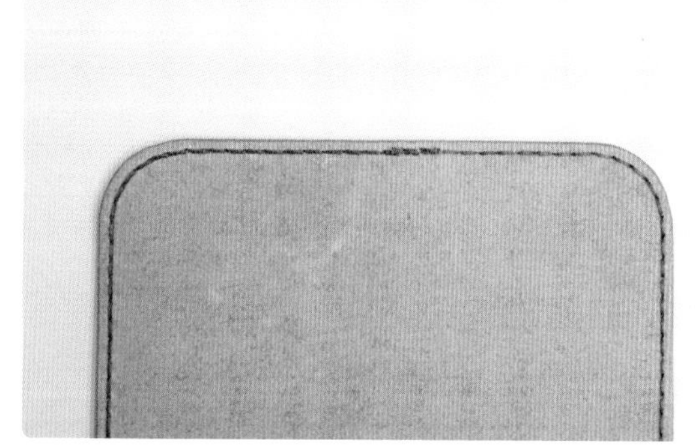

连接不良的缝合处，可用同样的方法重复进行三次。

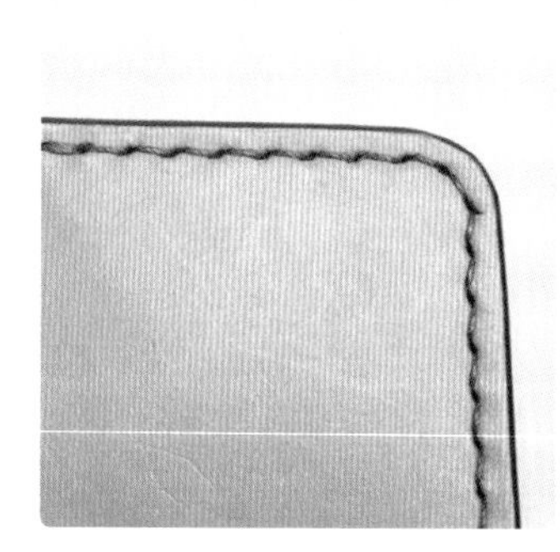

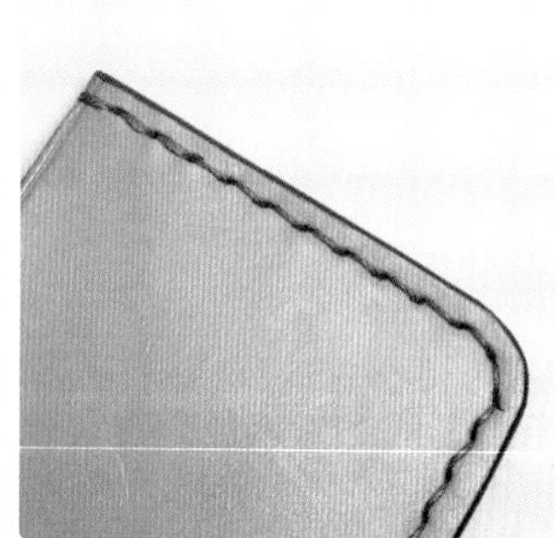

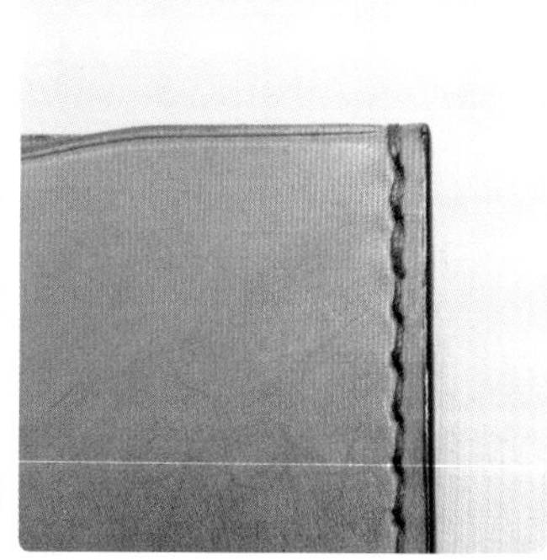

8) 缝合收尾2

01 缝合到剩余最后 3 个针孔处。

02 将针❶从左侧穿入。

03 用右手将左侧穿入的线抽拉到底。

04 将针❶穿入下一个孔中。

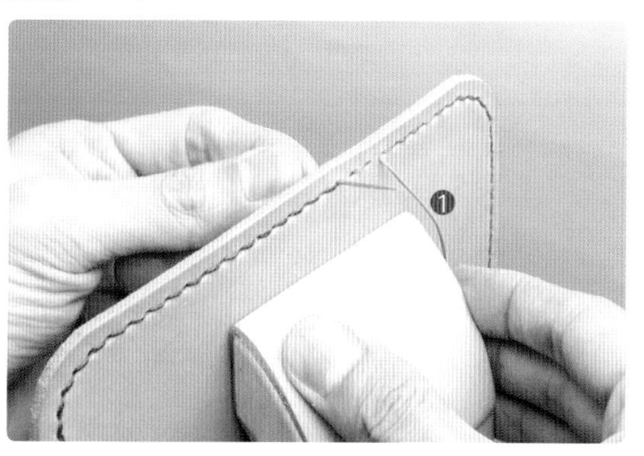

05 将线抽拉到底。

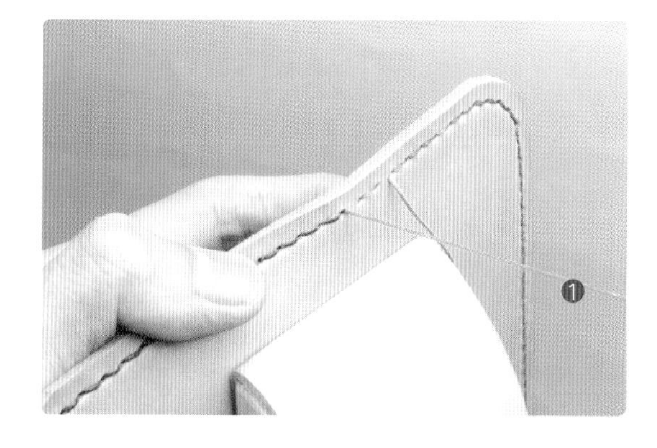

06 将针❶返回一针，并将线抽拉到底。

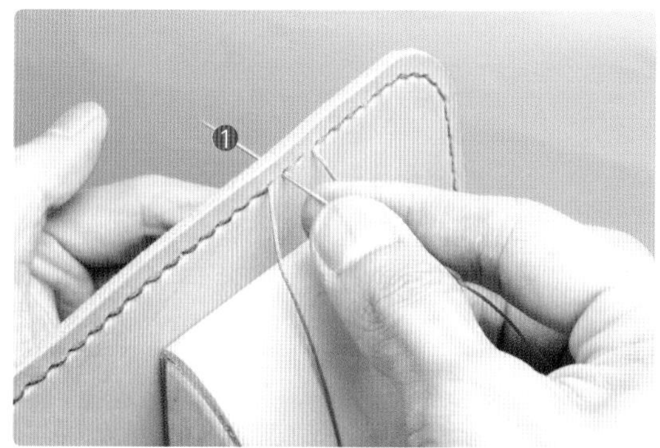

07 如图所示，将针❶穿入下一个孔后，不要将线抽拉到底，要有所剩余。

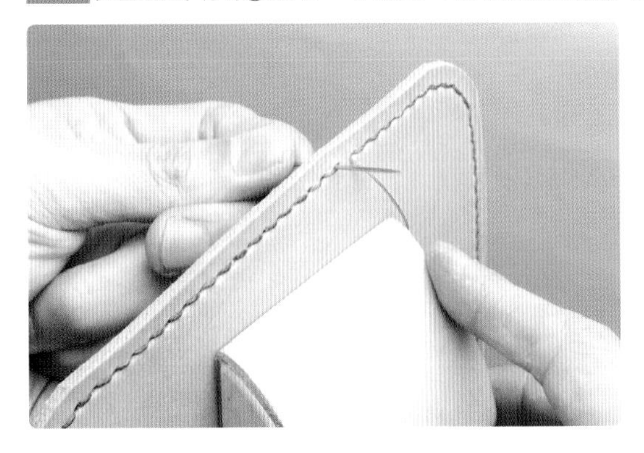

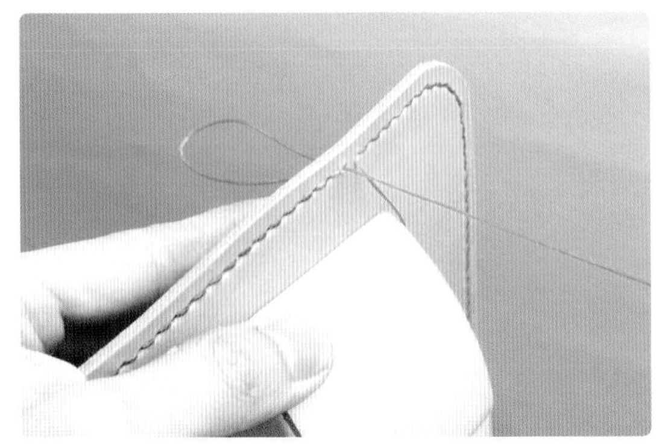

08 将针❷从右侧穿入针❶的线所在的孔中。

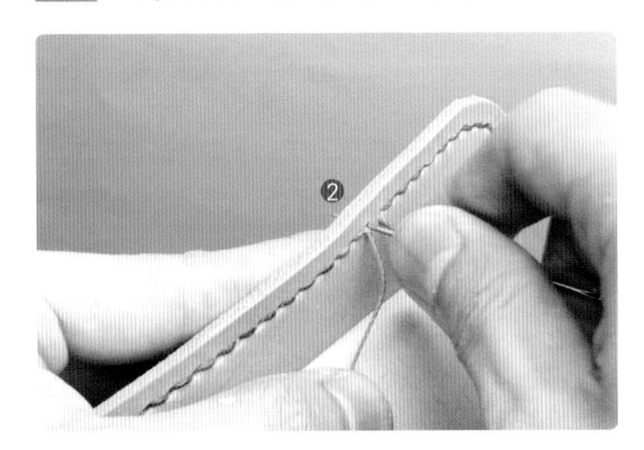

09 要从同一个针孔的上方插入。

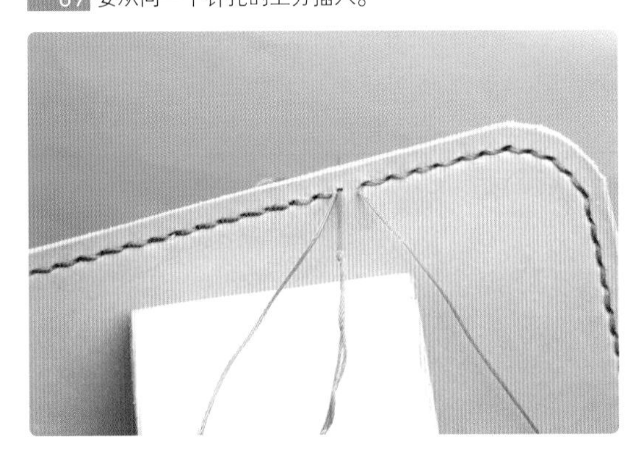

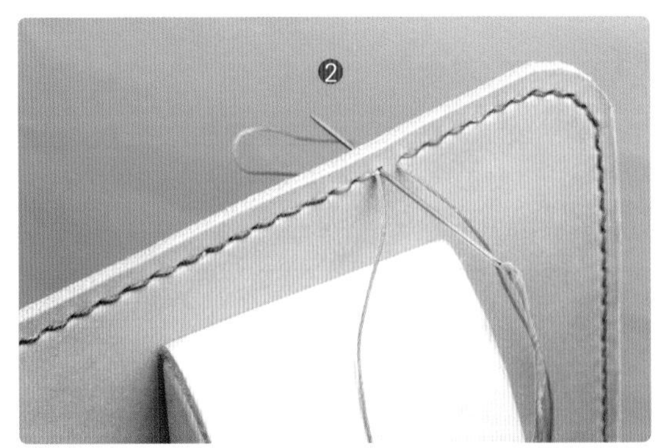

10 将左边的线在针❷上绕一圈。

11 针❷的线不要完全拉紧，如图所示需有所剩余。在要进入针孔的部分涂抹白乳胶。

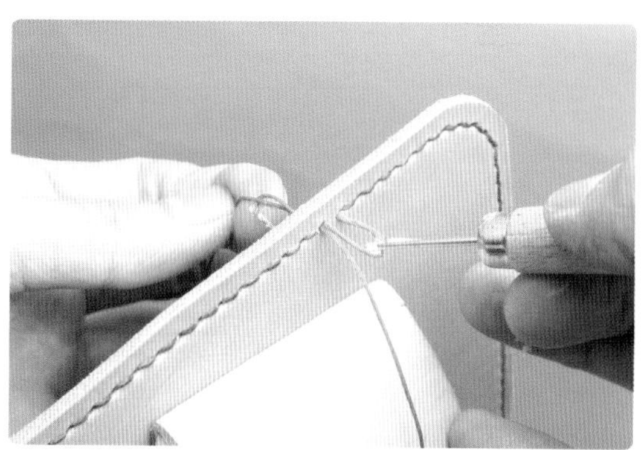

12 白乳胶分别从两边拉紧线。擦掉渗出的白乳胶。

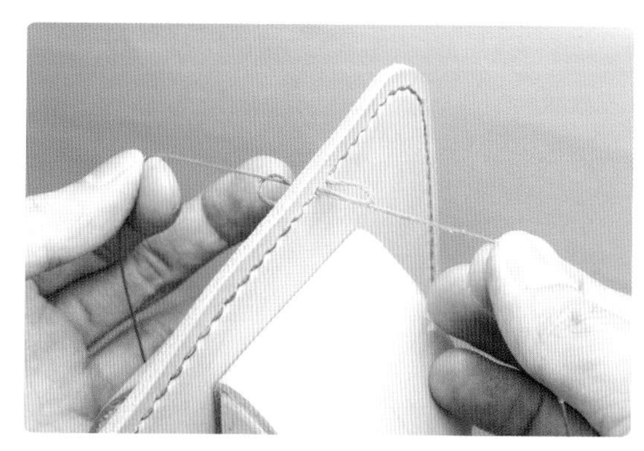

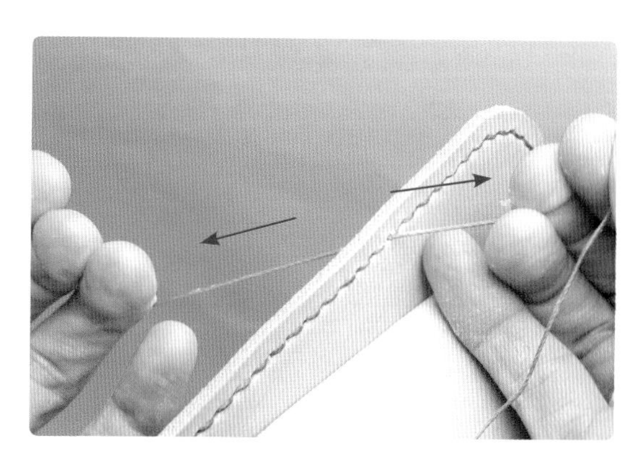

13 用锥子从当前针孔的正面斜向上穿到前一个孔的背面。

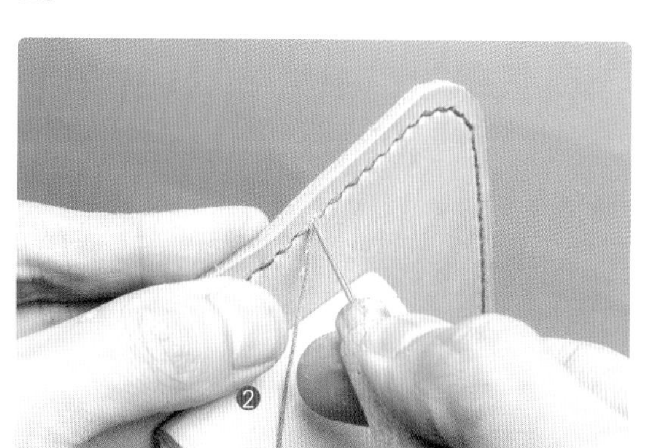

14 此时重要的是要保持缝合原型，要从正面在线的下部进行穿刺。

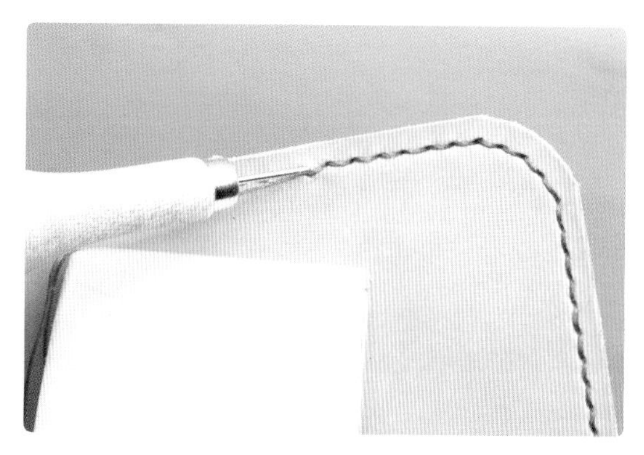

15 锥子从背面缝合线下面的位置穿出。

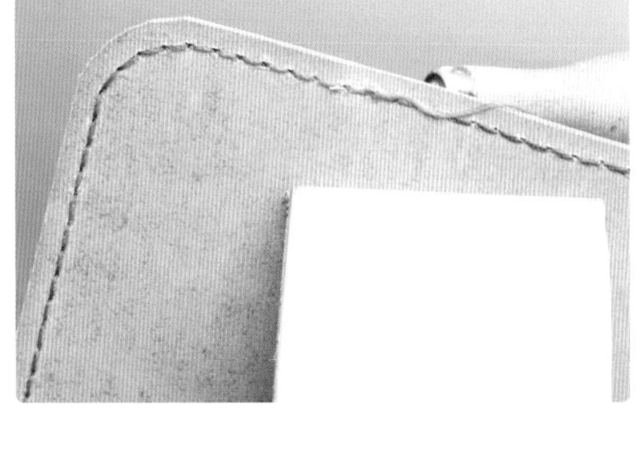

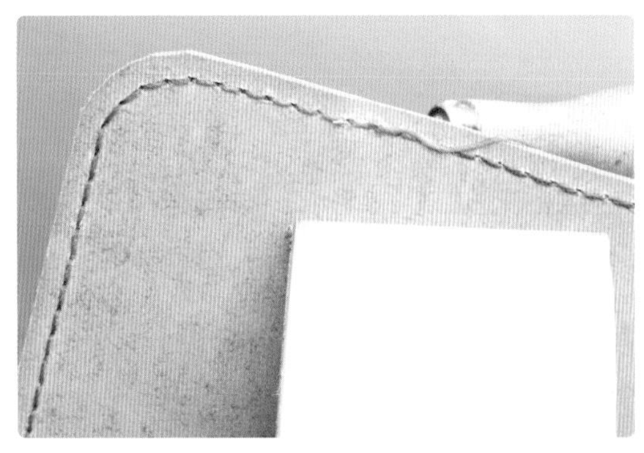

16 将针❶穿入锥子穿好的孔中。

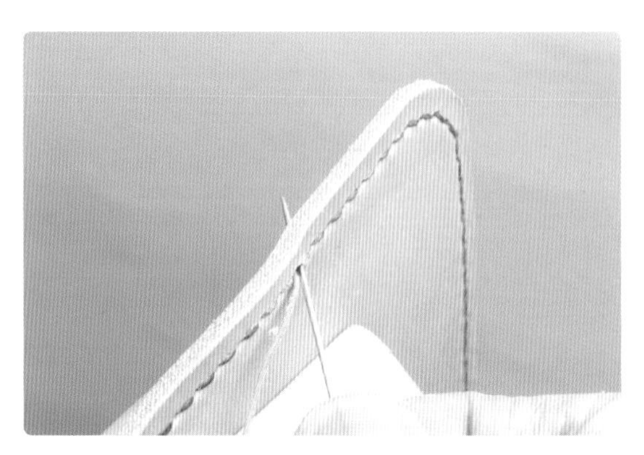

17 不要完全拉紧线，稍有些剩余。

18 在要进入针孔的部分上涂抹白乳胶，将线抽拉到底。

19 拉紧背面剩余的线，用剪刀在根部剪断。

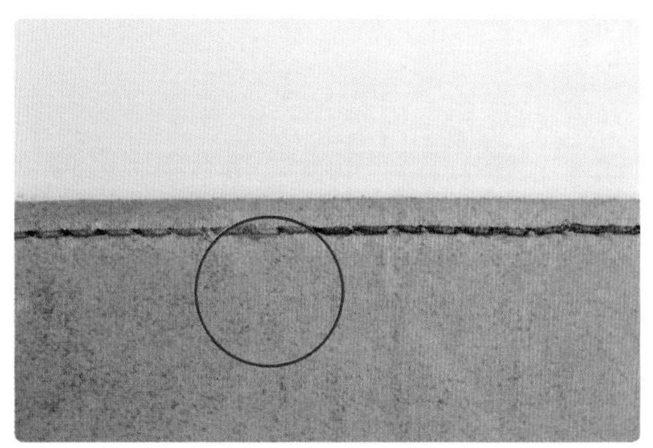

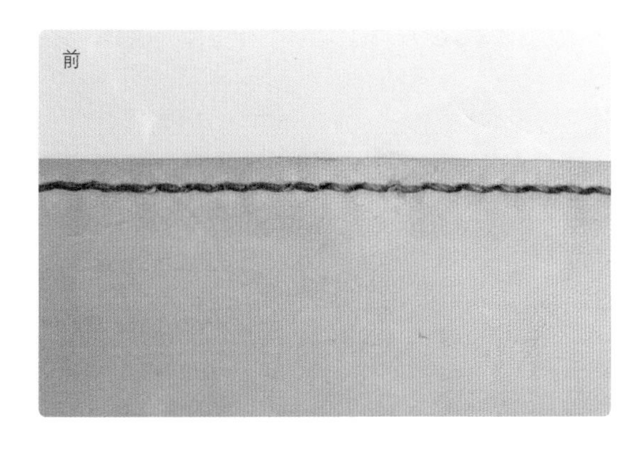

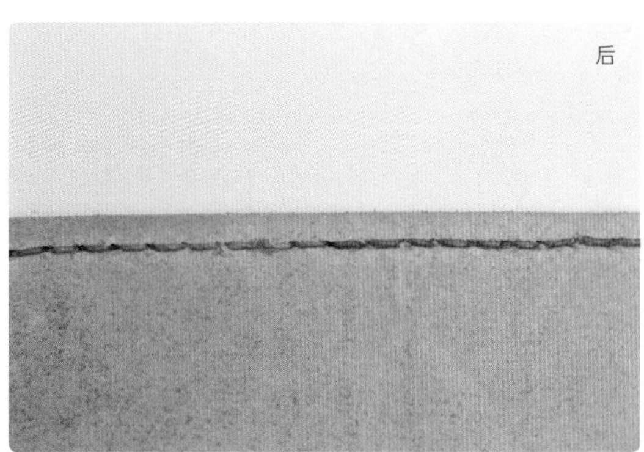

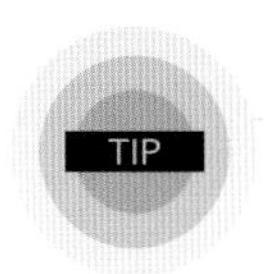

合成纤维线（尼龙线、聚酯线）的收尾方法

01 使用合成纤维线时，不要涂抹白乳胶，用打火机的最小火将线头微微烧一下即可，这样线就不会松散了。用同样的方法进行缝合收尾。

02 在剩余 2mm 处，将线剪断。

03 用打火机烧一下剩余的线。

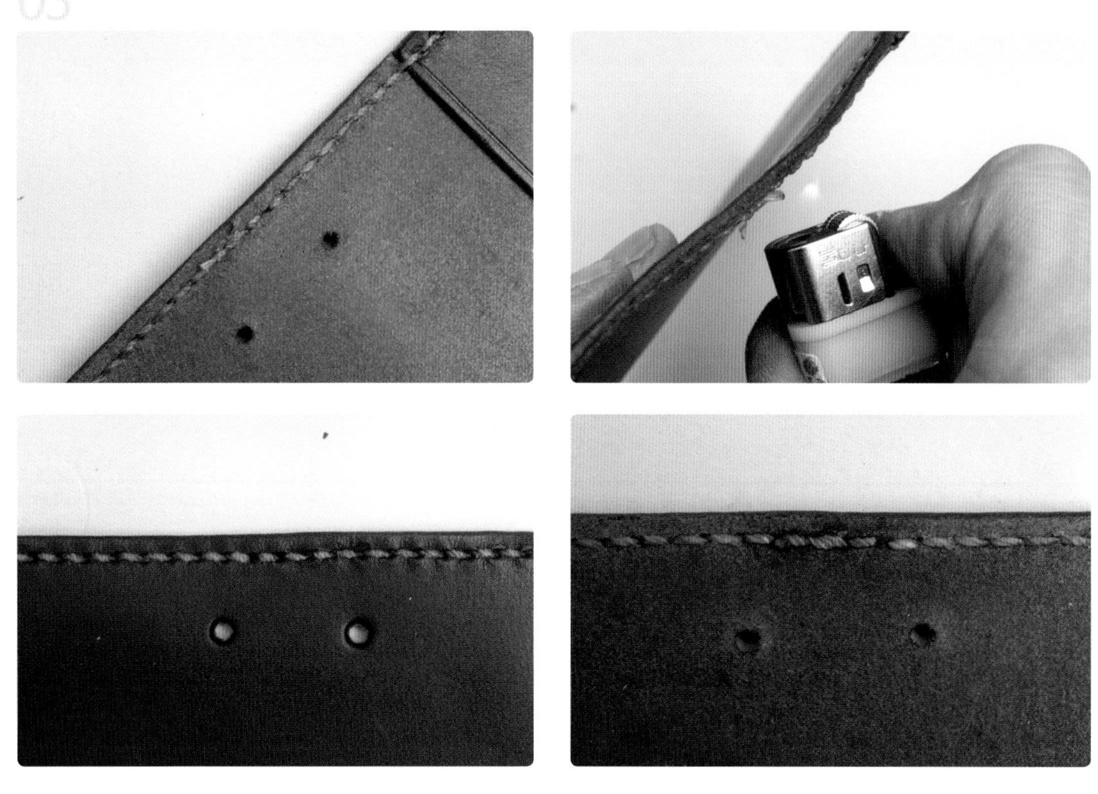

9) 续接缝合线1

缝合过程中，如果缝合范围较大，线不足的情况时，需要接线。

01 线不足时，要准备另一根已穿入针的线，将原来的缝合线在皮革裁切面上打结。

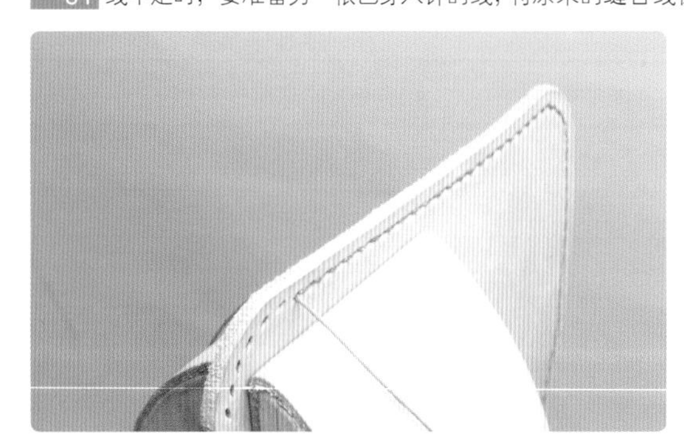

* 太过用力拉系会在裁切面上留下痕迹，因此要用力适当且将线调整好，不能妨碍缝合。

02 将备好的针线从正面穿入一个孔，捏住针，两边的线调到同等长度。

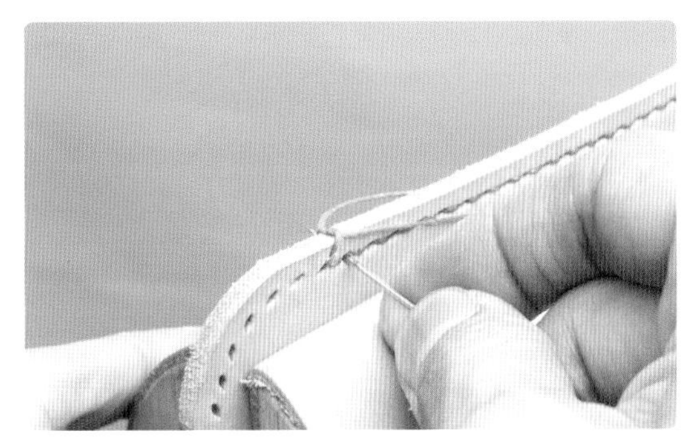

03 以之前同样的方法继续进行缝合。

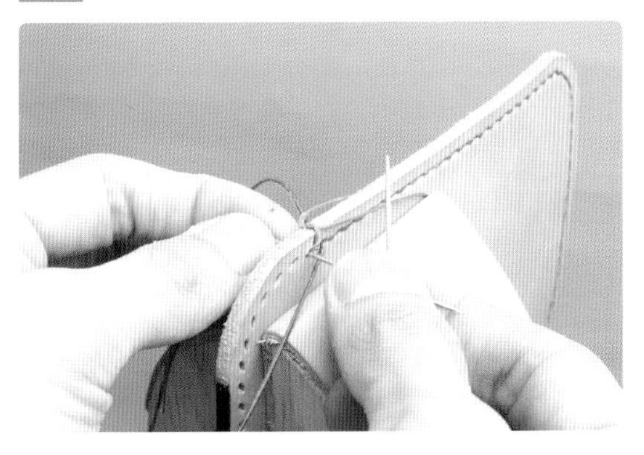

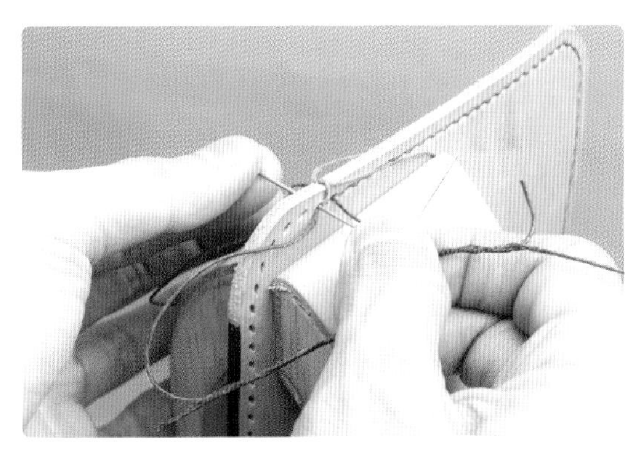

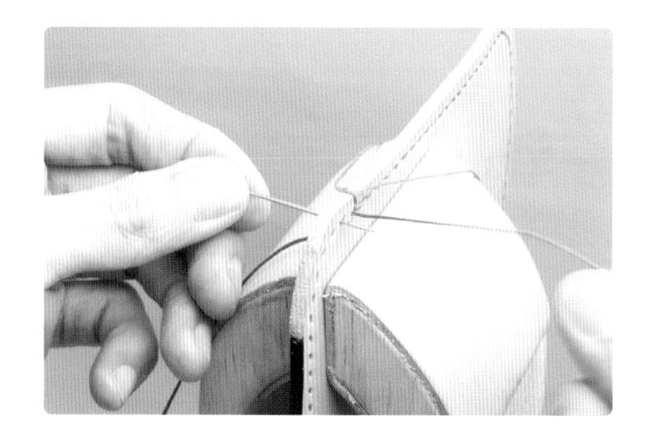

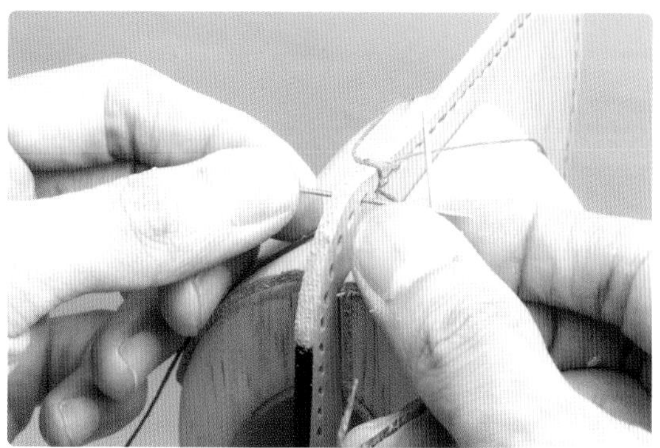

04 仅在续接的部分进行二重缝合。

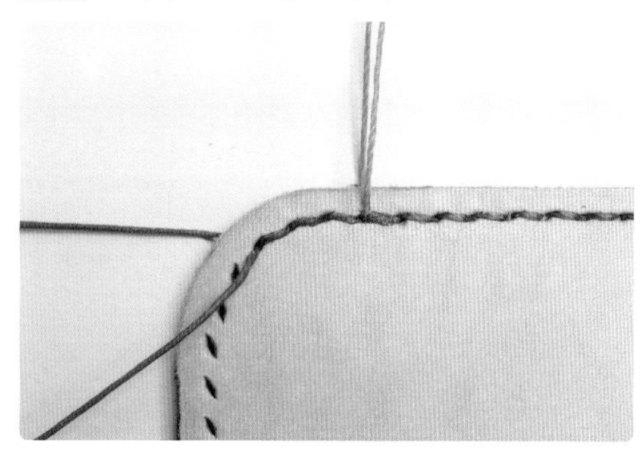

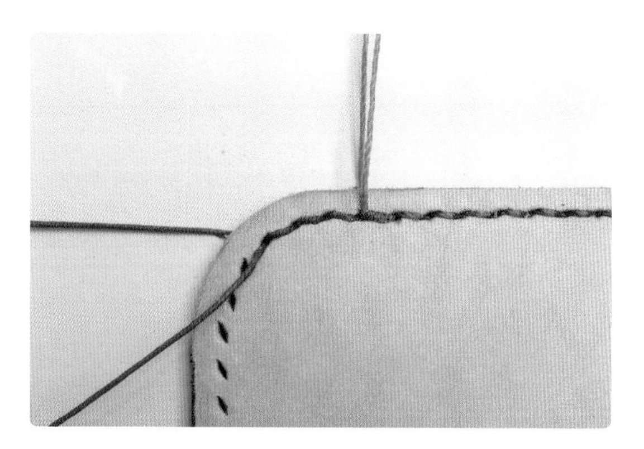

05 从两边拉紧线，剪断即可。

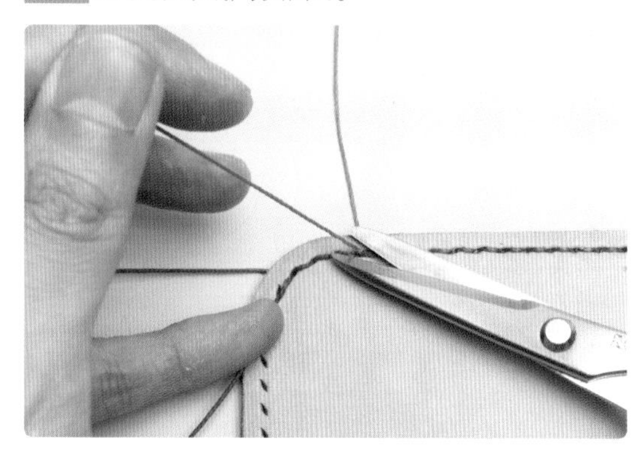

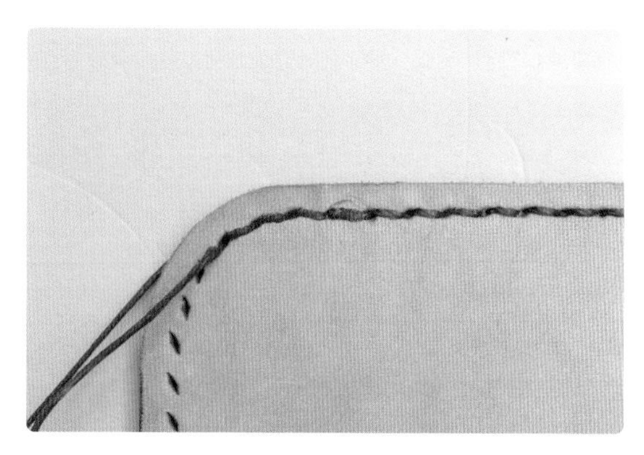

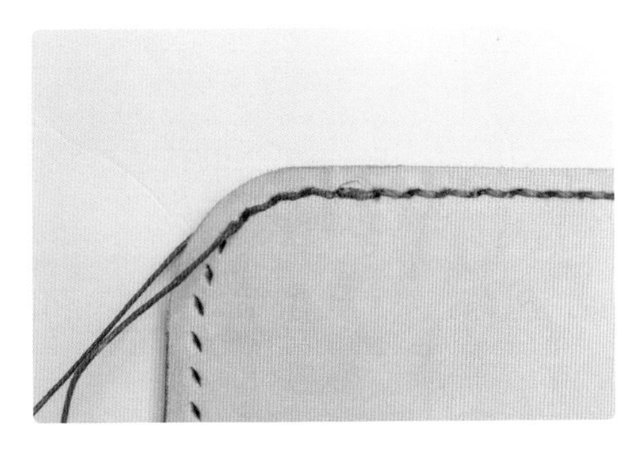

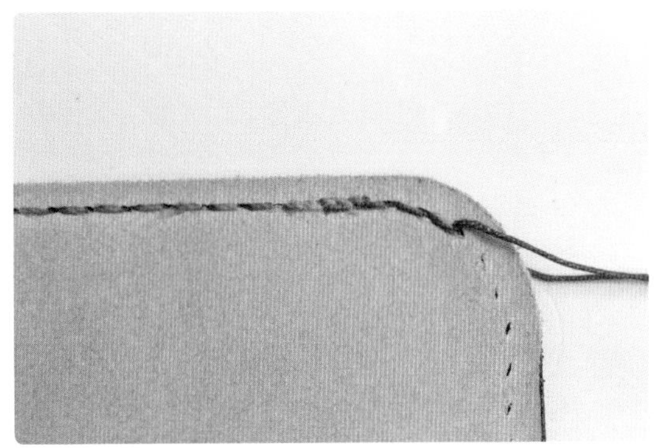

10) 续接缝合线2

01 线不足时，在最后一个缝合孔处，从右侧穿入针线。

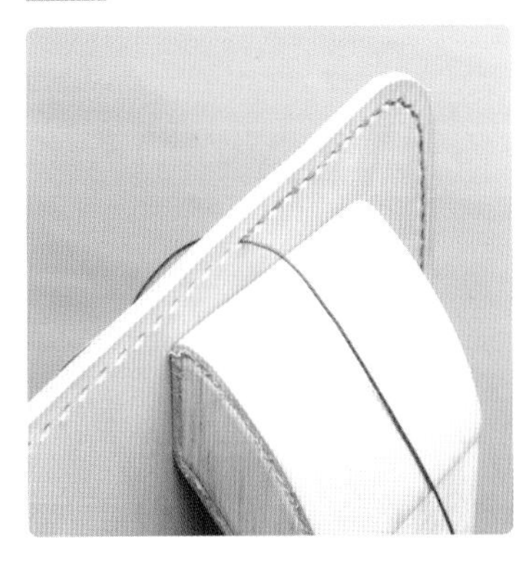

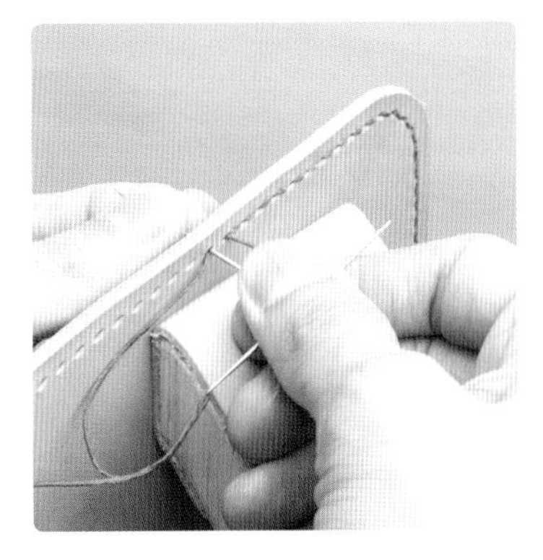

02 将左侧的线从右侧穿入的针上绕一圈。

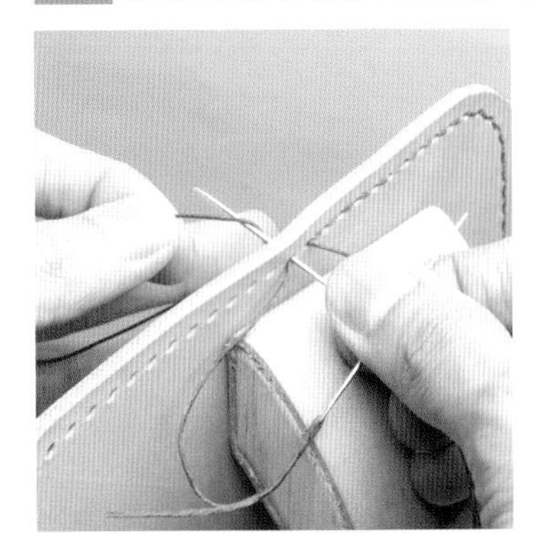

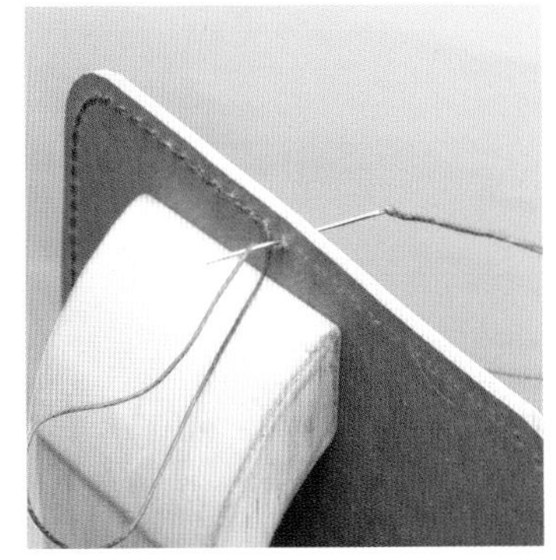

03 向两边拉线。

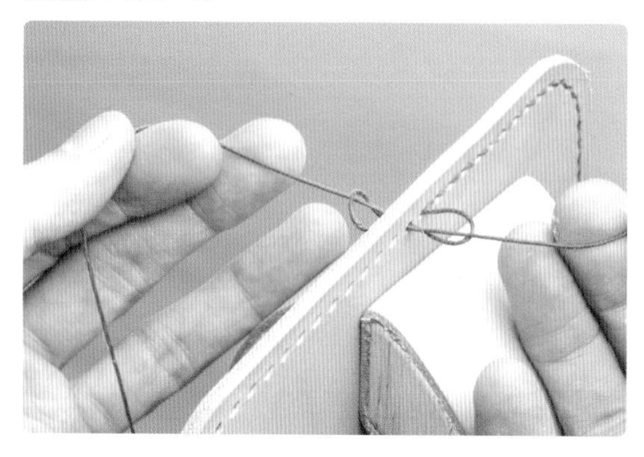

04 在线要进入针孔的部分上涂抹白乳胶。

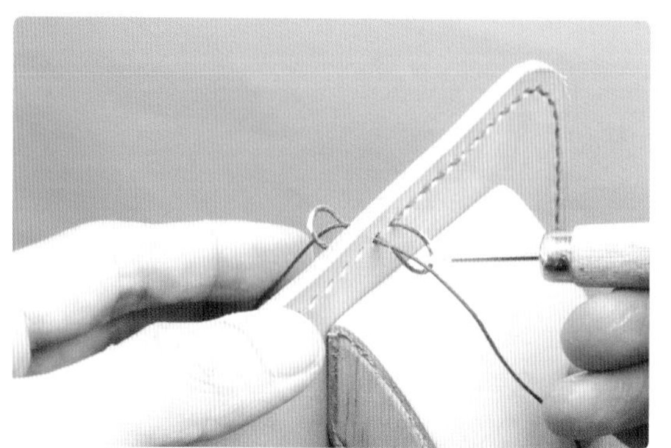

05 拉紧缝合线，将渗出的白乳胶擦掉。

06 与缝合收尾 2 方法一样，用锥子从当前的缝合孔的右侧斜上从前一个孔穿出打孔。

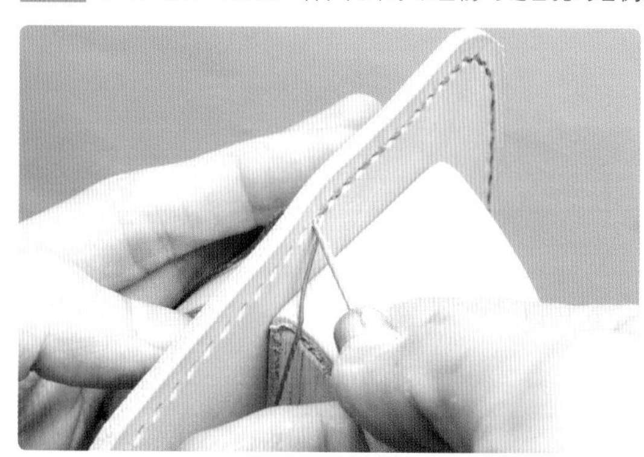

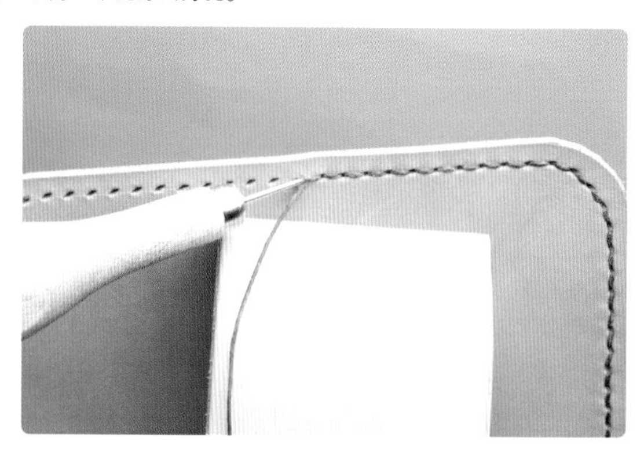

07 将右侧的针穿入打好的孔中。

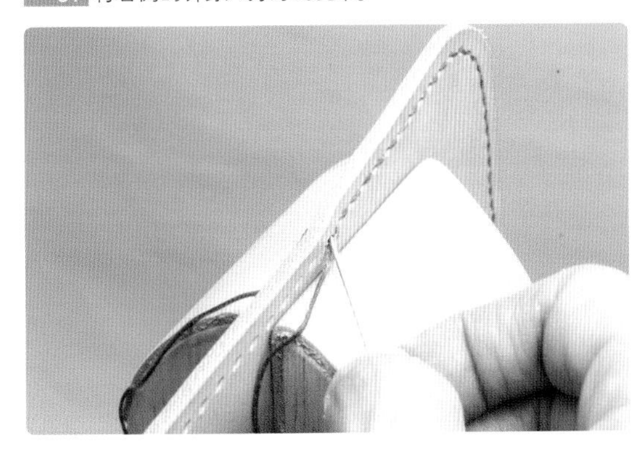

08 不要完全拉紧缝合线，使其有些许剩余。

09 在要进入针孔的部分涂抹白乳胶。

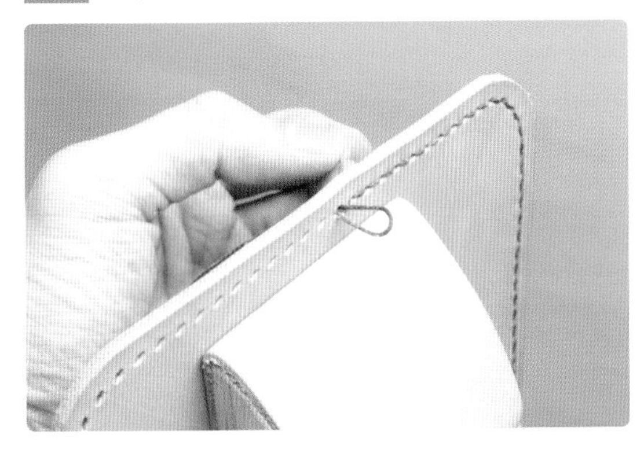

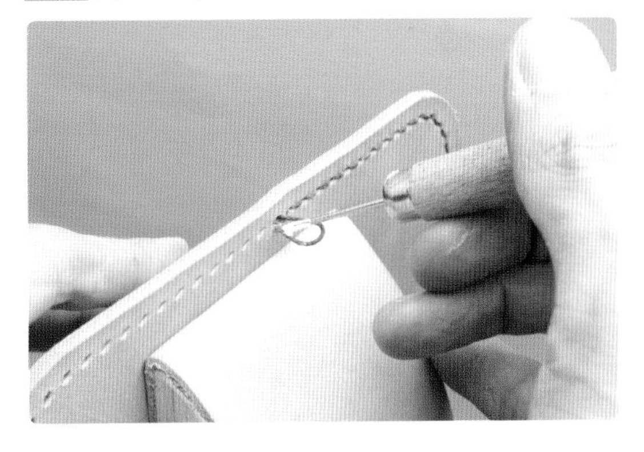

10 拉紧缝合线。

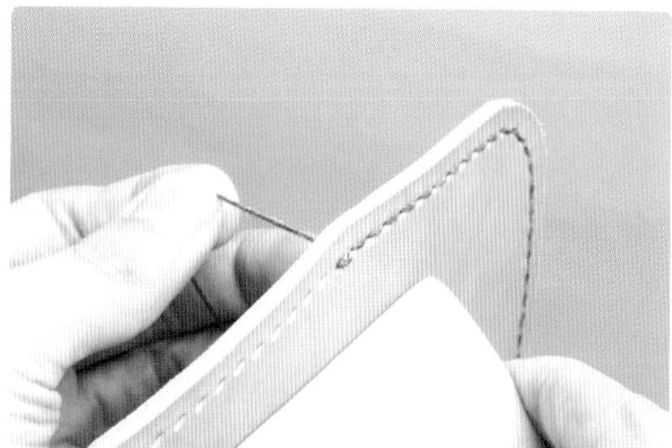

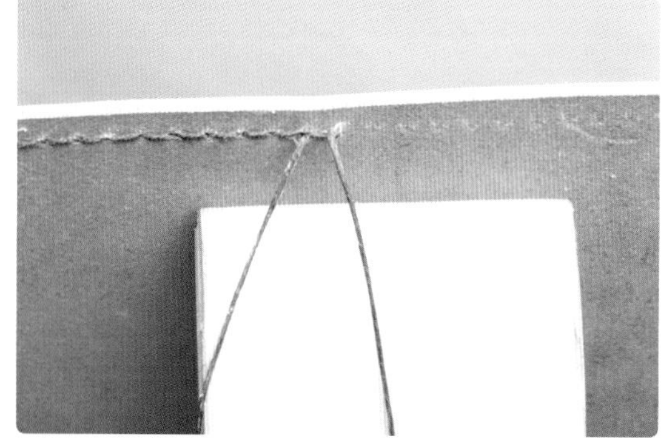

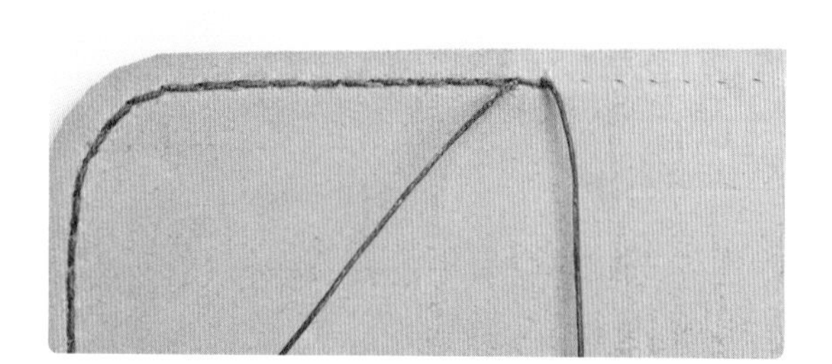

11 将从背面出来的线，拉紧并剪断。

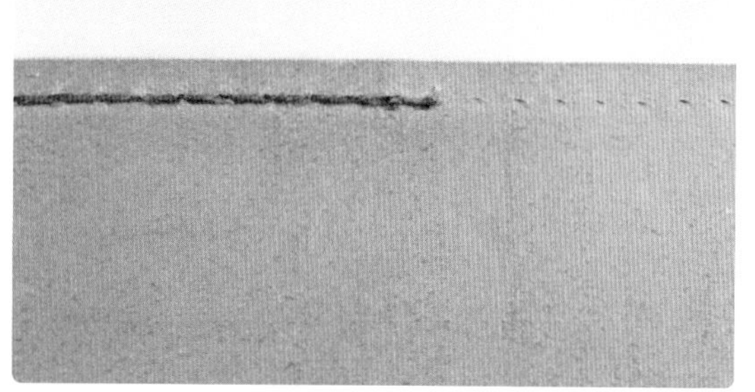

12 用准备好的新针线继续缝合即可。

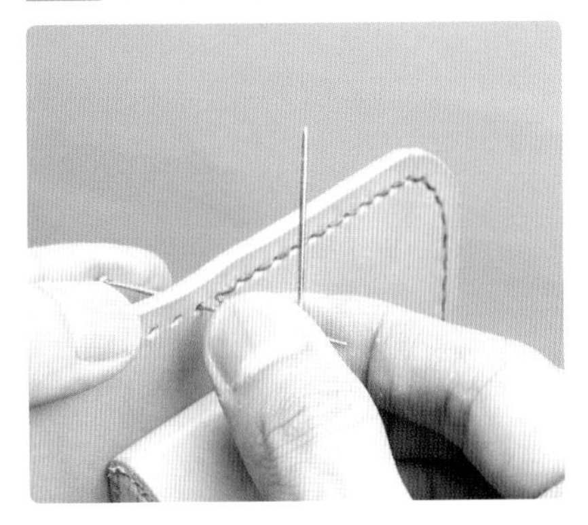

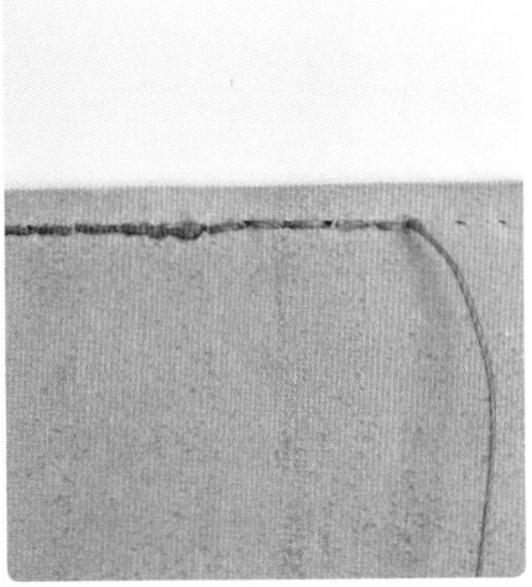

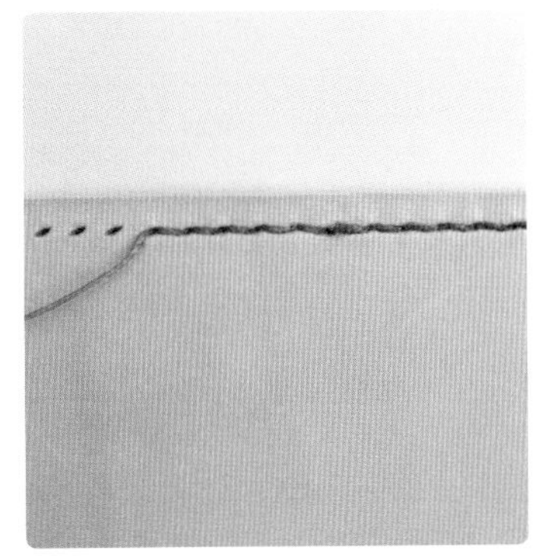

4 收尾工具

植物鞣革最大的长处之一就是皮革坚韧，可用砂布打磨裁切面，也可去除皮革棱角。细微的误差可用砂布打磨掉。收尾时可用保持皮革感的床面处理剂或提升色泽的其他收尾剂。

■砂布、研磨器

黏合床面时，砂布或研磨器可挑起皮毛或进行裁切面收尾。此时重要的是要平平地摩擦，使裁切面皮毛竖起。使用做木雕用的砂布，打磨皮革裁切面也会变得轻而易举。

研磨器有把手，使用起来很方便；黏合床面或挑起皮毛时也可使用。

■削边器

用于切除皮革棱角的工具。使用时应按一定角度，均衡地用力切除很重要。如果用力过大或者手握削边器的角度不对，会使银面受损，不能整齐地切除皮革的棱角，反而会使裁切面变得更糟糕，因此需多加注意。

生产厂家不同，削边器尺寸也可能不相同，切除后的样子也不一样，因此最好使用与皮革相搭配的型号（薄皮革使用型号较小的，厚皮革最好使用型号较大的，切除幅度为 0.8~2.0mm）。

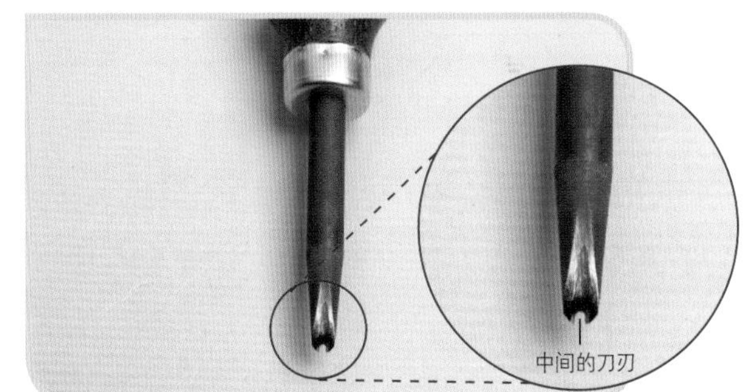

放大的图片为削边器的刀刃。

削边器的使用方法

皮革裁切面进行收尾时，如用砂布打磨皮革，那么皮革的银面与床面容易分开，并往上翘起。可用削边器与裁切面垂直进行切除，可大大提升完成效率。

01 用研磨器，垂直于裁切面进行打磨后，用削边器切除皮革棱角。

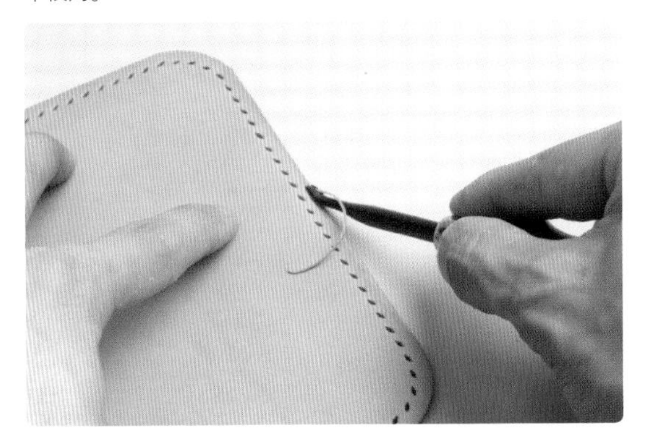

02 需根据裁切面，按一定角度用力均衡切除。

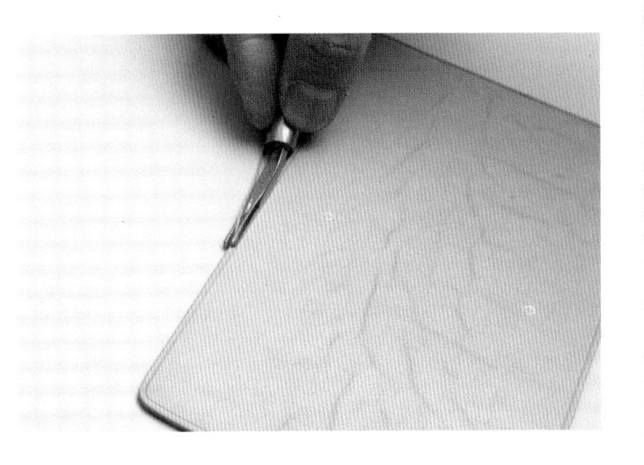

※ 上）削边器切除棱角后的面。
下）未切除面。

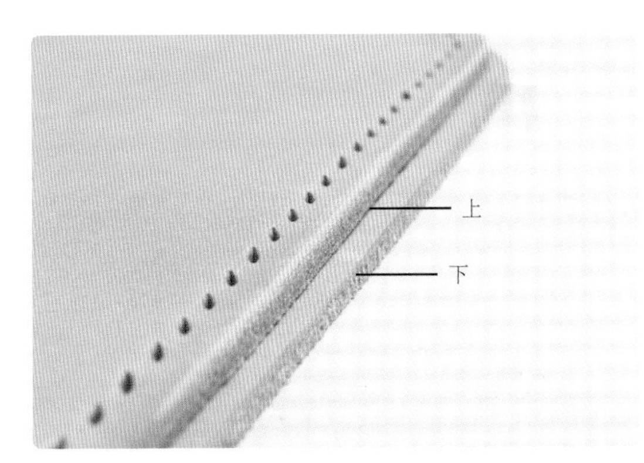

・皮革较薄时

皮革较薄、切除费力时，可再衬上一层皮革进行切除。

如果过多地切除薄皮革的棱角，裁切面便会变尖，因此适当切除为宜。

• **不切除床面的棱角时**

不用削边器切除床面的棱角时，用剪刀将床面立起的皮毛剪掉即可。

Tip 皮革需要黏合的部分不要切除棱角，否则，黏合部分就会出现凹槽，制作时请注意这一点。

■床面处理剂

皮革的裁切面与床面收尾时涂抹。床面处理剂呈水性，对人体无害，只可使用于植物鞣革。将床面处理剂涂抹在裁切面或床面皮毛竖起的地方，用刮刀或者玻璃板磨压，可使其平滑有光泽。

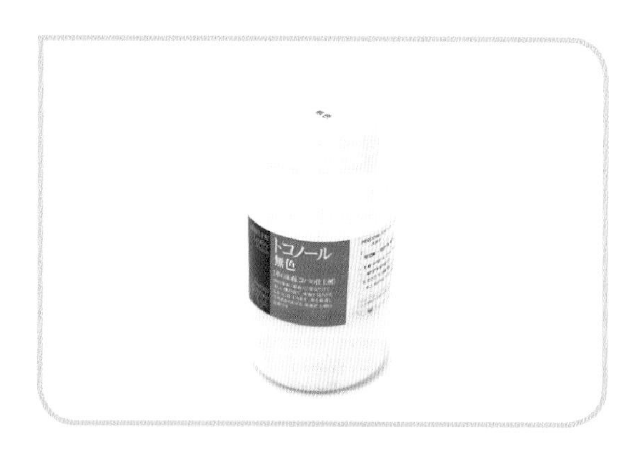

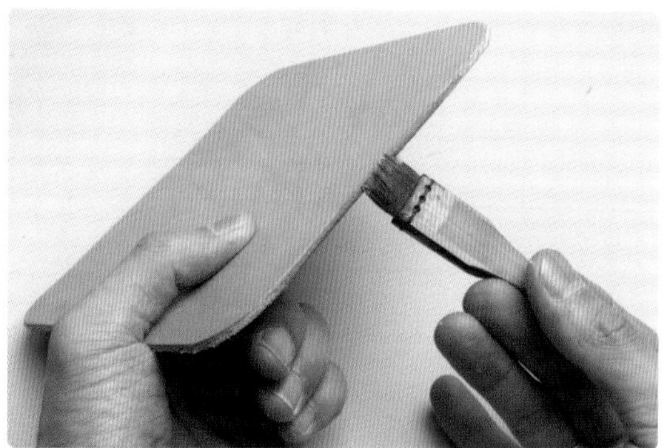

■ CMC（类似于一种透明胶质）

粉末型裁切面收尾剂，溶水后使用（溶解时需耗时大半天或一整天。CMC ：水 =3g ：200mL）。根据水的混合比率，可调节浓度，使用方法和用途与床面处理剂一样。

■ 丙烯酸树脂收尾剂和氨基甲酸树脂收尾剂

适用于所有皮革裁切面的丙烯酸树脂收尾剂，用在皮革各种颜色的黏合面上，可遮挡黏合层。它可以给裁切面带来多样的颜色与光泽，但是时间过长的话会龟裂甚至脱落。虽然它是同时适用于上色和提升光泽的涂料且属水性，但是其干燥后却不溶于水。使用前不要摇晃容器，搅匀后用毛刷涂刷即可。

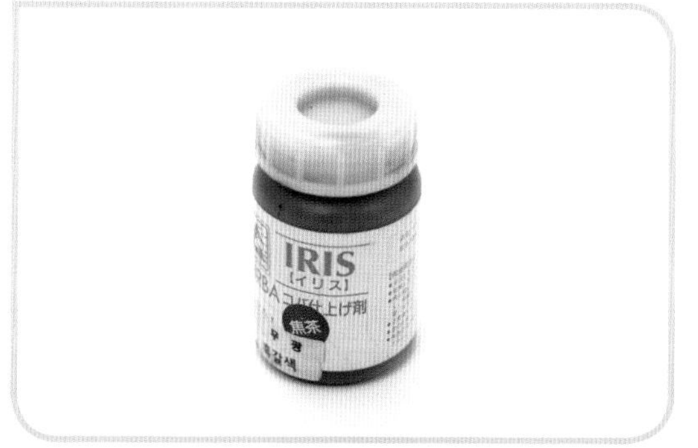

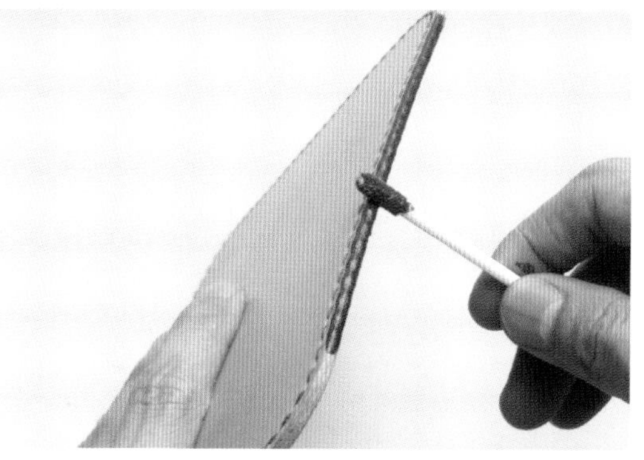

因丙烯酸树脂收尾剂成分会沉淀，所以一定要用木筷等东西搅拌后再使用。

■ 胶水瓶

将丙烯酸树脂收尾剂盛置在放于类似胶水瓶的容器中，如此使用会更加便利。摇晃容器，直接在裁切面上涂抹，晾干即可。

■ 毛刷

涂抹丙烯酸树脂收尾剂时，用棉棒涂抹竖起的皮毛会很不方便，所以使用毛刷可抹平竖毛，毛刷吸水性较好，在裁切面上涂抹收尾剂或者染料时十分方便。使用后，可直接清洗，也可连续使用直到竖毛被抹平。

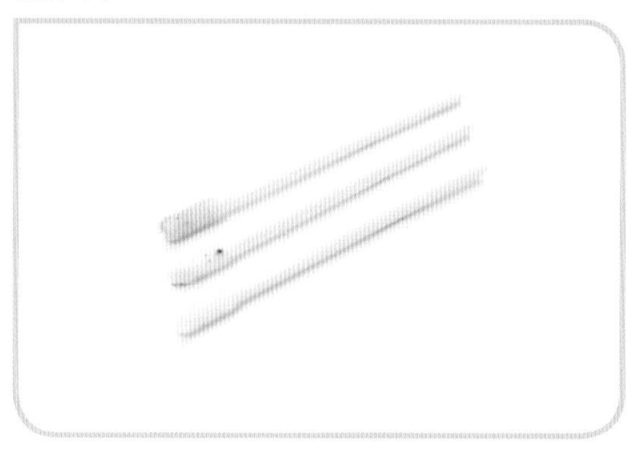

■ 修边器

在皮革裁切面涂抹床面处理剂后，用修边器进行收尾磨压，可使裁切面的形态圆滑且具有光泽。修边器的种类多样、用途相似，但是修边器凹槽的大小与材质却有所差异，如木质修边器更具光泽。修边器的背面可用于皮革整形。

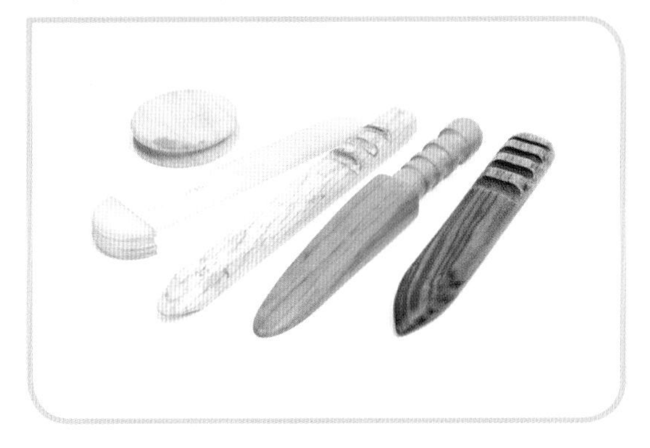

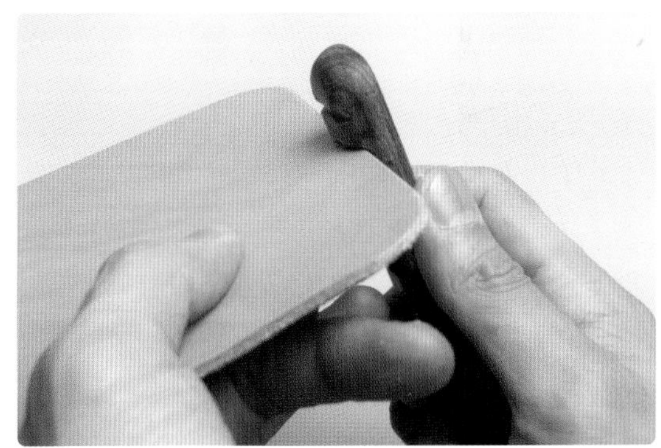

■ 漆刷

涂抹床面处理剂时，毛短的漆刷使用起来较有安全感且较易涂刷。

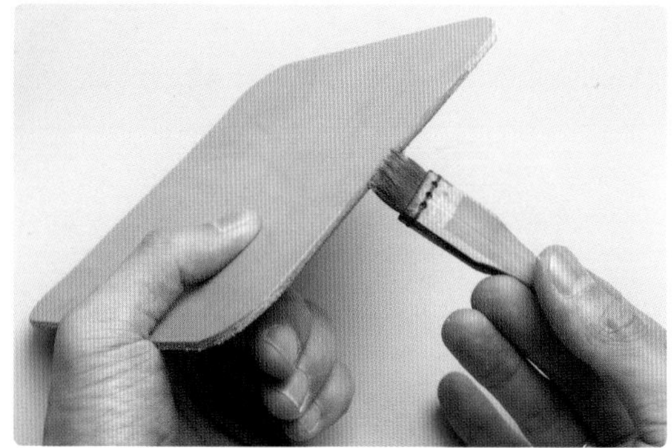

· 用床面处理剂收尾时

01 裁切过的皮革。

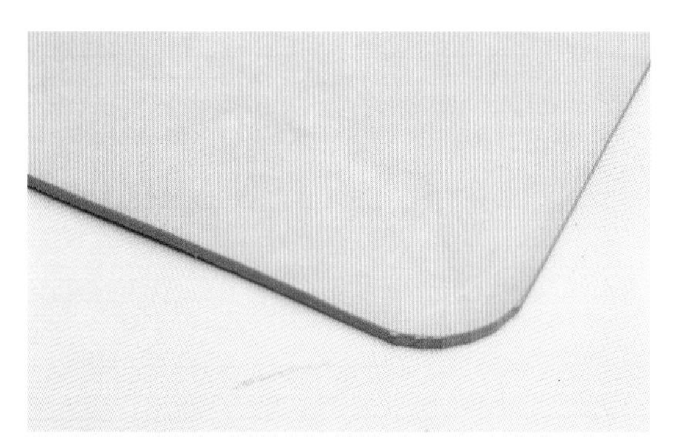

02 与裁切面呈直角，用研磨器进行打磨。

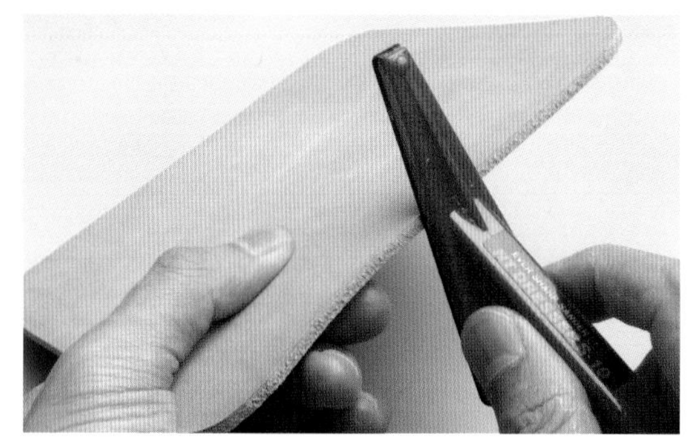

Tip 裁切面收尾时，用研磨器摩擦是为了使裁切面的皮毛竖起。如裁切面属圆润平滑的状态，最好将其进行打磨。

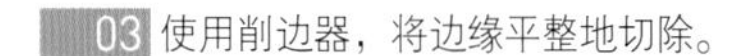

Tip 用床面处理剂进行黏合面收尾时
如果黏合面上留有黏合剂的话，因床面处理剂不吸水，此部分会留下斑迹。因此最好将黏合剂完全除去，平整地涂抹上床面处理剂后，再进行收尾。

03 使用削边器，将边缘平整地切除。

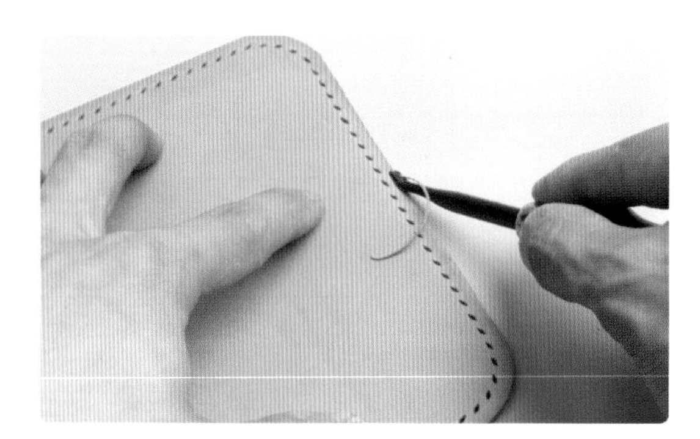

04 如图所示从下往上依次为：裁切后的皮革、用研磨器打磨过的皮革、用削边器切除棱角后的皮革。

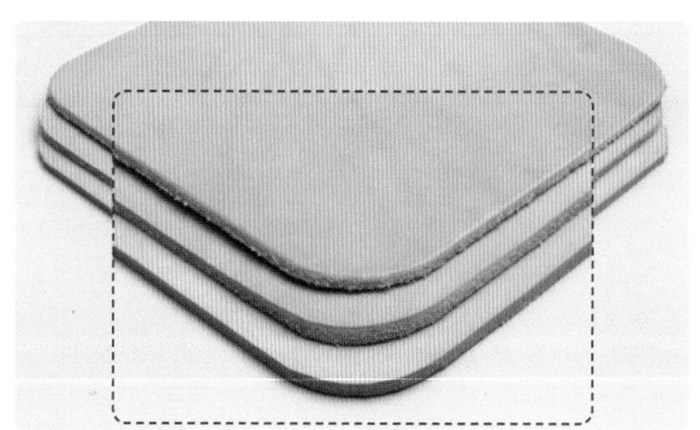

05 将床面处理剂涂抹于裁切面上。

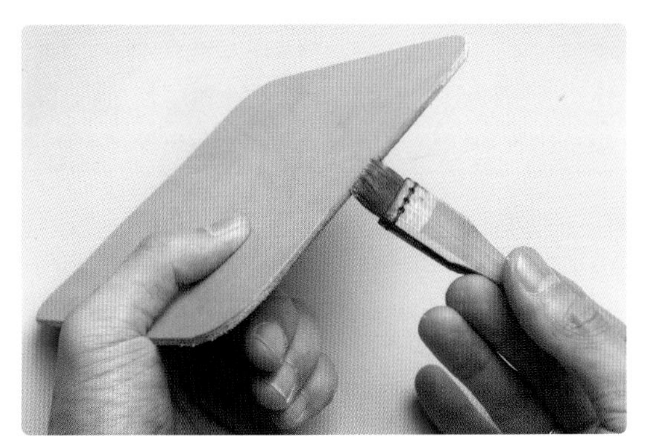

※因为要在床面处理剂干燥前进行磨压，所以不要一次性将裁切面全部涂抹，可分20~30次进行。

06 用修边器将涂抹有床面处理剂的裁切面进行磨压收尾。

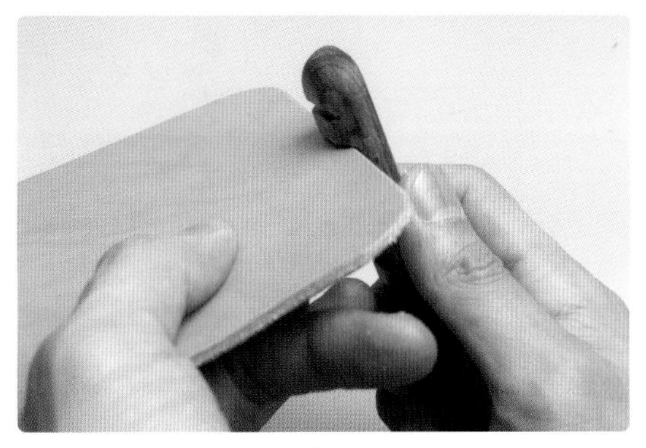

※干燥后，需一直磨压到有光泽为止。

07 如图所示从下往上依次为：裁切后、用研磨器打磨后、用削边器修边后、用床面处理剂涂抹后。

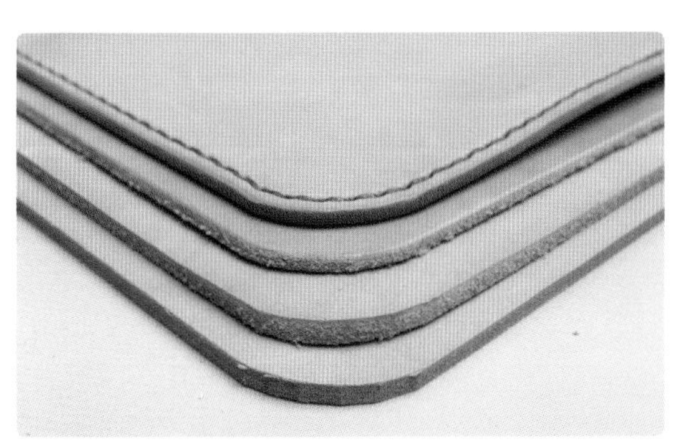

※如果银面沾上床面处理剂的话，需用蘸水的软布擦掉。如果只用力磨压沾有床面处理剂的部分，则整片皮革会颜色不均。因此，最好磨压整块皮革进行捋擦。

Tip 用细砂布进行收尾时，反复多次打磨裁切面，裁切面会变得平滑有光泽。如果想要使其更加润滑有光泽，可先用1000号的砂布进行打磨，再涂抹床面处理剂，用修边器磨压即可。

• 进行黏合面收尾时

丙烯酸树脂（或氨基甲酸树脂）收尾剂收尾

01 用 1000 号砂布打磨用床面处理剂收尾过的裁切面。

02 涂抹丙烯酸树脂收尾剂或氨基甲酸树脂收尾剂。干燥后，再涂抹 3~4 次。

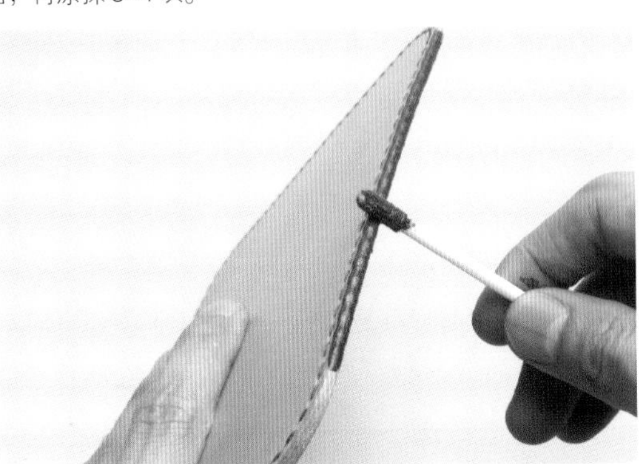

※如图所示从下往上依次为：用过床面处理剂后、用过砂布打磨、涂抹丙烯酸树脂收尾剂1次、涂抹丙烯酸树脂收尾剂3次后的皮革。

※如图所示，如果不打磨裁切面就涂抹丙烯酸树脂收尾剂的话，会很难看。为了更好地涂抹丙烯酸树脂收尾剂，必须保证裁切面绝对平滑。

■ 玻璃板

进行皮革床面收尾时，涂抹床面处理剂后磨压时可使用玻璃板。通过磨压可挤出皮革中的杂质，使床面更加平整。

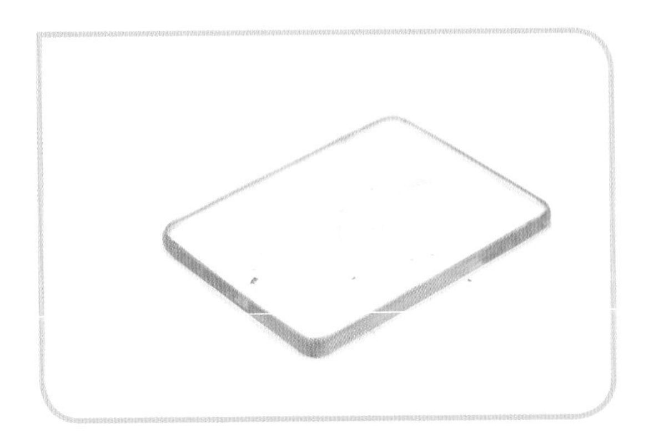

玻璃板的使用方法

01 在皮革的床面抹平床面处理剂或 CMC。

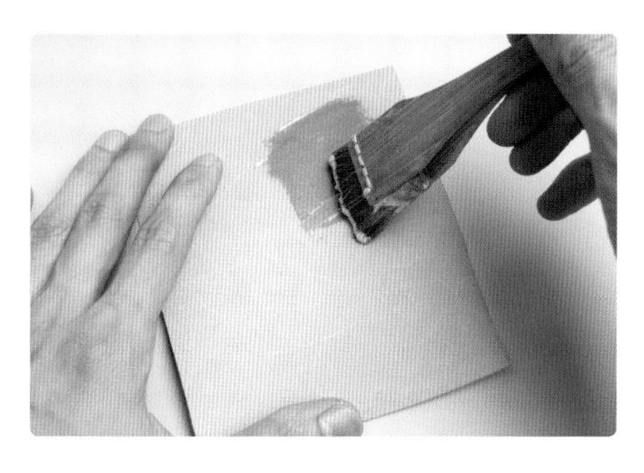

02 床面处理剂被吸收后，用玻璃板进行磨压（通过玻璃板的磨压，床面会更平展，也可将皮革内的杂质除去）。

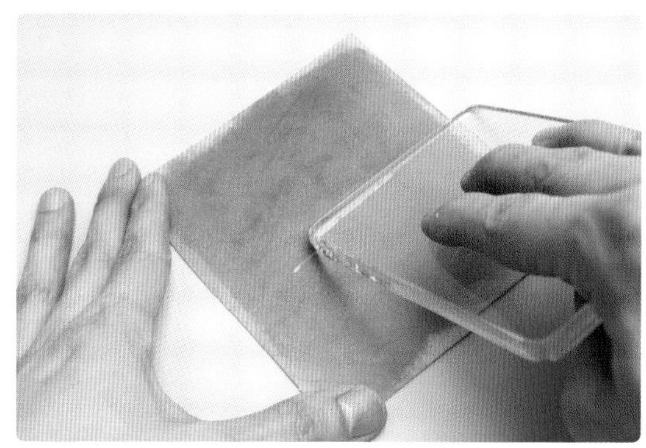

03 因为要在床面处理剂干之前用玻璃板进行磨压，所以进行大面积收尾时，不要将床面处理剂进行整体性涂抹，最好分部分进行。

5 黏合材料与工具

皮革工艺中，固定两张以上的皮革时一定会用到黏合剂。使用的黏合剂分为两大类（醋酸乙烯酯树脂类、橡胶类）。因每种黏合剂的固有特性不同，所以根据用途使用很重要。黏合后一定要用滚轮压实。

■ 醋酸乙烯酯树脂黏合剂

• 白乳胶

使用方便，属水性，需在其干燥之前快速进行黏合。在干燥前，其黏合力较弱，黏合时间短的话可以进行小幅度的调整，这点与橡胶黏合剂不同。黏合之后，黏合层透明且有韧劲，可用皮革裁刀或者砂布进行整理。适用于裁切面的黏合。

银面粘上黏合剂时，在干燥前用湿布擦掉即可。

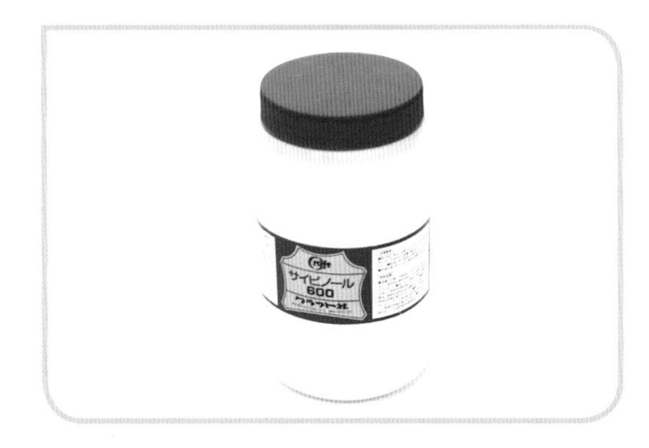

■ 橡胶黏合剂

• 合成橡胶黏合剂

为强力黏合剂。作为皮革专用强力黏合剂，涂抹于皮革需黏合的两面后，需在 20 分钟内贴合压实。因此，适用于大面积黏合时较为方便。

渗出的部分或者粘在银面的部分，干燥之后使用清除器稍稍抹擦可轻易去除。

• DIA 黏合剂

黏合力非常强，多用于制靴。将其涂于皮革两面，半干燥状态时（不太黏时）贴合压实。用于皮带或较窄的皮革时较为方便。

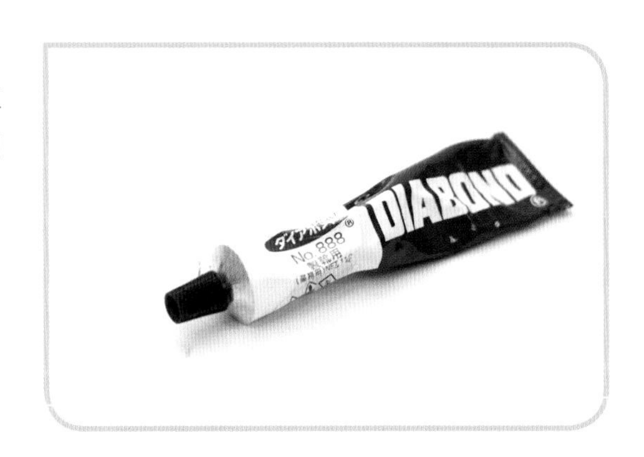

· **透明速干胶**

无色透明，适用于生皮、皮革、合成橡胶、布、塑料等。

涂于皮革两面,半干燥时(不太黏时)贴合压实。

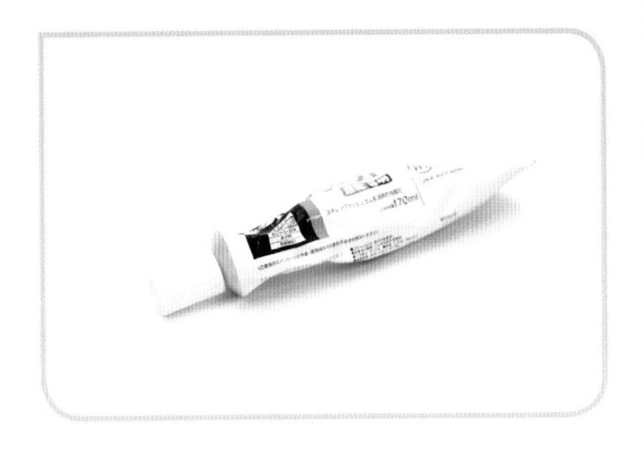

· **天然橡胶黏合剂**

天然橡胶黏合剂的黏合力不强，主要用于衬里的黏合或临时固定。因黏合力不强，所以黏合后即便再揭开，也不会伸展变形。

■ 滚轮

黏合时用滚轮压实，可使黏合层更紧实且能压除气泡，提升黏合力，且不会像玻璃板磨压一样会挤皱皮革。在皮革上直接使用滚轮，会留下印痕，所以最好垫一层厚纸，再用力进行滚压。

垂直施力，慢慢滚动压实。

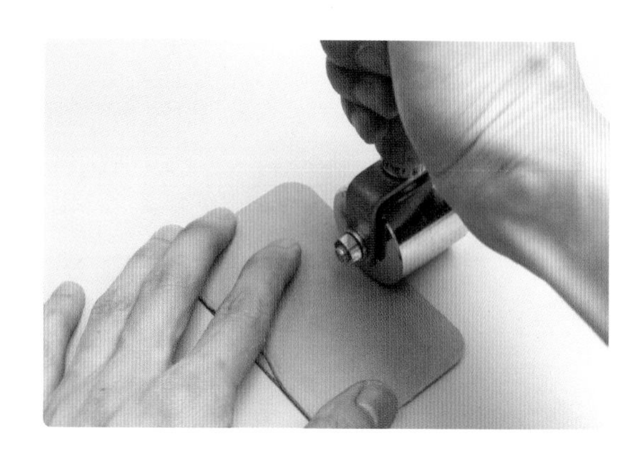

■ 上胶片

涂抹黏合剂时使用较方便。

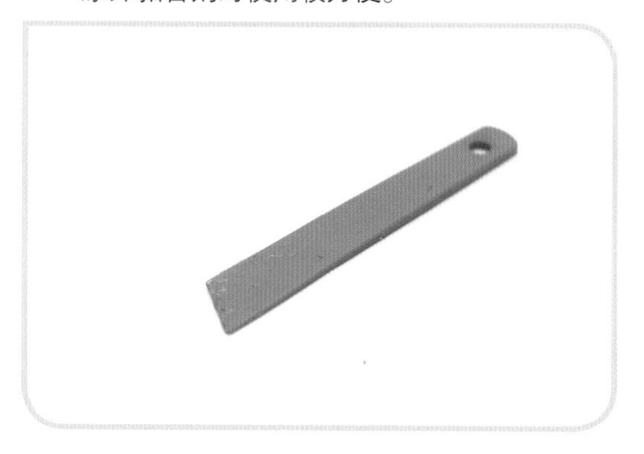

■ 平口钳和夹子

在皮革有一定形态，压实较费力时使用平口钳较为方便。

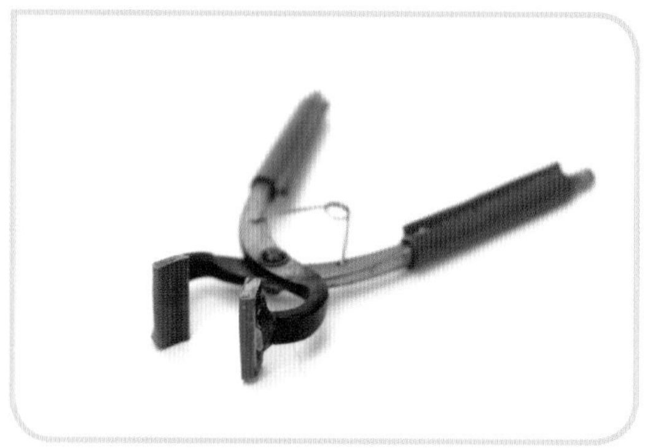

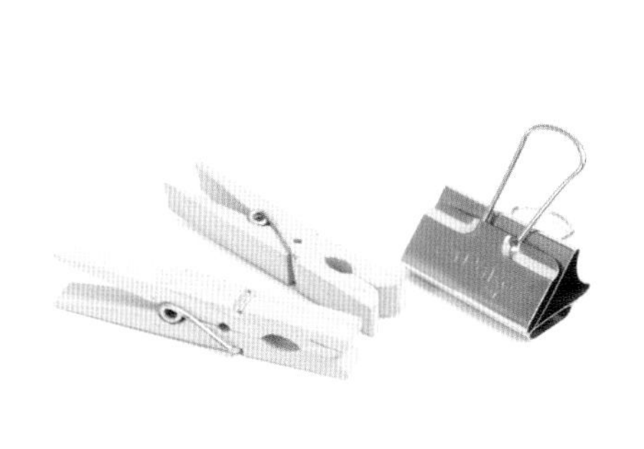

■ 双面胶

缝制过程中或进行收尾时，遇到需要黏合或者打孔等情况时可用双面胶进行临时固定。

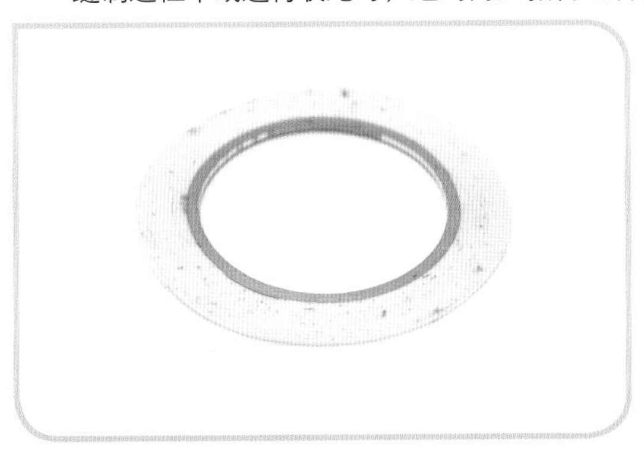

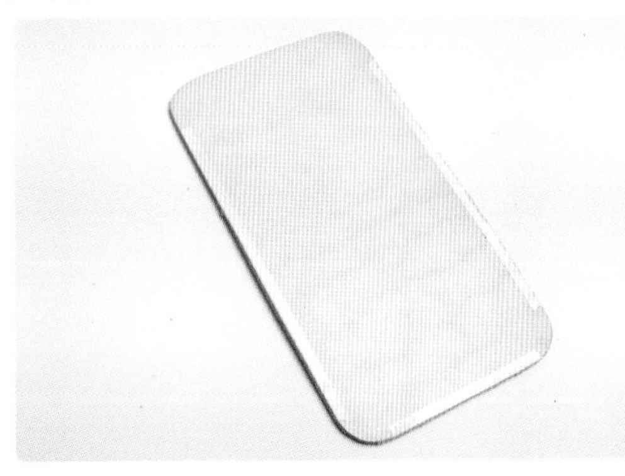

■ 去胶片

去除渗出的或者是粘在银面上的橡胶黏合剂时使用。同时也适用于起毛革的首次清理。

■ 除胶剂

擦除橡胶黏合剂时使用。将其涂抹在粘有黏合剂的地方便能使橡胶渐渐溶化，之后用布擦掉即可。

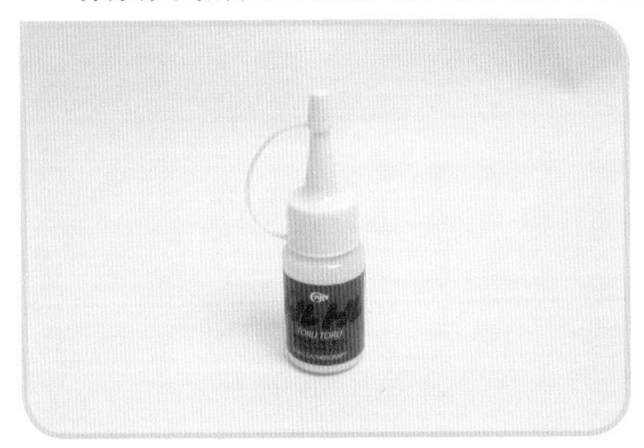

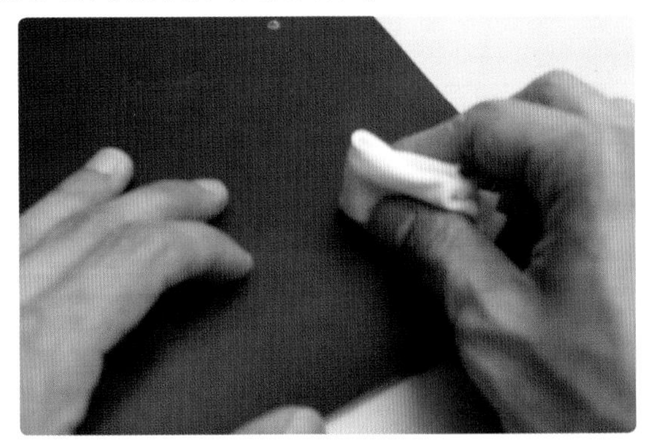

白乳胶的使用方法

01 标记出需要黏合的部分。

02 将黏合部分的纤维组织磨毛（床面的纤维组织被磨毛后，黏合剂更易渗入皮革的纤维，提高黏合力）。

03 将需要黏合的两面都磨毛。

04 薄薄地涂上白乳胶。

05 如果白乳胶干了之后再进行黏合，黏合力就会消失。所以需在干燥前进行黏合。

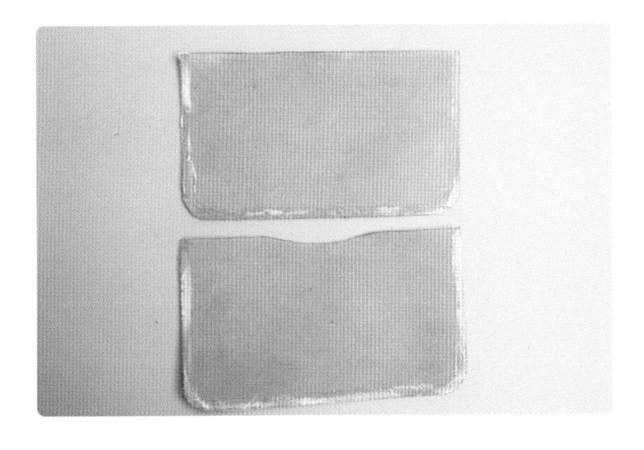

06 手不要晃动，将其放到平坦处进行黏合。否则，如果皮革较薄，黏合部分的皮革会变皱。白乳胶干燥前黏合力不强，所以可进行一定程度的调整。

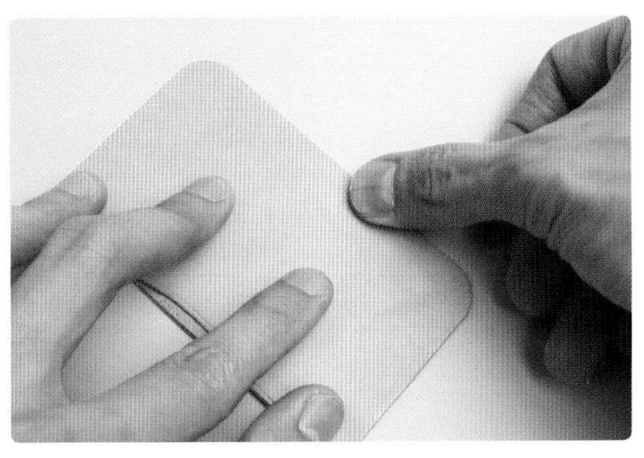

07 用滚轮压实。

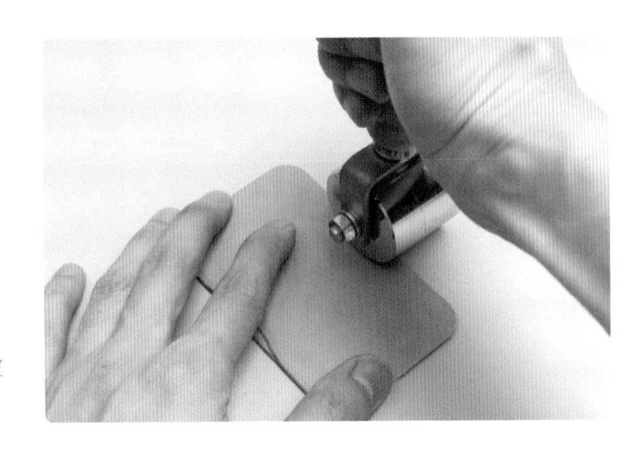

Tip 白乳胶属于水性，所以在进行大面积黏合时，如用海绵将皮革上的水吸掉后再涂抹黏合剂的话，干燥就会有些缓慢。

合成橡胶黏合剂与天然橡胶黏合剂的使用方法

01 将黏合面的皮革磨毛。

02 在需黏合的面上，将黏合剂薄薄地抹平（因DIA黏合剂与透明速干胶都有速干的特性，所以不要一次性过多地涂抹，要一点点蘸取涂抹。否则黏合层会变得很厚）。

03 直到不太黏时再进行干燥（强力黏合剂完全干燥后即会黏合，20分钟内起效）。

04 用滚轮平整压实。

Tip 如果黏合面都是银面的话，可用裁刀将银面剥开进行黏合。

6 五金配件与装嵌工具

配件的装嵌有固定、锁扣、装饰等多种用途。下面我们来看下五金配件的装嵌方法与各种装饰工具的用法。

■ 打孔器

用于配件装嵌或者皮革打孔。

尺寸为 0.6~30mm。

■ 长方形皮带孔打孔器

装嵌皮带扣或者打扣眼时使用。需根据皮带扣眼的大小使用。

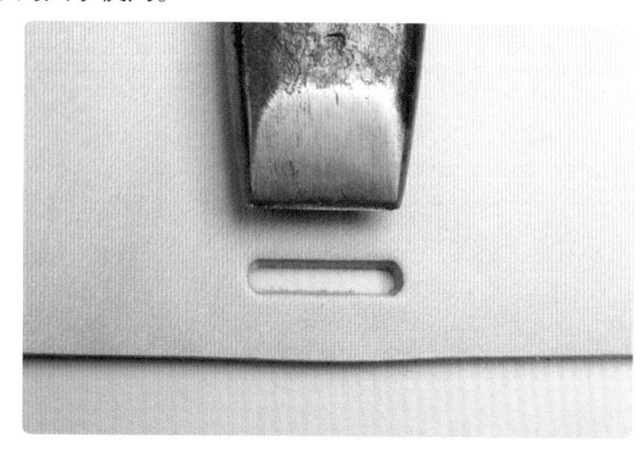

■ 椭圆形皮带孔打孔器

皮带孔的打孔器与一般打孔器不同，它的头呈椭圆形。

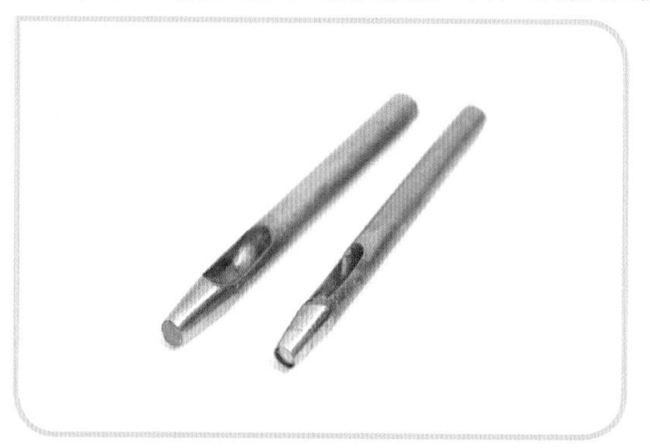
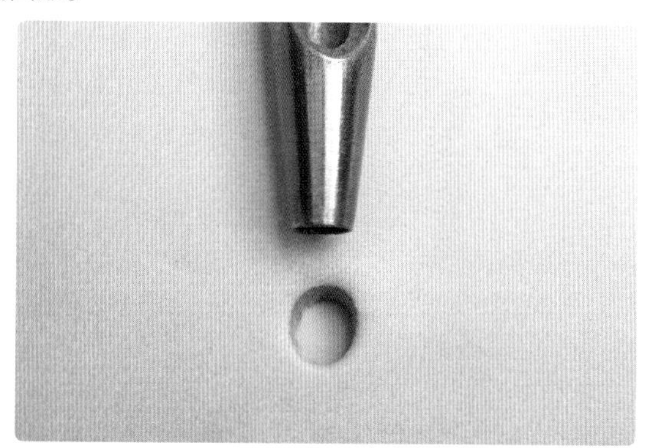

■ 铆钉冲子

装嵌铆钉时使用。

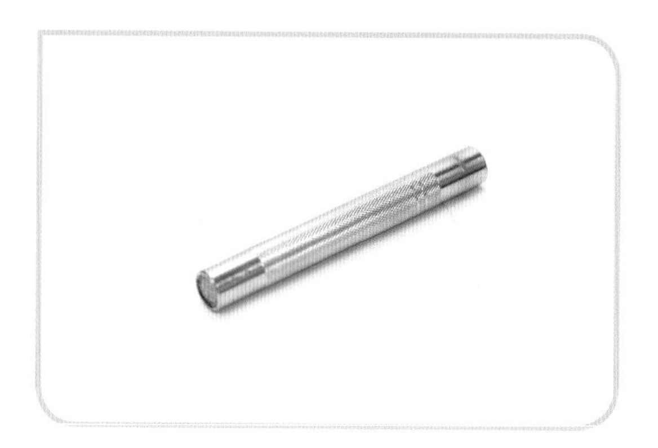

■ 圆头铆钉冲子

装嵌圆顶状铆钉时使用。

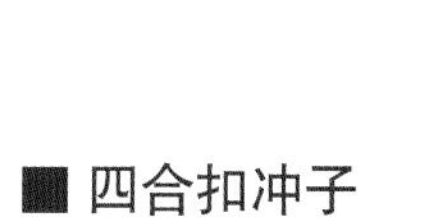

■ 四合扣冲子

装嵌四合扣时使用。

■ 五爪扣冲子

装嵌五爪扣时使用。

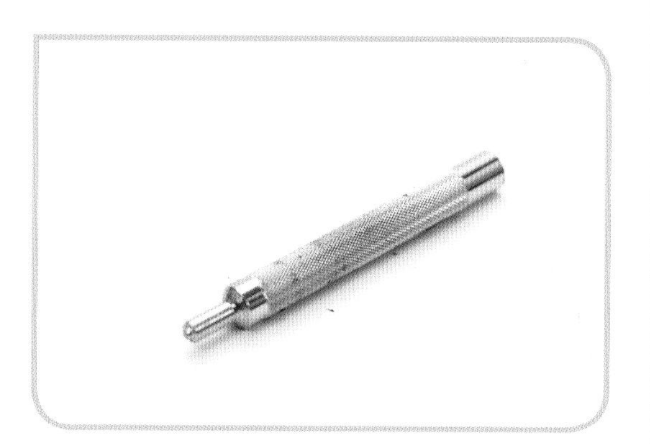

■ 金属扣眼冲子

装嵌金属扣眼时使用。

■ 多功能底座

装嵌铆钉、五爪扣、四合扣等时，起支撑作用。多功能底座有6mm、9mm、10mm、11.5mm、13mm、15mm多种尺寸，适用于装嵌多种尺寸的五金配件。

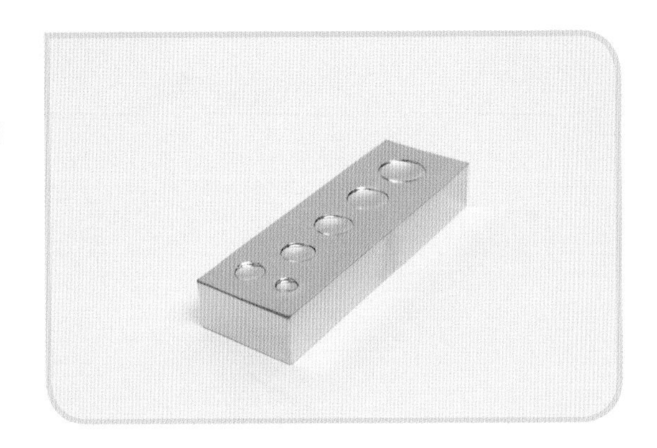

■ 折叠器

折叠各种五金配件的边或腿时使用的工具，尤其适用于磁扣或扣锁配件。

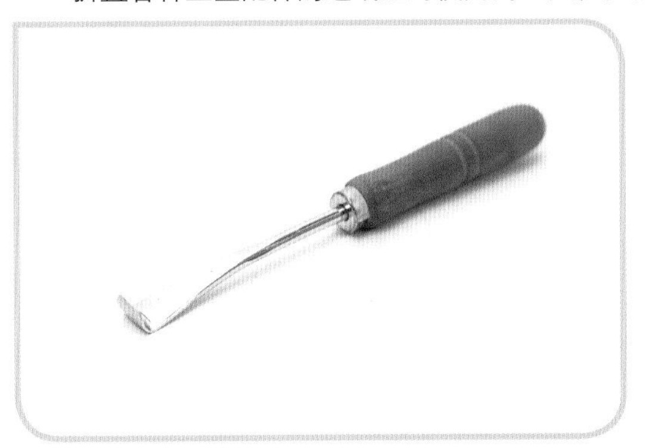

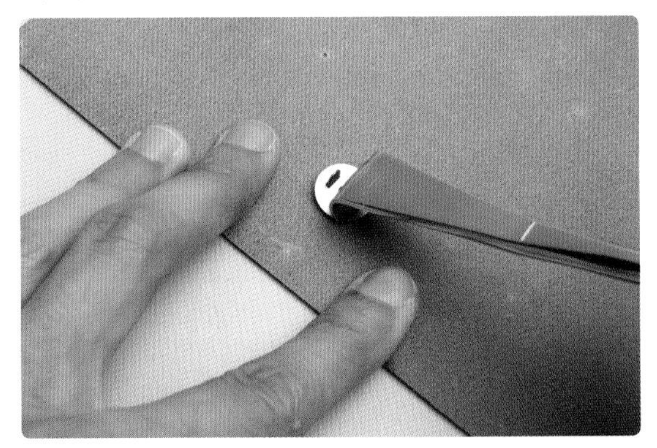

Tip 仅进行皮革制作时，因设计、锁扣方式都很有限，所以尝试装嵌各种金属装置，进行更加方便地制作吧！

■ 铆钉

铆钉是用于固定皮革或装饰用的五金配件。根据铆钉钉帽的不同，可分为单面铆钉、双面铆钉、圆头铆钉。双面铆钉是双面均是圆形钉帽的铆钉，单面铆钉是一面有钉帽的铆钉，圆头铆钉的钉帽呈凸起的半球形。铆钉的材质与钉脚的长度多样，有星星状或金字塔状等，适用于钉帽装饰小型工艺品。

· 单面铆钉

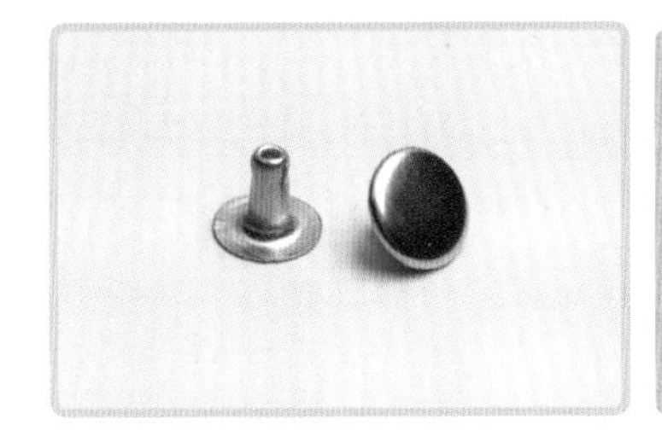

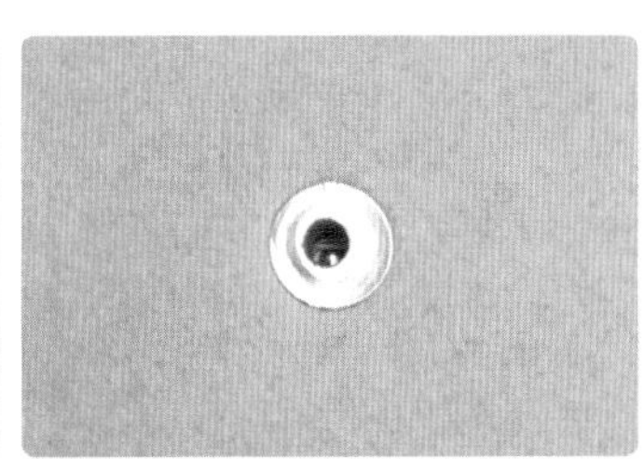

· 双面铆钉

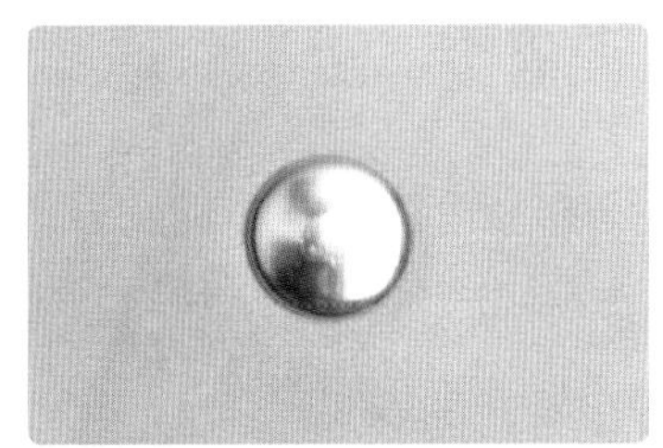

· 圆头铆钉

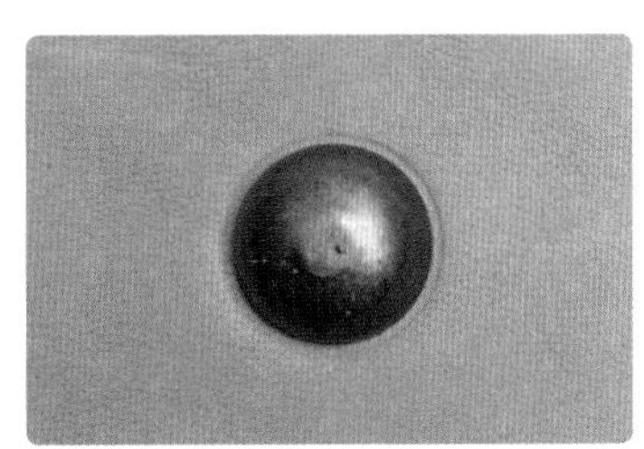
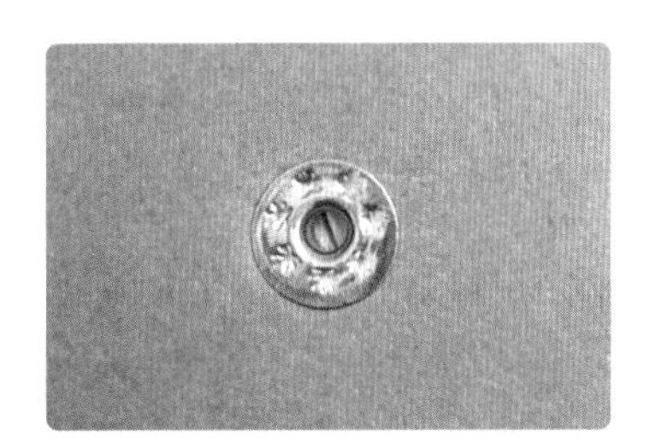

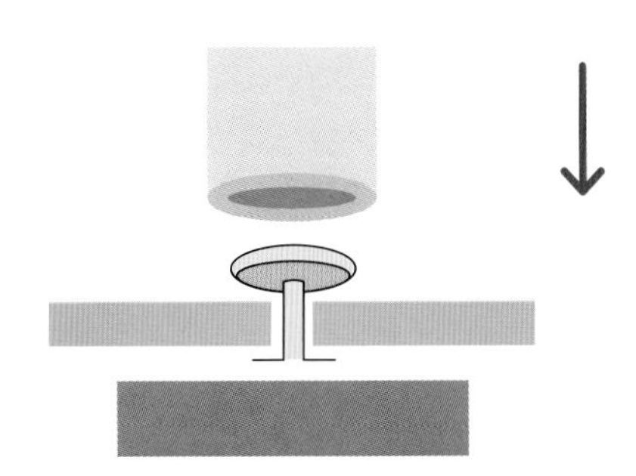

装嵌铆钉的方法

01 用适当尺寸的打孔器打孔。

02 将铆钉脚插入皮革孔中。

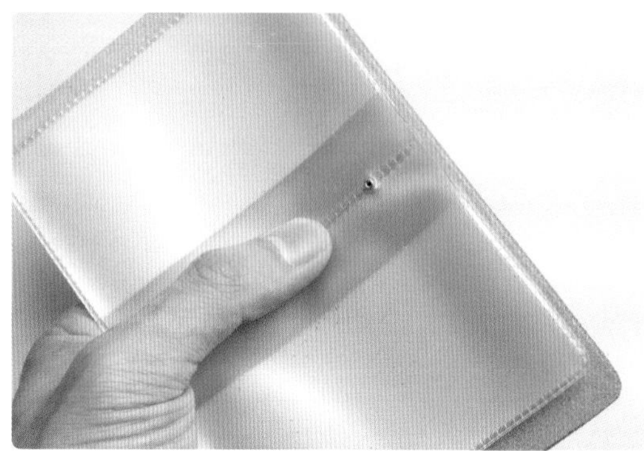

03 套上铆钉帽。

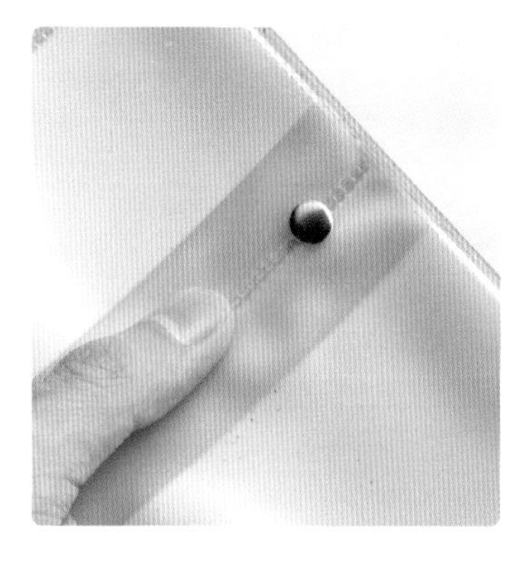

04 用锤子击打冲子，使其更牢固。

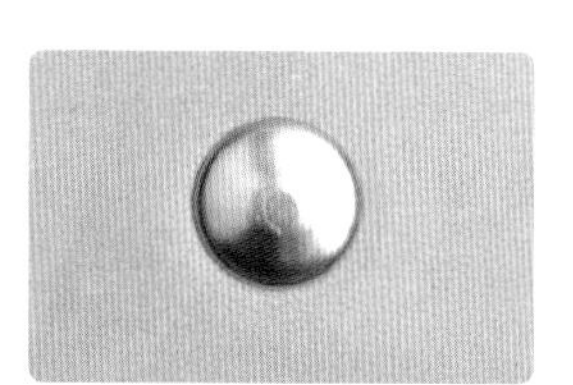

• 圆头铆钉与双面铆钉的差异

• 圆头铆钉钉帽尺寸、打孔器型号与冲子尺寸的对照表

钉帽尺寸	打孔器型号	冲子尺寸
4mm	8号	4mm
6mm	8号	6mm
7mm	10号	7mm
9mm	12号	9mm
12mm	12号	12mm

■ 四合扣

四合扣是钱包收纳层或手包上的锁扣配件，也适用于装饰小型工艺品。四合扣的使用方法简单，装饰效果较好，将两个凹面置于内部，扣住凸起部分即可。装嵌时的注意事项：如果过于用力击打，那么扣面部分就会被压瘪，因此用力要适当。而且四合扣的钉脚较短，比较适用于厚度 2mm 以下的皮革。

扣帽 ①　　扣帽 ②

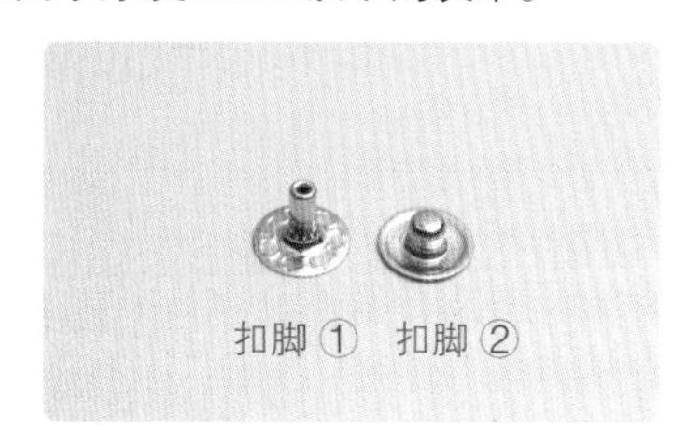

扣脚 ①　扣脚 ②

装嵌四合扣的扣帽

01 打凿适当尺寸的孔。

02 将扣脚放到多功能底座上适合的槽中。

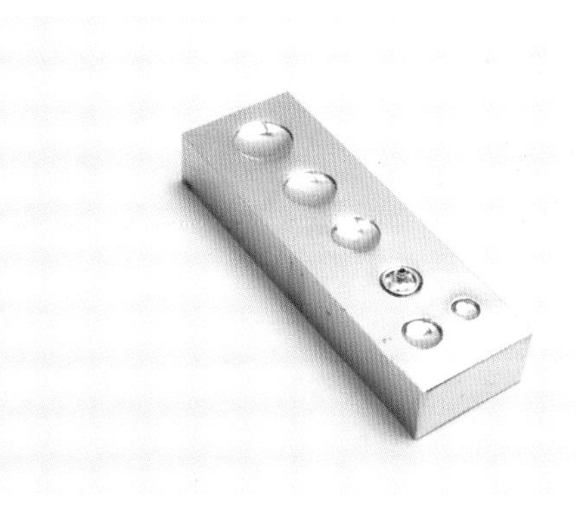

03 将皮革放上去。

04 将扣帽放上去。

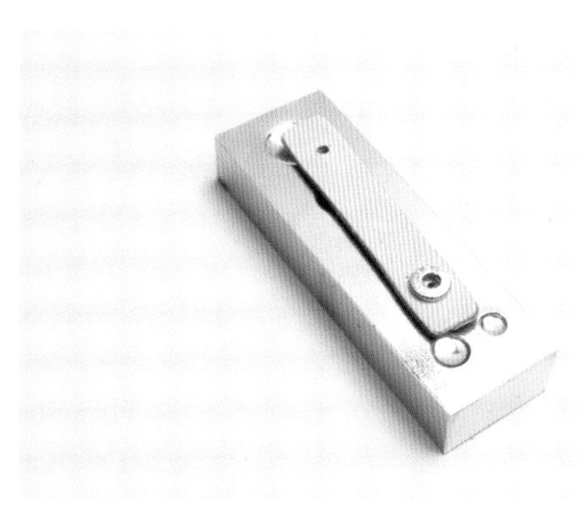

05 将四合扣冲子对准扣脚并嵌入。

06 用锤子击打。

装嵌四合扣的扣脚

01 用适当型号的打孔器打孔。

02 将扣脚①放到多功能底座上适合的槽中。

03 将皮革套上去。

04 将扣脚②放上。

05 将四合扣冲子对准扣脚②并嵌入。

06 用锤子击打。

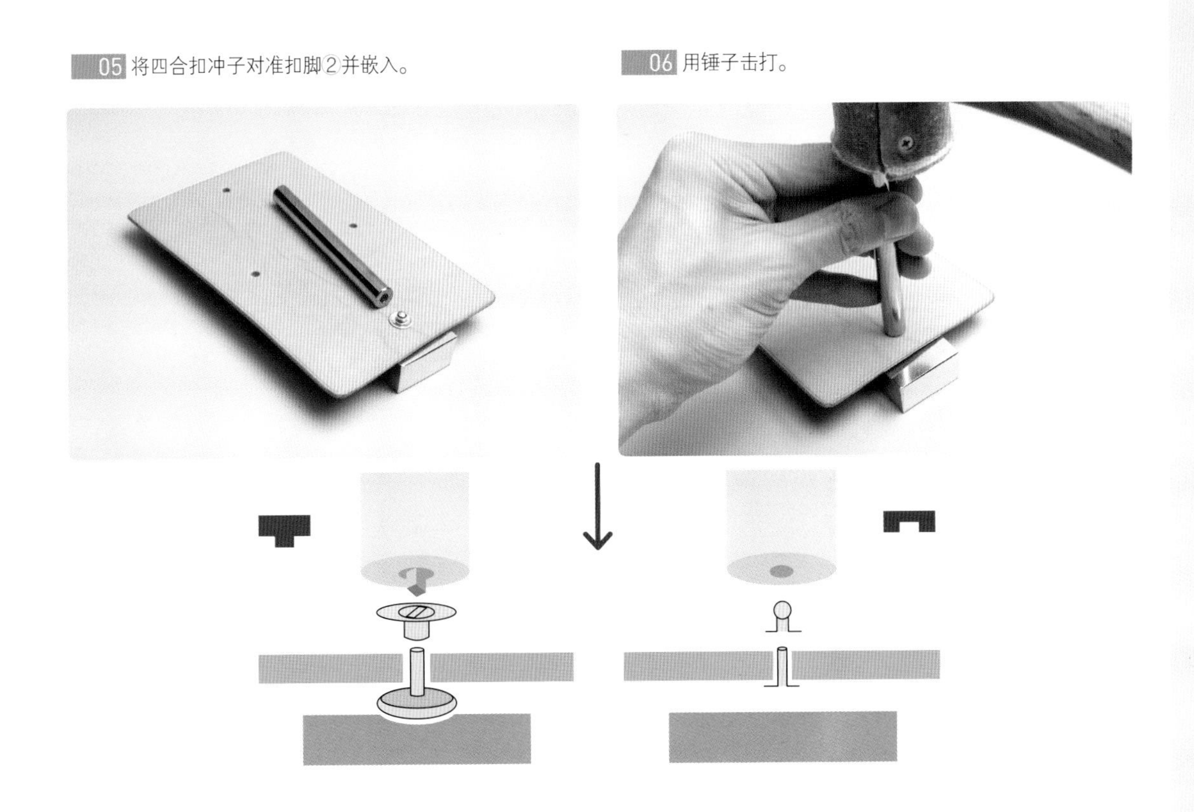

• 四合扣扣帽尺寸、打孔器型号与冲子尺寸的对照表

扣帽尺寸	打孔器型号	冲子尺寸
10mm	扣帽用15号　扣脚用7号	小
13mm	扣帽用18号　扣脚用8号	大

■ 五爪扣

五爪扣与四合扣相似，但是扣脚长且厚，比四合扣的扣劲更强且耐久性显著，主要用在大背包或衣服上。装嵌时的注意事项：为使其牢牢固定，多用在偏厚的皮革上。

扣帽①　扣帽②

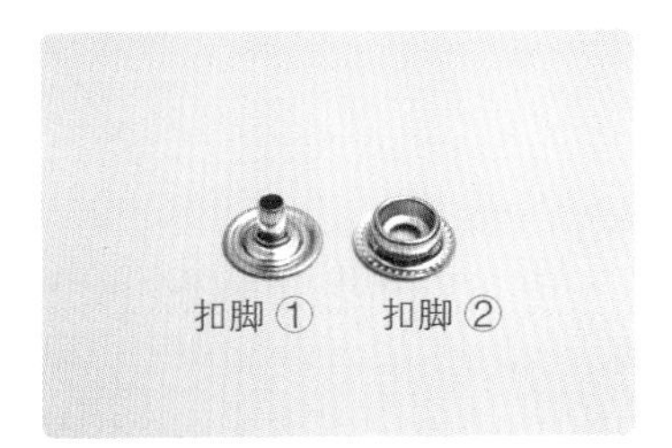

扣脚①　扣脚②

装嵌五爪扣的扣脚

01 用适当型号的打孔器打孔。

02 将扣脚①插入皮革。

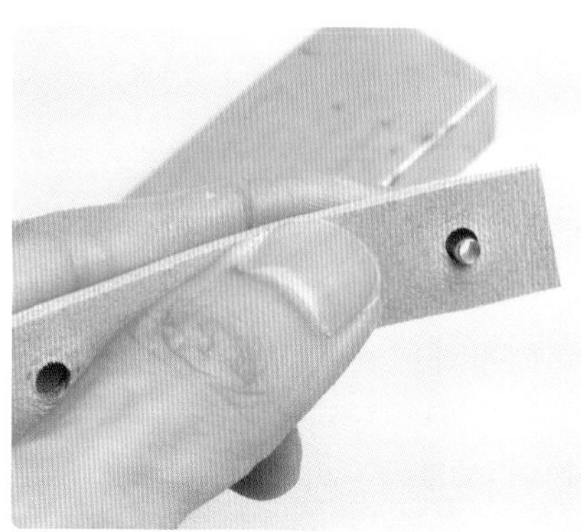

03 放置于多功能底座的平展面上。

04 将扣脚②放上去。

05 嵌入五爪扣冲子并用锤子击打。

装嵌五爪扣的扣帽

01 用适当型号的打孔器打孔。

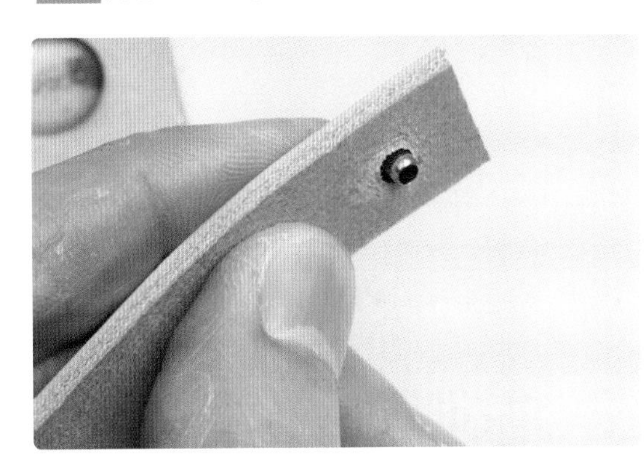

02 放置扣帽①并放置皮革，之后放上扣帽②。

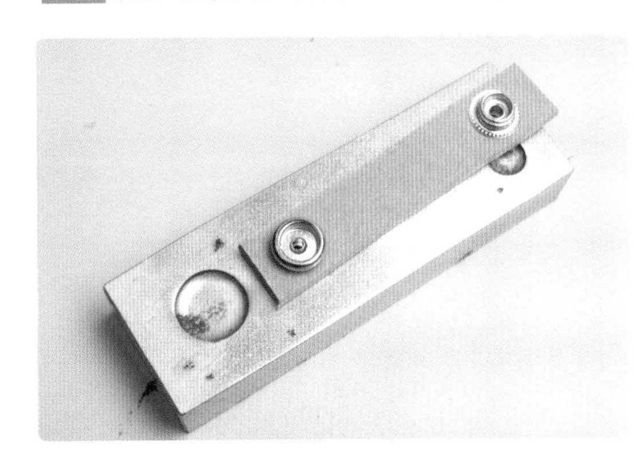

03 嵌入五爪扣冲子并用锤子击打。

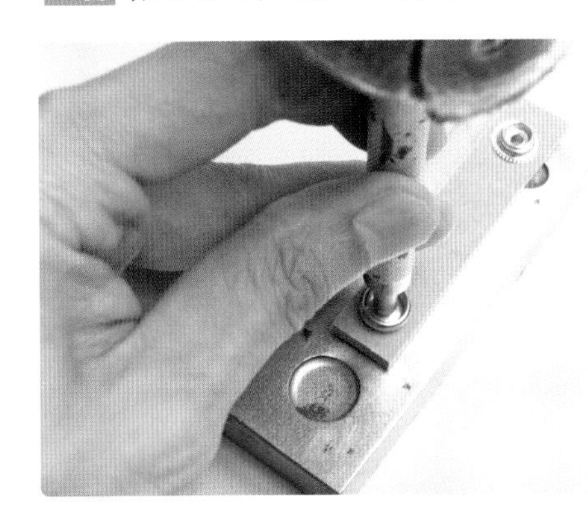

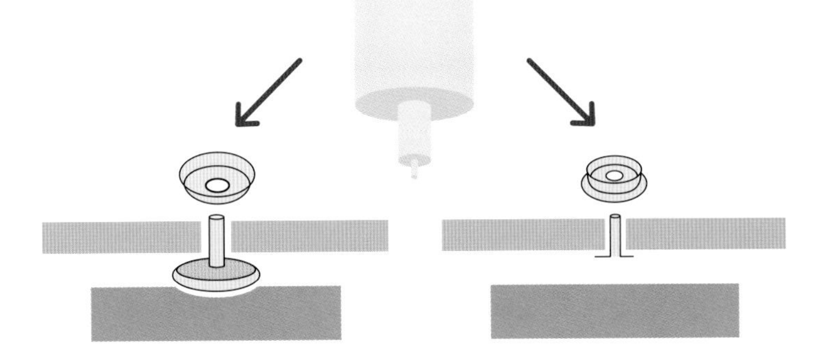

• 五爪扣扣帽尺寸、打孔器型号与冲子尺寸的对照表

扣帽尺寸	打孔器型号	冲子尺寸
13mm	8号	小
15mm	12号	大

扣帽、扣脚二者都用相同的打孔器进行装嵌。

■ 金属扣眼

金属扣眼是在皮革上吊挂钩或束链时使用的五金配件，可加固皮革孔并有装饰效果。

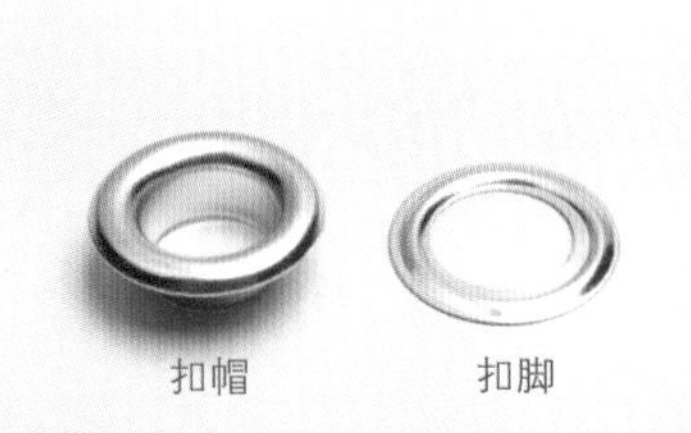

• 金属扣眼内径尺寸、打孔器型号与冲子尺寸的对照表

金属扣眼内径尺寸	打孔器型号	冲子尺寸
4.5mm	15号	4.5 mm
6.0mm	20号	6.0 mm
9.0mm	30号	9.0 mm
12.0mm	40号	12.0 mm

在皮革上打孔，仅把金属扣眼的扣帽插入，放置到多功能底座上，放上扣脚。用金属扣眼冲子嵌入，扣脚部分干瘪，装嵌完成。

装嵌金属扣眼

01 在皮革上打孔。

02 将扣帽插入皮革。

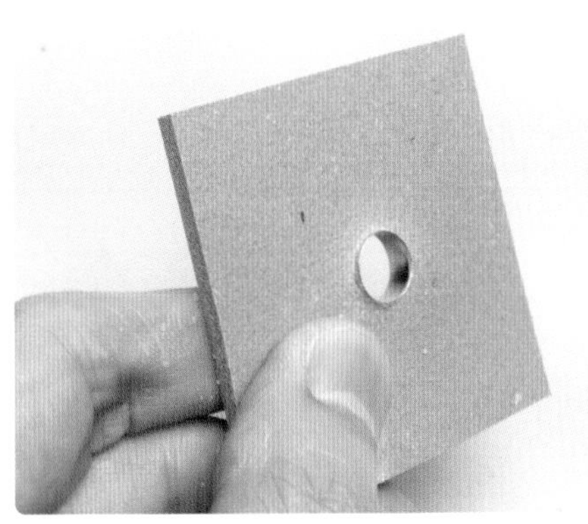

03 将步骤 02 中插有扣帽的皮革反过来放置到金属扣眼冲子上。

04 将扣脚放上去。

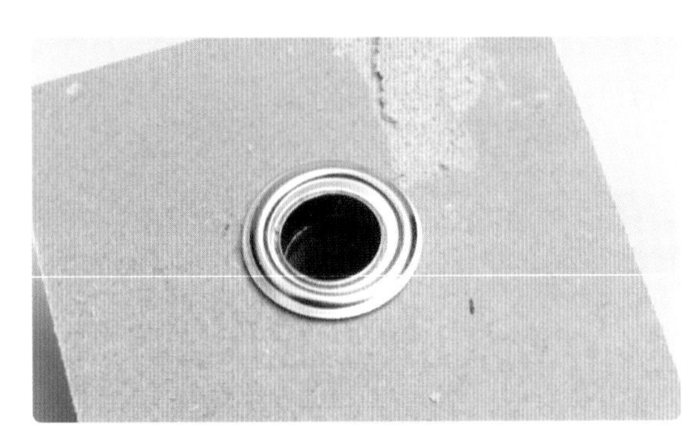

05 用金属扣眼冲子嵌入。

06 完成。

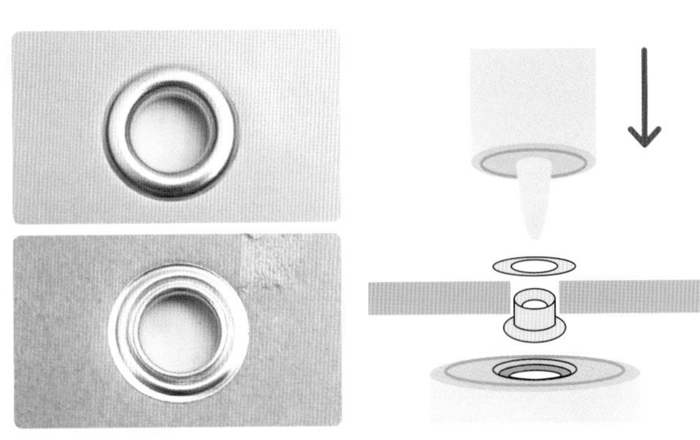

■ 磁扣

磁扣是内部带有磁石，靠磁力锁扣的五金配件。装嵌方法为：将上扣和下扣分别插入已打好的皮革内，前者将扣脚折叠固定。

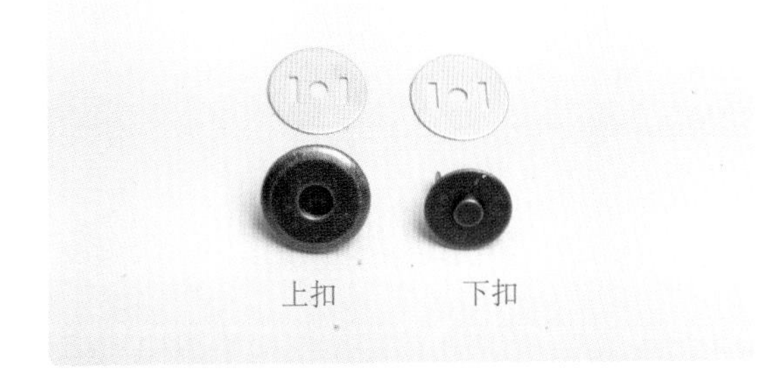

01 在标记的图案上用 6mm 凿子打孔。

02 打凿图样。

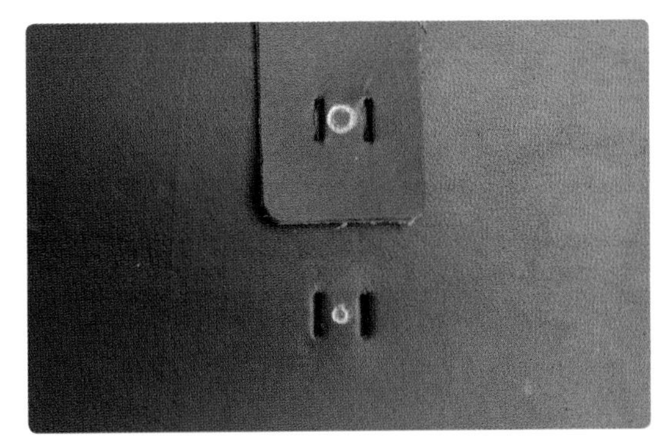

03 将上扣插入凿孔中。

04 嵌入垫片。

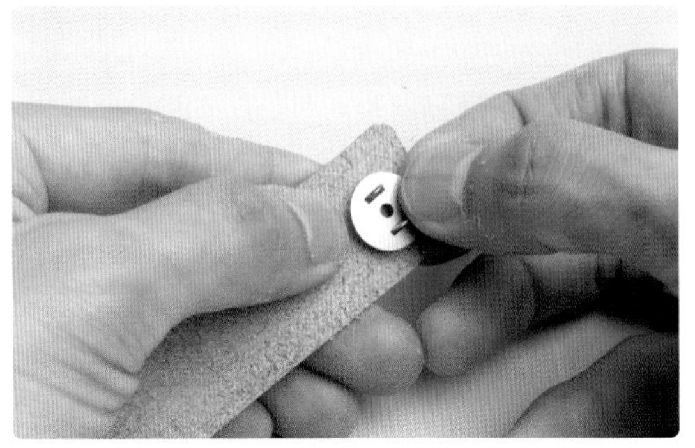

05 用折叠器将一个扣脚尽量折叠牢固。

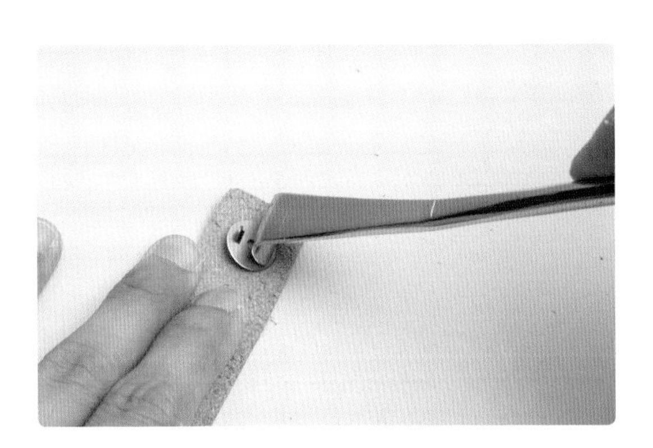

06 用铁锤将其砸平。

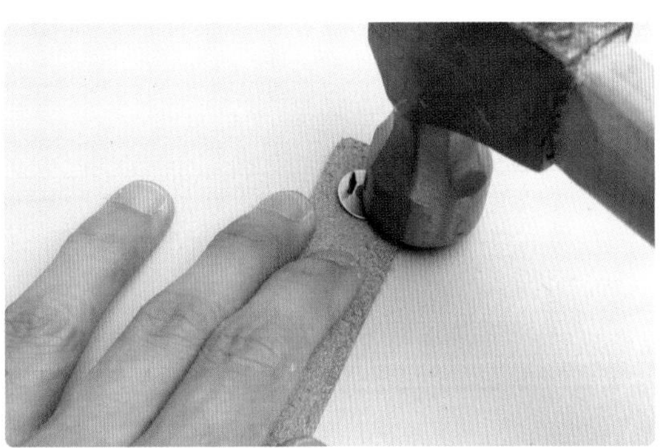

07 用同样的方法折叠另一个扣脚。

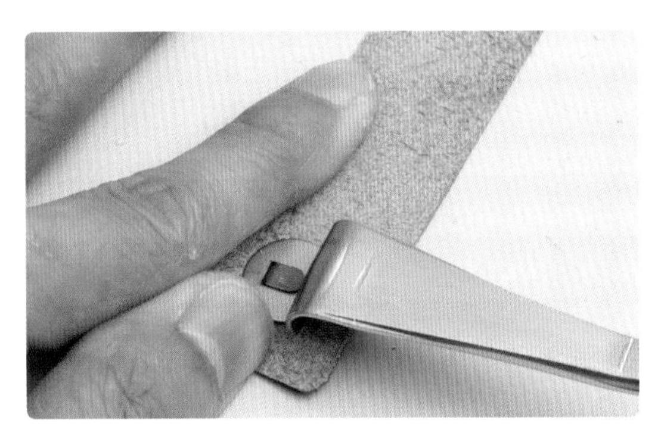

TIP

装嵌磁扣时，比起将扣脚往两边砸平的做法，扣脚重合覆盖砸平，会看起来少点瑕疵，不会产生背离感。

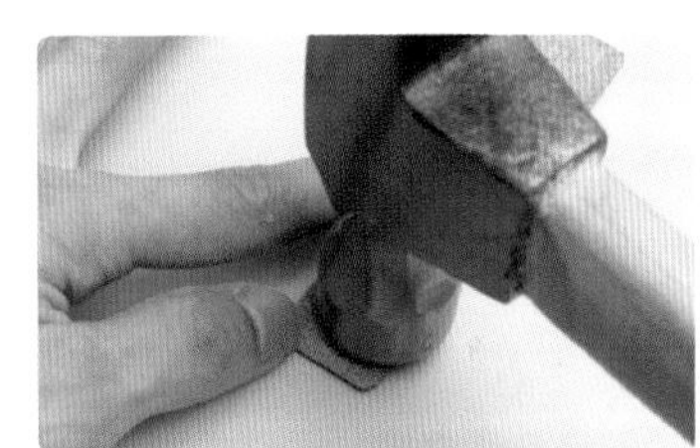

08 下扣用同样的方法折叠 2 个扣脚。

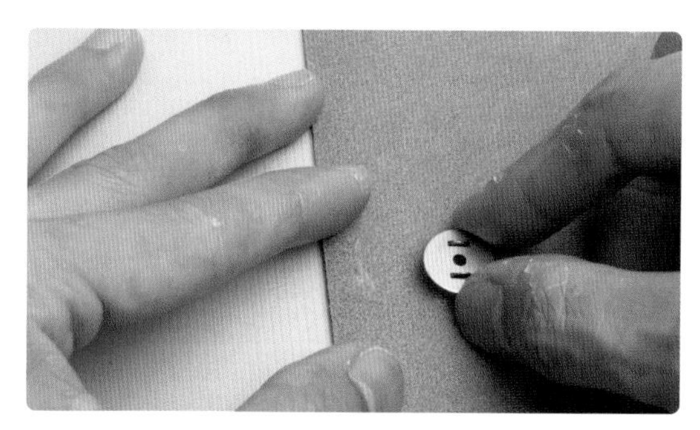

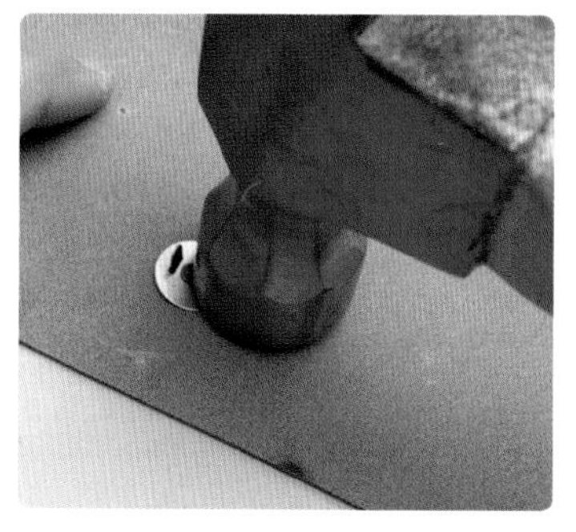

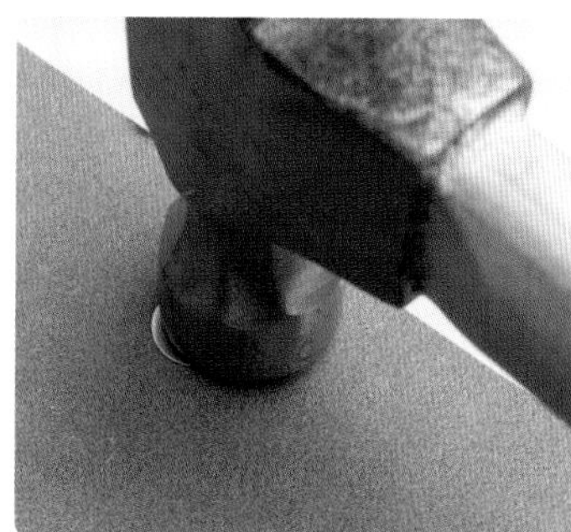

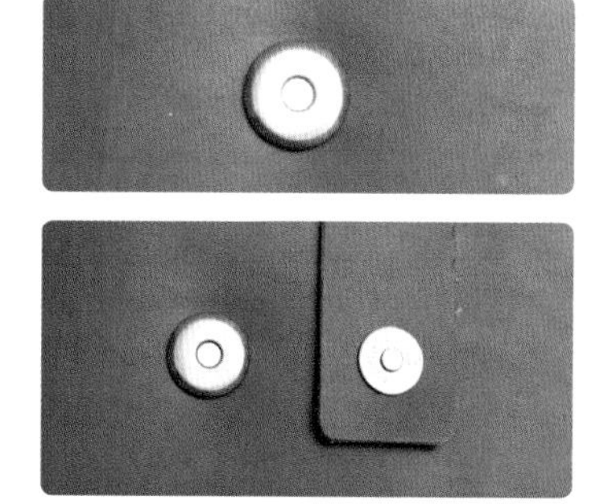

■ 奶嘴钉（和尚头）

奶嘴钉是将螺丝底座嵌于皮革孔中然后进行锁扣的五金配件，主要使用于背包等。装嵌时，皮革孔的紧度要适当，因为使用过程中皮革孔会变松，所以最好打凿与钉柱大小相同的孔。

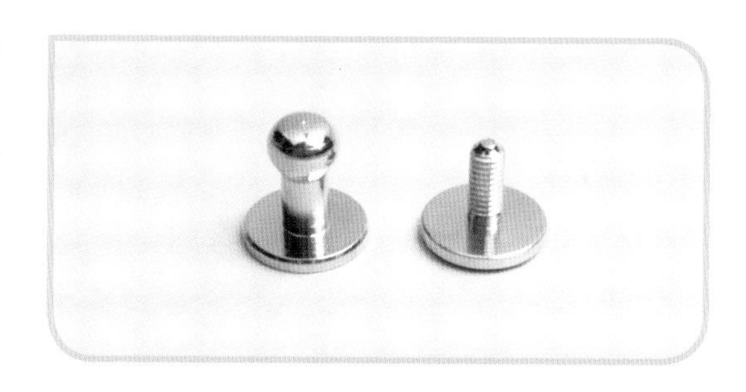

装嵌奶嘴钉的方法

01 在标记处打孔。

02 将奶嘴钉的螺丝部分插入皮革。

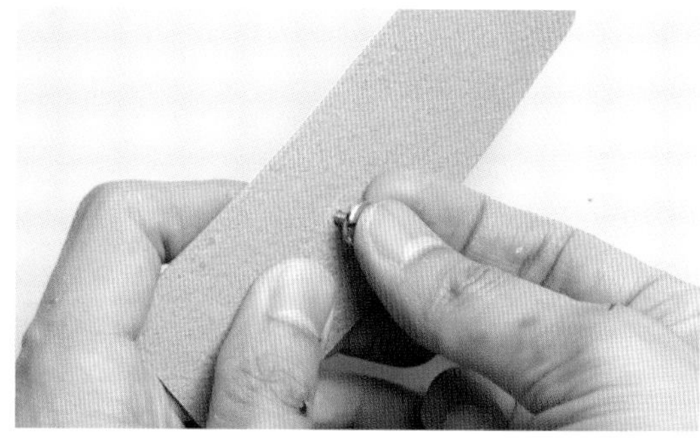

03 嵌上奶嘴钉钉帽并转动螺丝。

04 用螺丝刀上紧螺丝。

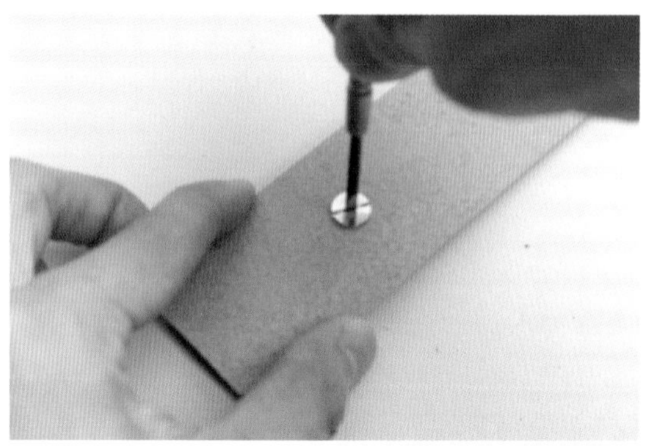

05 打凿与奶嘴钉钉柱大小一样的孔。

06 用 6mm 的凿子在圆孔旁的标记部分打长方形孔。

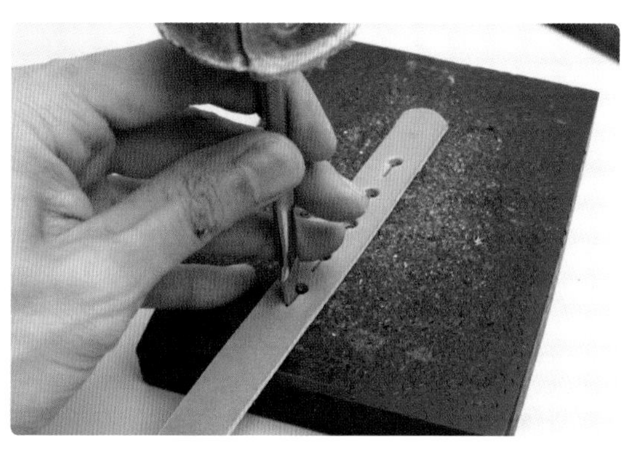

07 完成。

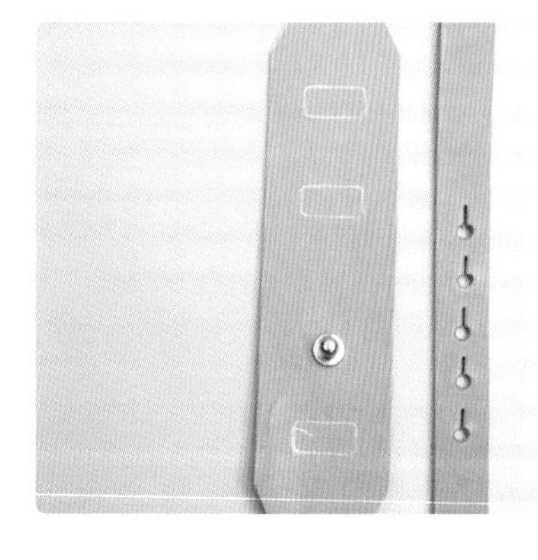

■ 皮带扣

皮带扣本来只是简单的扣紧皮带的装饰品，但是近年作为流行的装饰品，人气颇盛，有很显目的大皮带扣，也有设计精美的小皮带扣等。

01 用长方形皮带扣打孔器打孔。

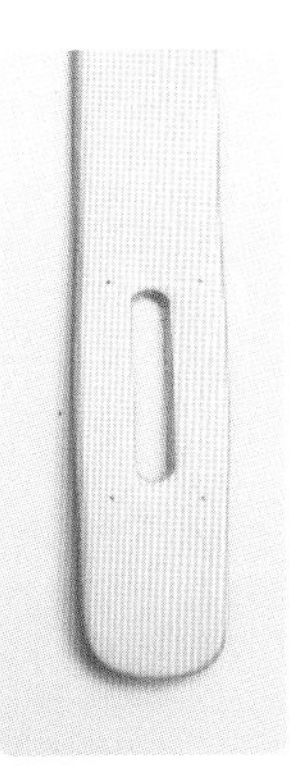

02 将皮带扣插入皮革中。

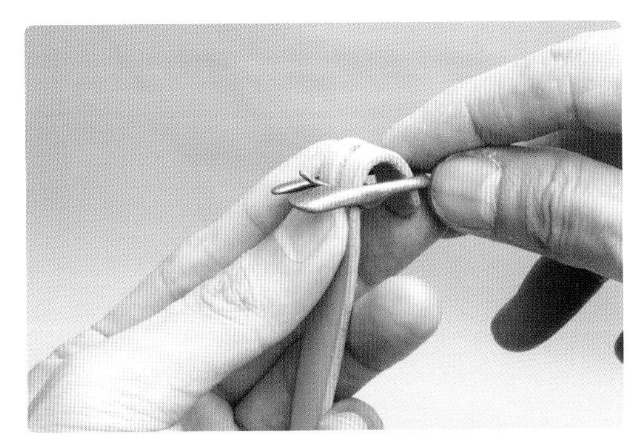

03 利用铆钉或者通过缝合来固定皮带扣。

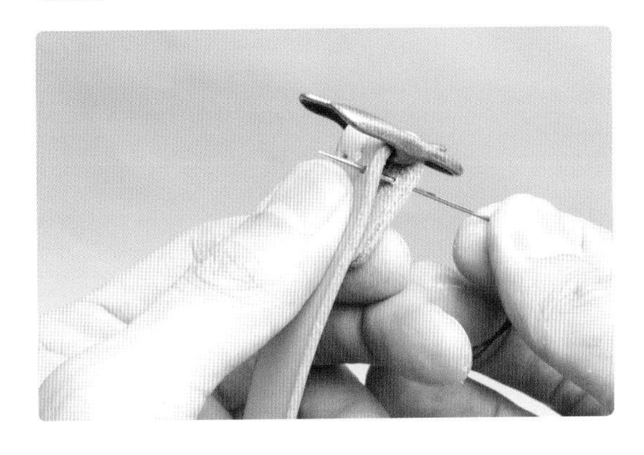

04 打凿皮带扣用孔。

■ 拉链

拉链是开合简单且固定较紧密的一种五金配件。如果将其用于硬币包或小袋子等经常开合的物品中，使用起来将会十分方便舒适。

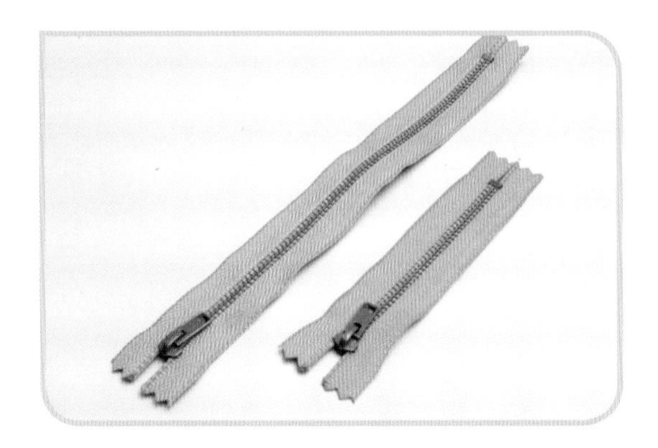

01 用双面胶或其他黏合剂将拉链与皮革固定在一起。

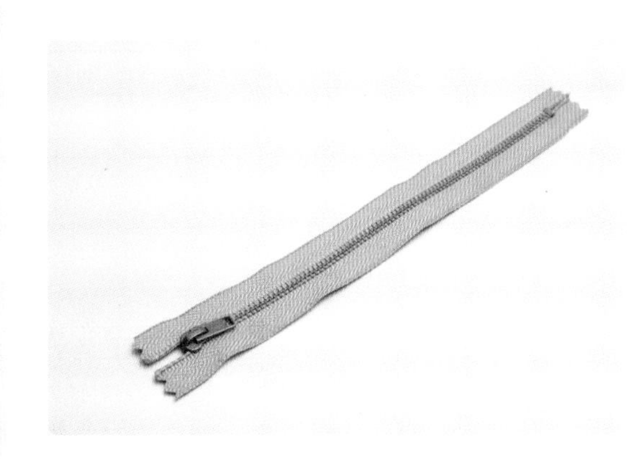

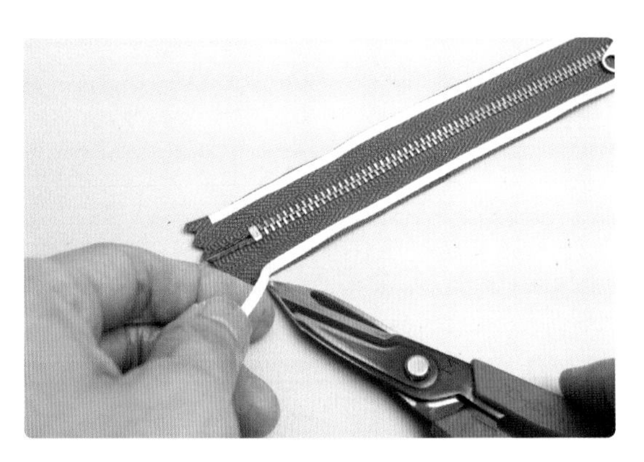

02 用长条形硬纸板之类的东西，确定装嵌缝合的宽度。

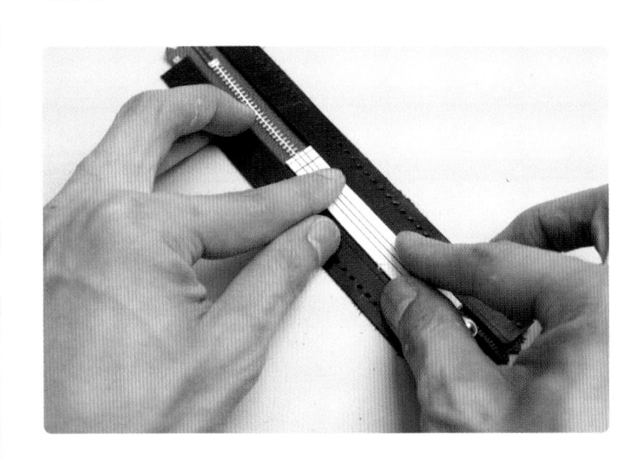

皮革工具的保养

皮革工艺中使用的大部分工具都有锋利的刀刃。只有不断地进行保养，才能保持工具的最佳状态，从而提高制作效率。

1 皮革裁刀

皮革裁刀在刚买回来时,刀刃并不是十分锋利。只有将刀刃在磨刀石上进行打磨,其锋利感才会显现。良好状态的刀刃，可轻松裁切皮革。轻轻扯紧皮革，刀刃像是要进入皮革内部一样快速地完成切割即可。打磨刀刃有利于接下来的各种作业，将其打磨到一定程度很重要，一般打磨 2~3 分钟，其刀刃便会变得锋利。

1) 皮革裁刀的构造

皮革裁刀一般是由薄钢铁与厚熟铁制成的。钢铁虽有割皮的功效但是较硬，不易打磨，主要起支撑刀刃的作用。刀刃的尺寸为 24~39mm。

2) 磨刀的方法

磨刀前首先要准备三块磨刀石，分别是粗磨刀石（200~500 次）、中粗磨刀石（1000~2000 次）、细磨刀石（6000~8000 次）（粗磨刀石只用于磨出刀刃）。

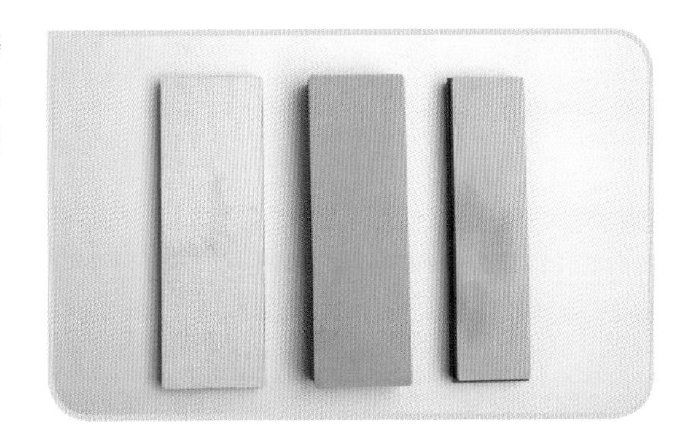

开始之前还应确认磨刀石是否平整（磨刀过程中磨刀石容易磨损）。磨刀石不平时，应用 80 号砂布，放置于如大理石一样平整的地方，打磨磨刀石。

不平整的磨刀石

平整的磨刀石

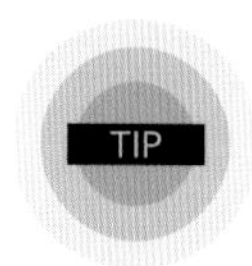

磨刀的过程中，磨刀石会吸收磨掉的铁粉，摩擦力会下降。吸收过多铁粉的磨刀石能使刀刃磨出光泽，却不能使其变锋利。此时，应在磨刀石表面洒些水，用另一块磨刀石像画圆似的对着打磨。

磨刀的方法

01 将磨刀石浸泡入水中，直至没有气泡。

02 首先使用中粗磨刀石打磨刀刃背面。如图所示，将大约 2cm 宽的刀刃放到磨刀石上，左手按住刀刃，右手抓住刀身用力进行摩擦。松劲后，可用手小心地捋一下刀刃感觉是否平整，反复打磨，直到刀刃平整为止。

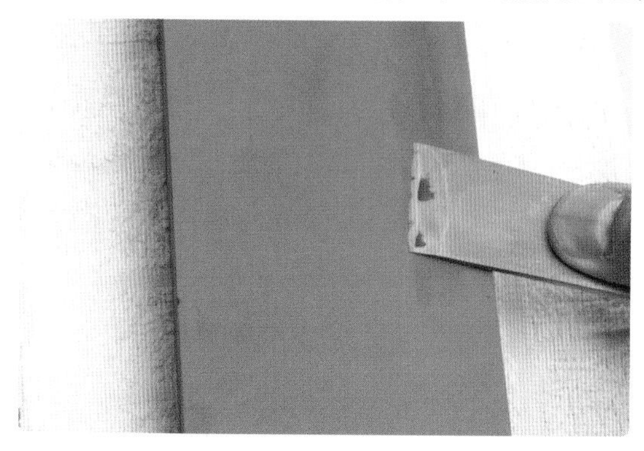
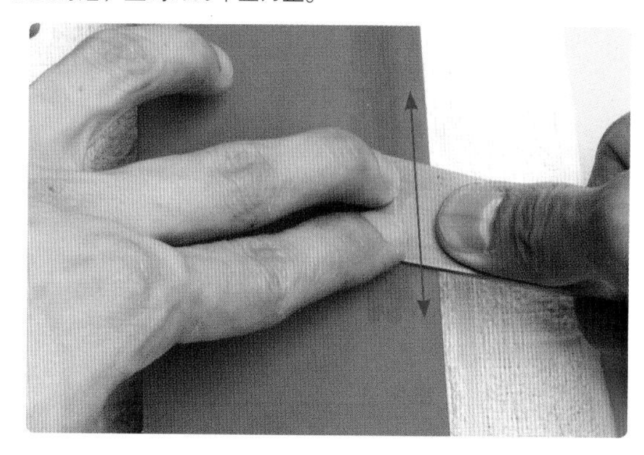

03 将刀刃顺着磨刀石的倾斜，斜着放置；右手抓住刀身，左手根据刀刃的倾斜度按压并打磨。

※打磨刀刃前部时，不仅要用力，而且要维持一定角度反复进行推拉打磨。

04 用细磨刀石打磨刀刃正面，直到正面刀刃稍往后卷为止。

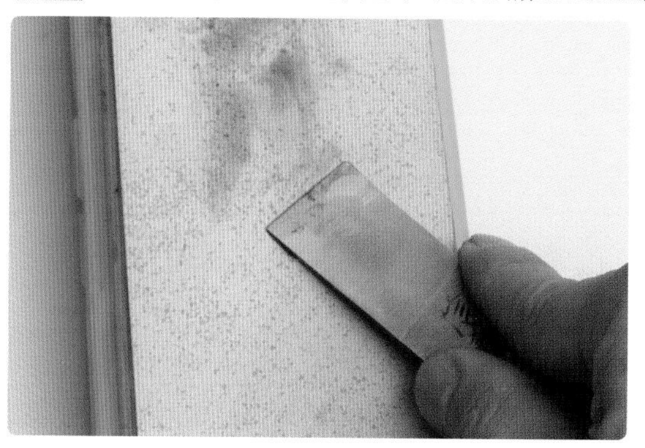
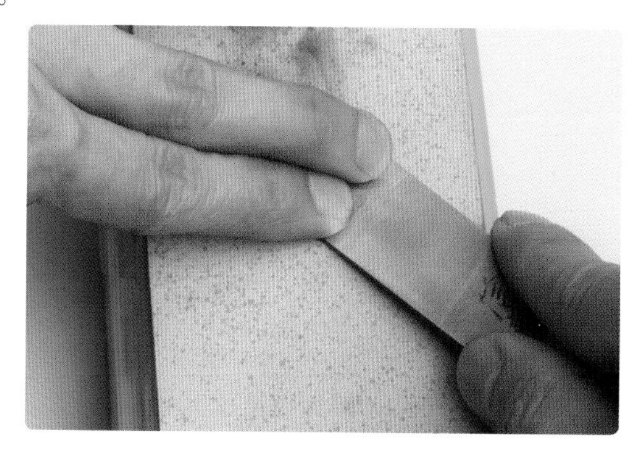

05 用细磨刀石将后卷的刀刃多次打磨，直到刀刃平整为止。

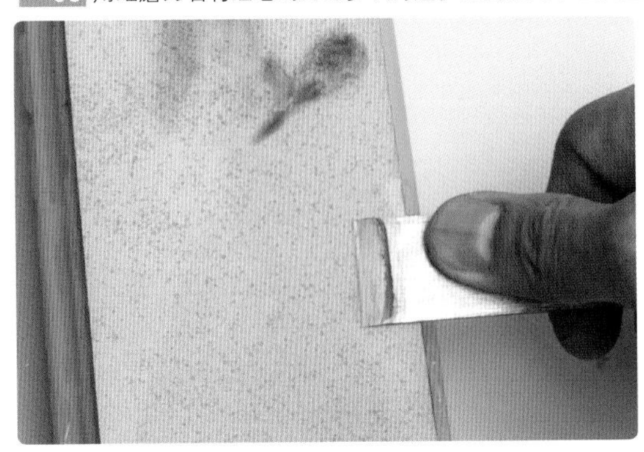

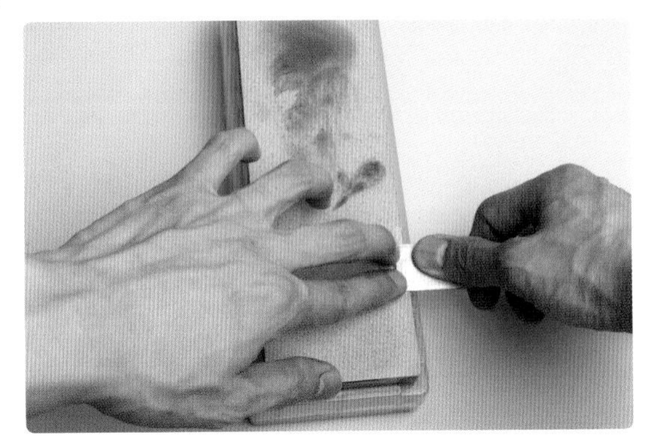

06 在磨刀板上滴一两滴磨刀油后，涂抹上磨刀膏。

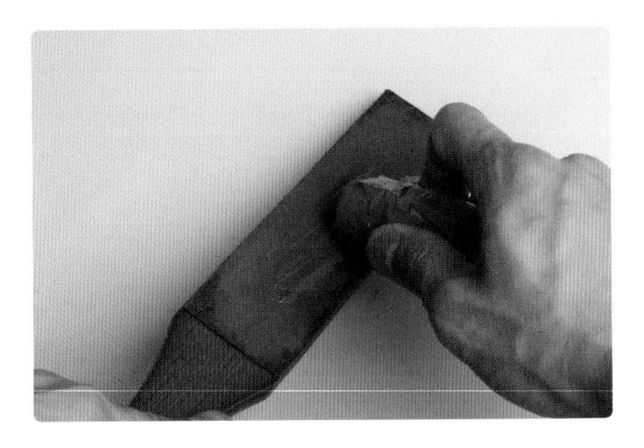

07 将刀刃的正反面来回磨 3~5 次。

08 同样，在磨刀板的另一面也磨几次。

09 用软布擦干净。此时不需用力就能切割 2~3mm 厚的皮革。

※保管时，最好套上皮套。

磨刀时，比起受力问题，维持刀刃倾斜一定的角度更加重要。打磨过程中，摩擦产生的石渣有助于打磨刀刃。

刀刃的背面在首次使用中磨刀石进行平整地打磨后，只能用细磨刀石进行收尾打磨。皮革裁刀会逐渐变钝，未经打磨时，使用一般的剪刀也行。

磨刀时，削皮用刀刃的倾斜度小点（10° ~15°）最好，裁切用刀刃的倾斜度大点（25° ~30°）最好。

Tip 皮革刨子也可用同样的方法进行刀刃打磨。

■ 磨刀油

裁切过程中，刀刃上粘有鞣酸成分或者刀刃不太明显时使用，可使刀刃变得明显。

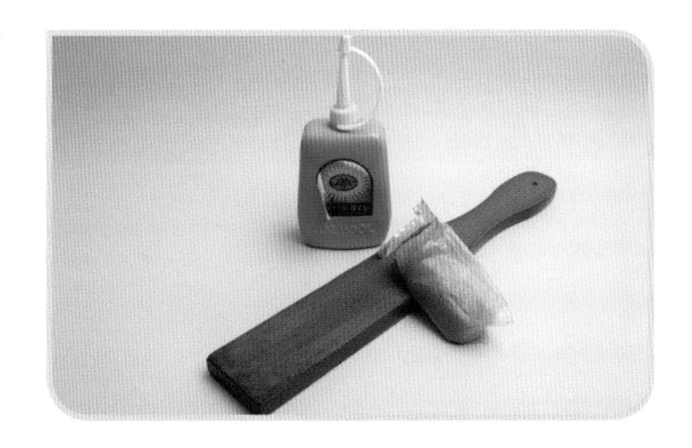

2 剪刀

剪刀是两刀刃交叉进行裁剪的工具。如果两刀刃不能紧贴、粘上了黏合剂或者生锈了的话，那么裁剪也无法顺利完成。

01 首先，用 150 号砂布，蘸水后打磨刀刃部分。此时要注意：如果过度打磨，刀刃部分会变圆滑，便无法顺利裁剪。

02 然后在 500 号油石上滴上少许缝纫机机油，打磨剪刀外部。打磨角度最好为 60°。

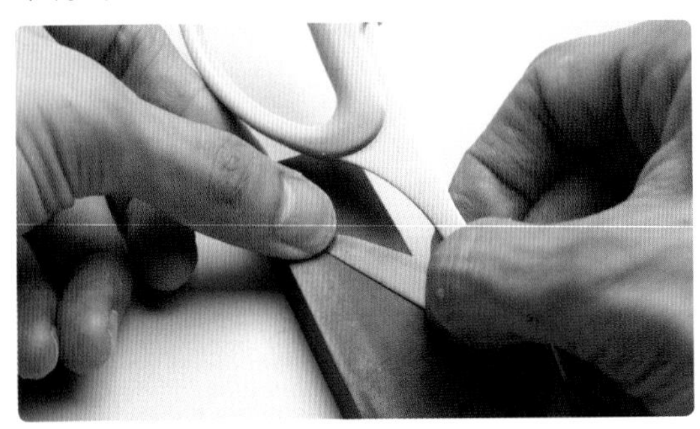

03 打磨到刀刃凸显为止。慢慢闭合剪刀后，凸显的两个刀刃要平整贴合才行。

04 磨刀板上滴几滴磨刀油，将剪刀刀刃的尾部磨 5~6 次，用软布擦拭干净。

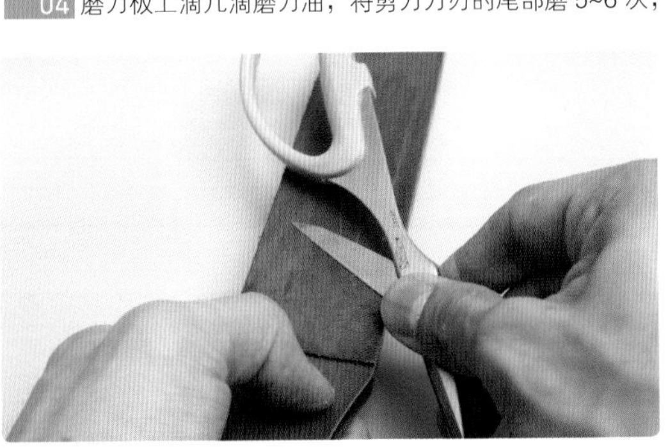

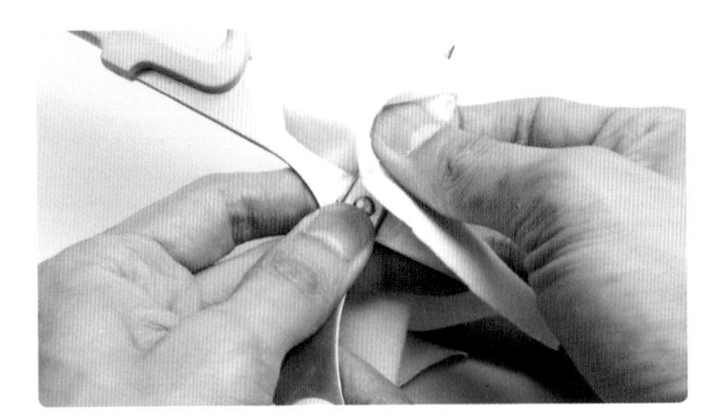

Tip 刀刃尾部尖锐有助于顺利穿凿皮革。但是大部分的孔，在穿凿时如果不能调准角度，易损伤刀刃。因此为了使刀刃尾部更加坚韧，刀刃尾部最好呈扁平状。

■ 油石

湿式磨刀石（浸泡于水中的磨刀石）较软，不太适用于剪刀或锥子等尖锐工具的打磨。而干式磨刀石（油石）硬度较强，比较适合。用油石进行打磨之前，应使其吸收少量磨刀油。

3 菱锥

打磨的方法

01 在油石上滴几滴磨刀油。

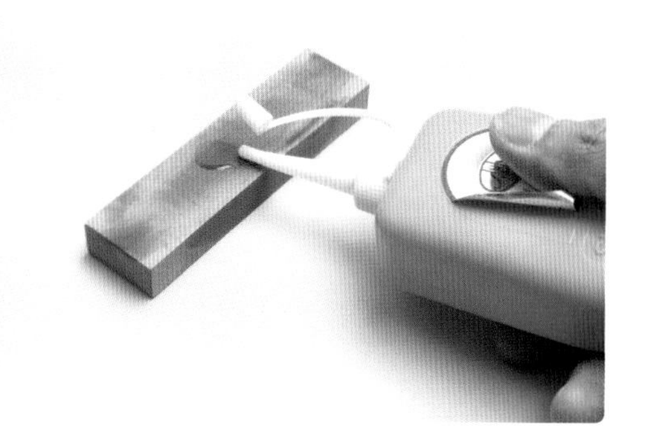

02 将菱锥固定在磨刀石上，一边左右转动锥子，一边用油石前后进行打磨。

03 接下来用同样的细磨刀石对锥刃尾部进行打磨。

04 在磨刀板上滴几滴磨刀油后，将锥子在其上磨5~6次。

刀刃尾部尖锐有助于顺利穿凿皮革。但是大部分的孔，在穿凿时如果不能调准角度，刀刃易损伤。因此为了使刀刃尾部更加坚韧，最好使其呈扁平状。

4 菱錾

用 200 号砂布平整地打磨菱錾的錾刃部分，可快速进行皮革打凿。

5 削边器

受力的中部为其刀刃部分，只打磨此部分即可。

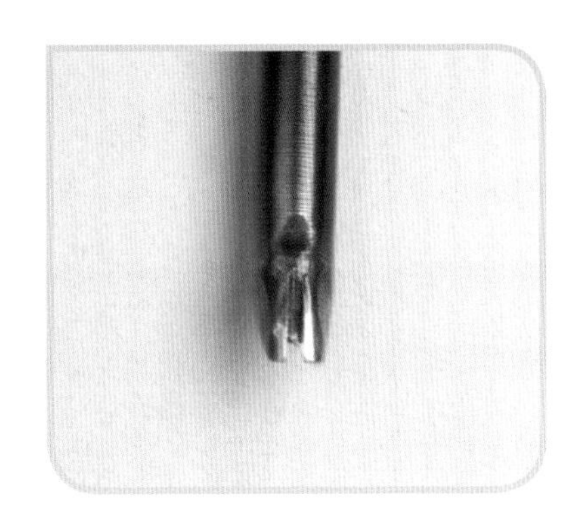

01 打磨时需要削边器用棒与1000号砂布。
削边器用棒大多数为铜棒。如果没有削边器用棒时，也可以使用牙签之类的东西代替。

02 在铜棒上放入尺寸适当的1000号砂布。

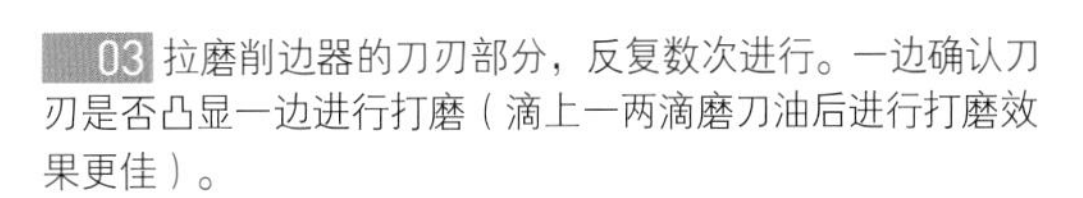

03 拉磨削边器的刀刃部分，反复数次进行。一边确认刀刃是否凸显一边进行打磨（滴上一两滴磨刀油后进行打磨效果更佳）。

Tip 砂布过于粗糙或过久打磨，会使刀刃部分变短。

Part 2

作品制作方法

杯垫（见原大纸型 3 ）

通过对皮革裁切面与床面的收尾，便可以轻松制成简约的杯垫。皮革的自然色泽与杯子相互协调似乎还能提升茶的香味哟！杯垫也可以用在小衬桌上。用途广泛的杯垫可以说是最基本的皮革制品，先从最简单的开始制作吧！

鼠标垫（见原大纸型4）

皮革的质感，可提升鼠标移动的灵活度。将其制作成极其简单的四边形即可，在制作时可以学到最基本的裁切、收尾与画装饰线等技巧。

皮革裁切，裁切面与床面收尾，画装饰线

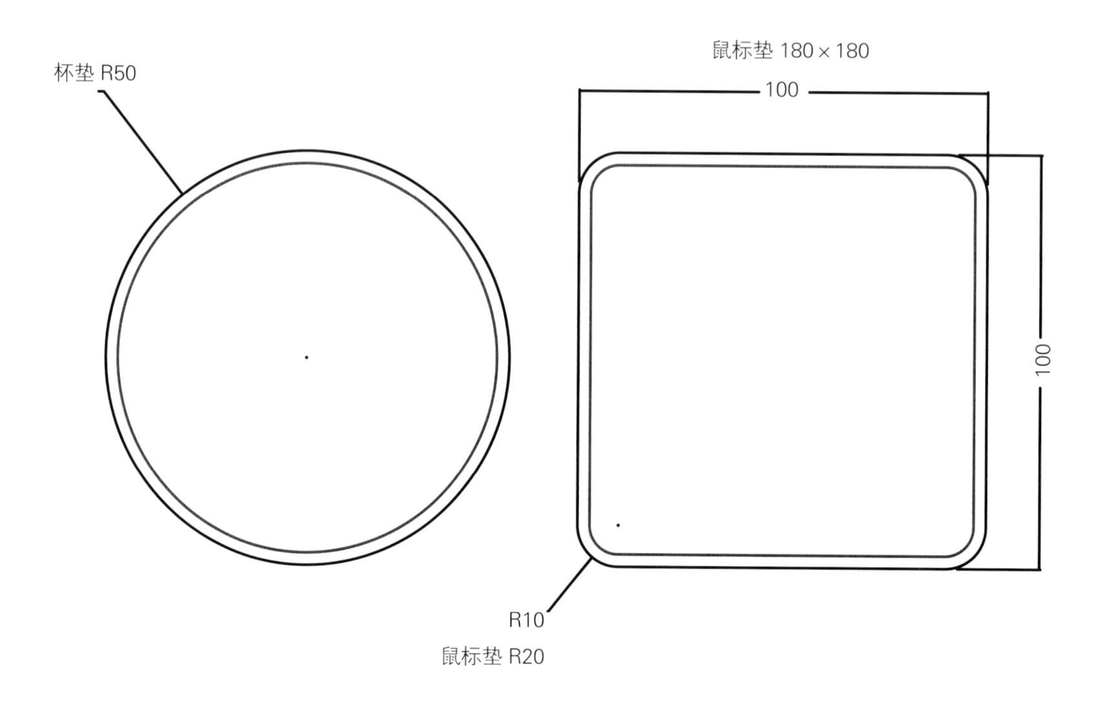

CHECK

R为半径　单位：mm

工具

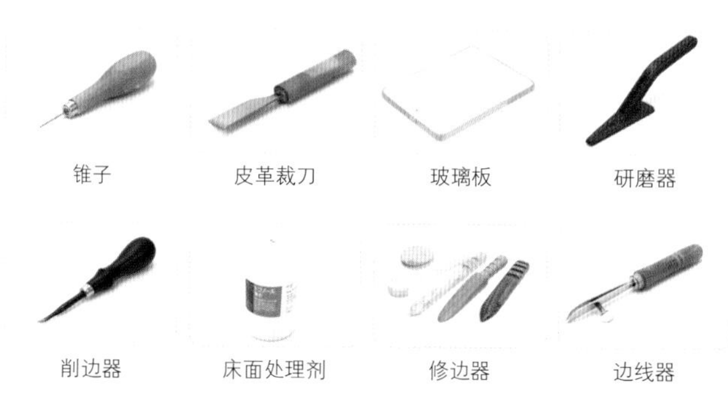

材料

2~3mm的厚皮革

1 将图案转移到皮革上。

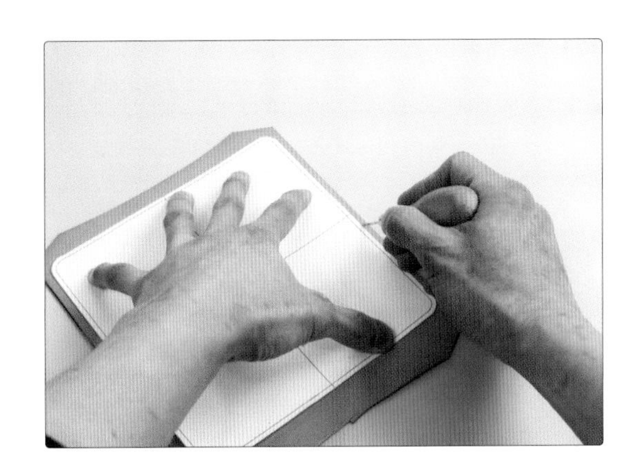

2 用皮革裁刀进行裁切。

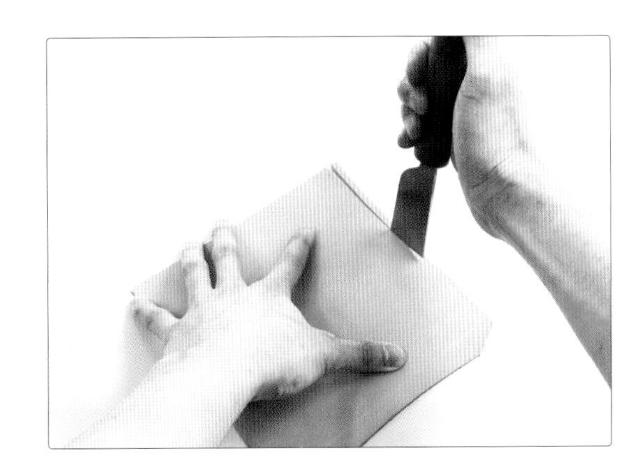

3 涂抹床面处理剂，用玻璃板磨压，进行床面收尾。

4 用研磨器将裁切面的纤维组织磨毛（圆角处需特别留心，应顺势打磨）。

5 用边线器画装饰线。

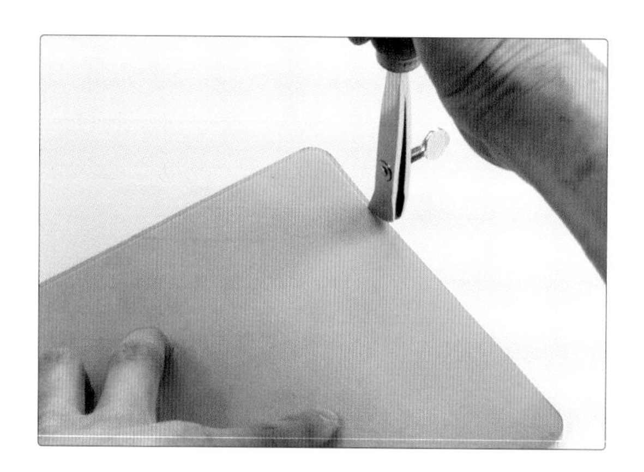

6 用削边器将边缘棱角切除。

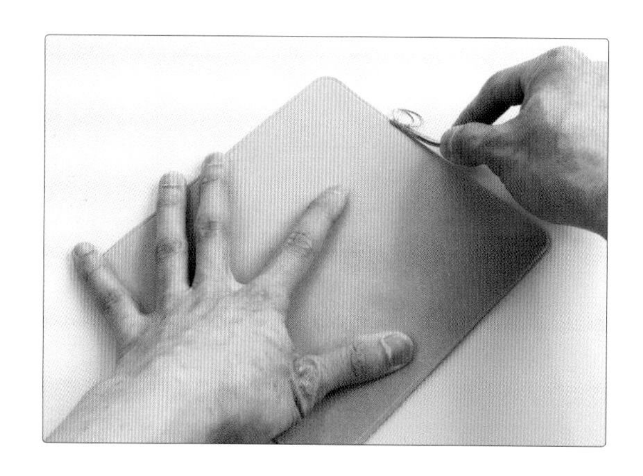

7 在裁切面上涂抹床面处理剂，用修边器进行打磨收尾。

8 用丙烯酸树脂收尾剂进行收尾时，先用1000号砂布打磨，然后涂抹2~3次丙烯酸树脂收尾剂。

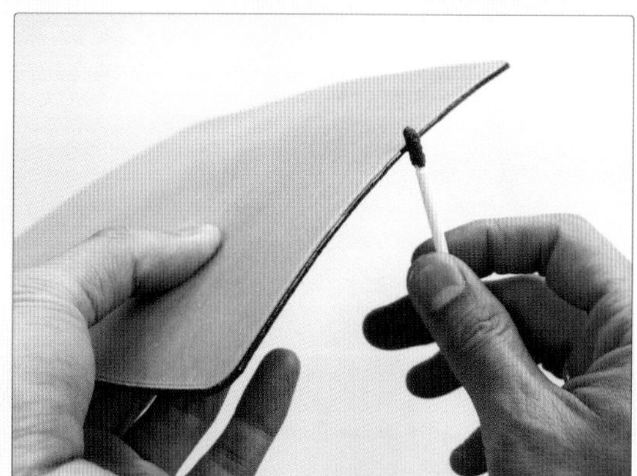

卡片包（见原大纸型3）

收纳卡片及携带更方便，属于较实用的一种钱包。使用铆钉与四合扣便可以制成收纳各种卡片与存折的简约卡片包。

存折包（见原大纸型 3 ）

要去银行了，翻箱倒柜，往往需要花好长时间才能找到存折。然而懂得家居时尚或DIY制作工艺者会直接制作一个存折包用来保存存折。使用长久保管不会变形的皮革，制作一个存折包吧！

POINT 裁切面收尾，装嵌铆钉，装嵌四合扣，装嵌存折套

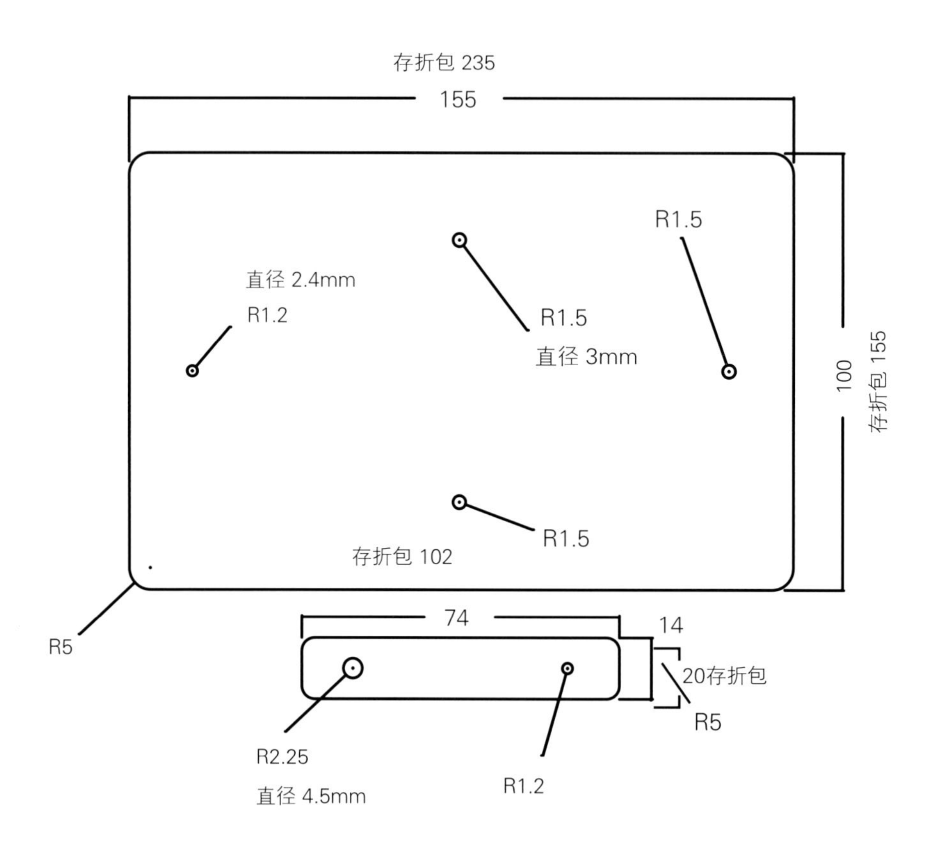

CHECK

R为半径　单位：mm

工具

材料

2mm厚的皮革、3个9mm的铆钉、1个四合扣，存折套或卡片套

1 将图案转移到皮革上并进行裁切。用银笔标记打孔位置，并用油性笔在存折套上也标记出来。

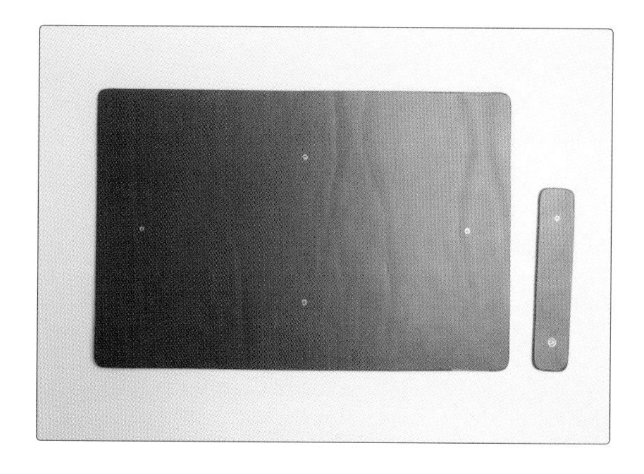

2 用床面处理剂对床面进行收尾。

3 用研磨器将裁切面磨毛。

4 用边线器画装饰线。

5 用削边器切除边缘棱角，涂抹床面处理剂，用修边器进行打磨收尾。

6 
打凿四合扣铆钉用孔。

7 装嵌四合扣。

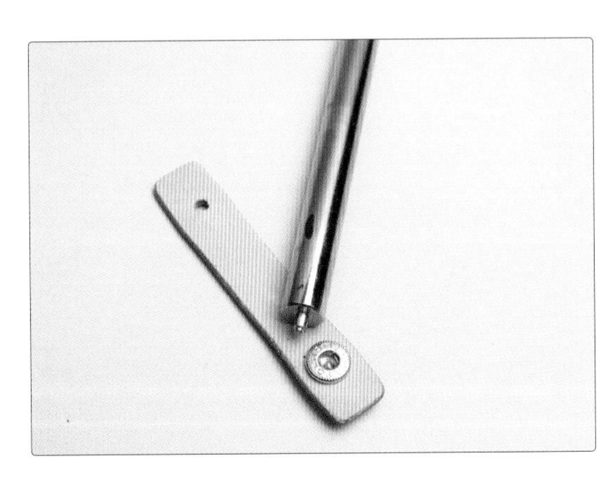

8 在皮革和存折套上装嵌铆钉并固定。

Hand sewing Leather Craft

名片夹（见原大纸型 3 ）

交换名片时，不可避免地要向对方展示有质感的名片夹。使用理想的颜色，制作适合自己的名片夹吧！在这里学习下黏合皮革作业与重要的缝合作业。

白乳胶黏合，缝合，黏合面收尾

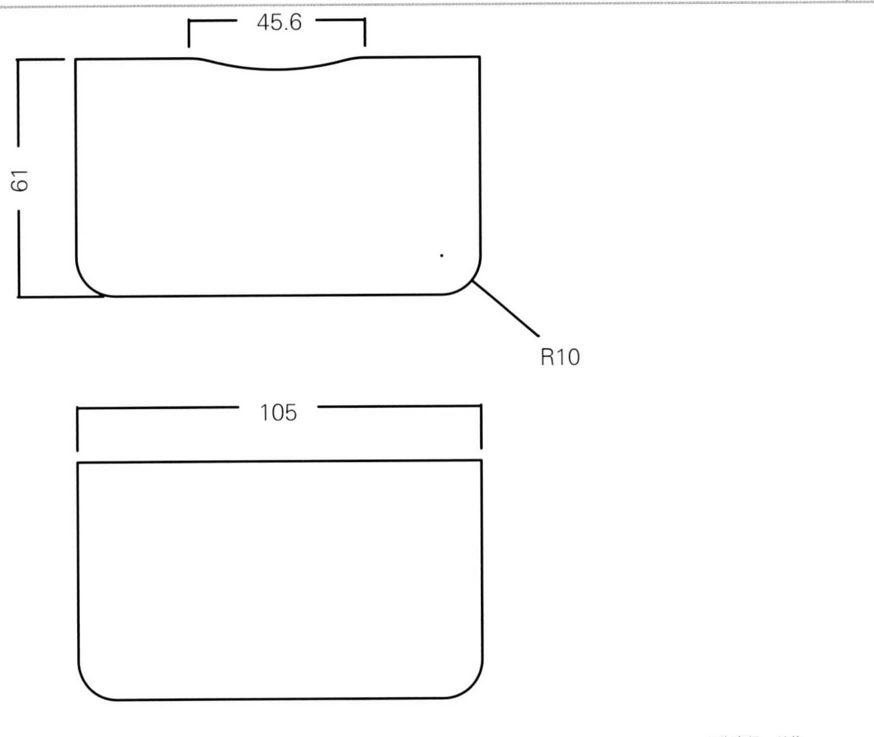

R为半径　单位：mm

CHECK

工具

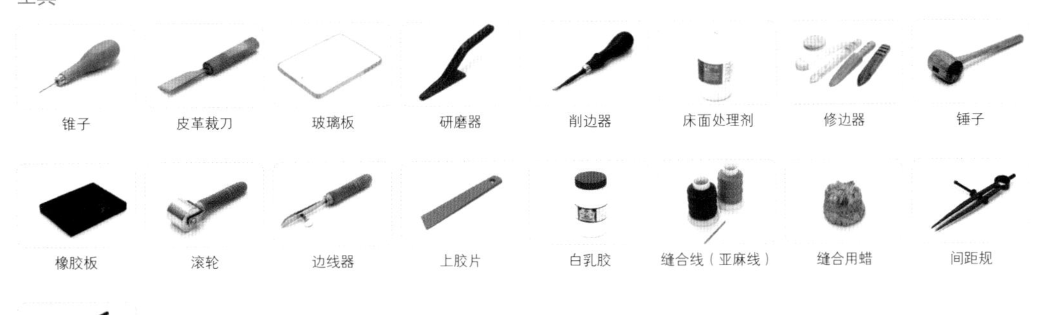

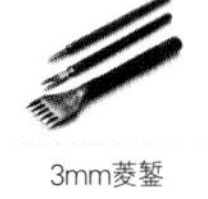

材料

1mm厚的皮革

1 将图案用锥子转移到皮革上。

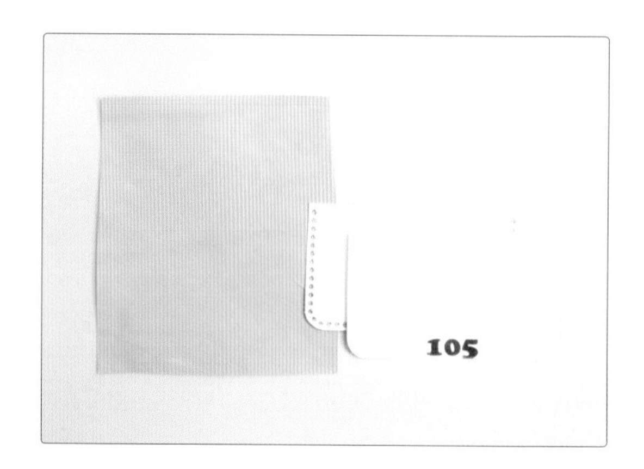

2 在床面上涂抹床面处理剂，用玻璃板磨压收尾。

| TIP |

裁切前先对床面进行收尾，可以防止银面上粘上床面处理剂。

3 使用皮革裁刀进行裁切。

4 黏合部分用间距规标记出来，用研磨器使床面磨毛。

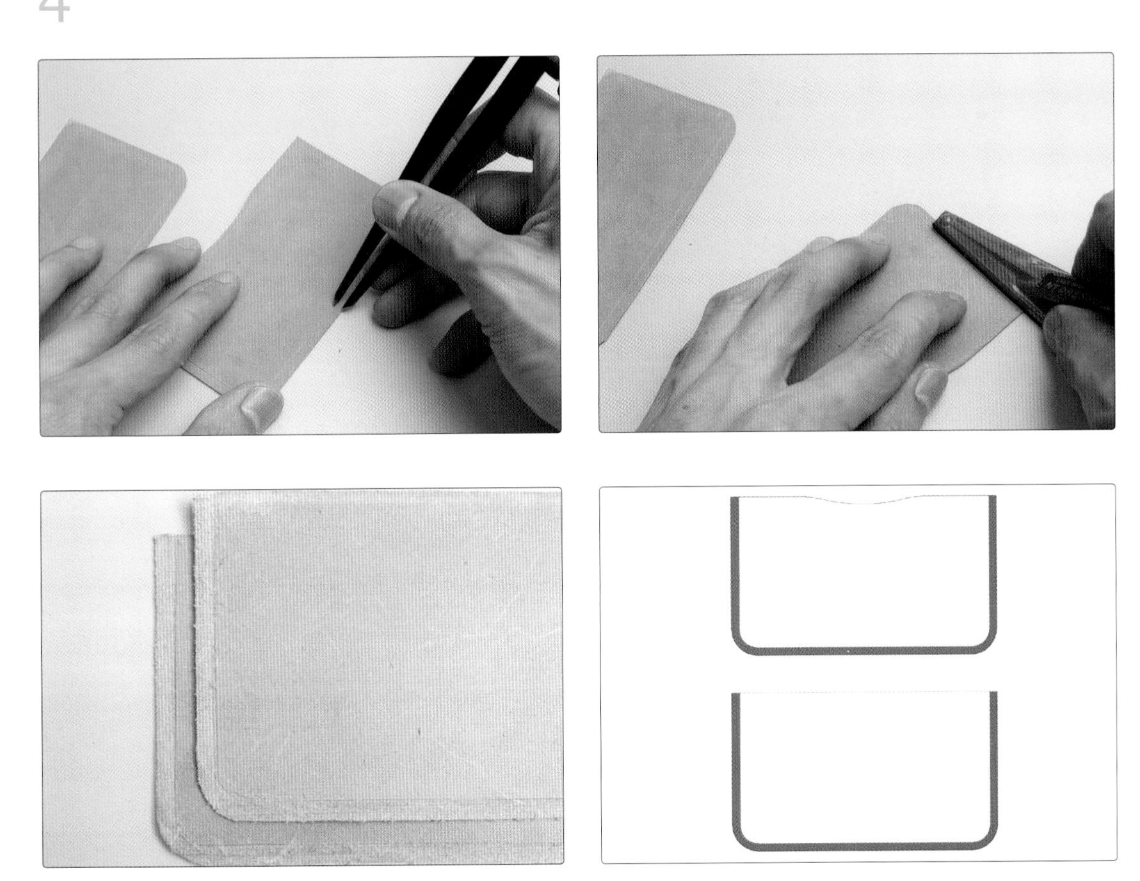

5 用研磨器将裁切面磨毛，用边线器画装饰线。

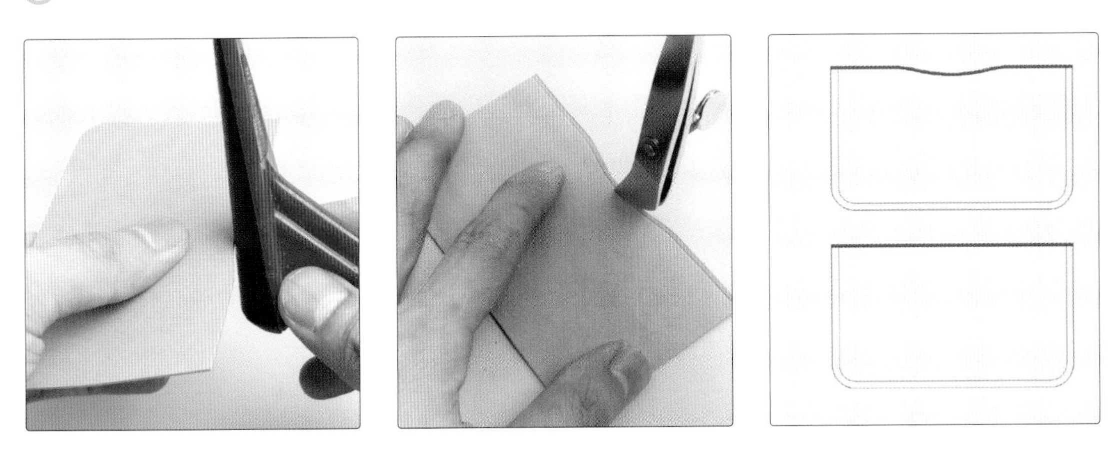

| TIP |

先进行步骤5的收尾，如果黏合部分的皮毛磨毛，那么收尾部分会很难看。

6 使用削边器将边缘棱角切除后，涂抹床面处理剂，用修边器进行打磨收尾。

| TIP |

名片夹的卡片收纳部分在黏合后不便收尾，所以黏合前要进行收尾。

7 在步骤4中皮毛直立的黏合面上涂抹床面处理剂，用滚轮进行压实。

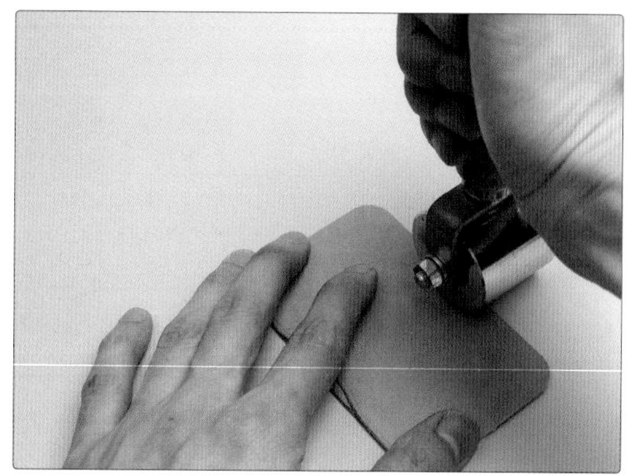

TIP

黏合时，手不能抖，将皮革放到平坦处，按压黏合（如果手抖的话，黏合面可能会有褶皱）。

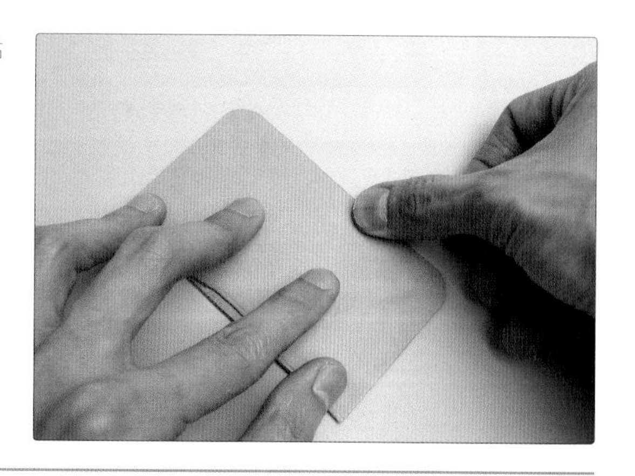

8 如果黏合面有误差，可用皮革裁刀裁切。用研磨器打磨裁切面。

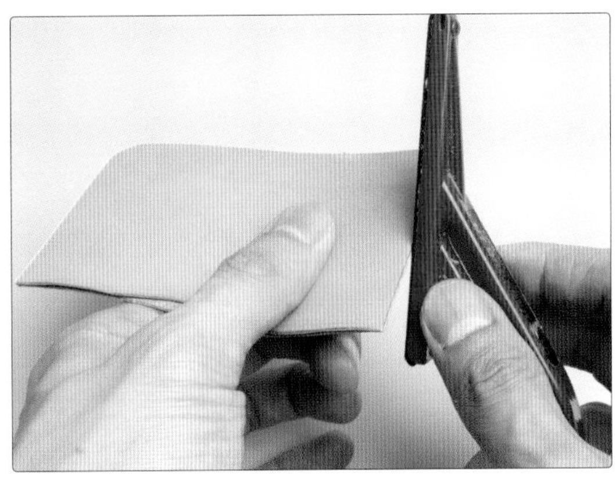

9 用边线器或间距规画缝合线（间距为2.5~3mm），用菱錾打缝合孔。

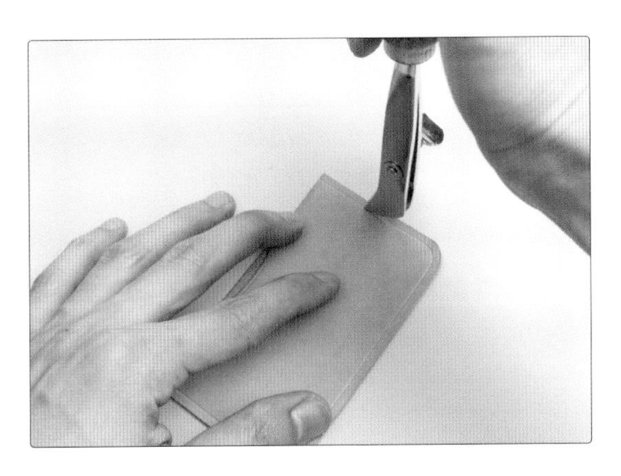

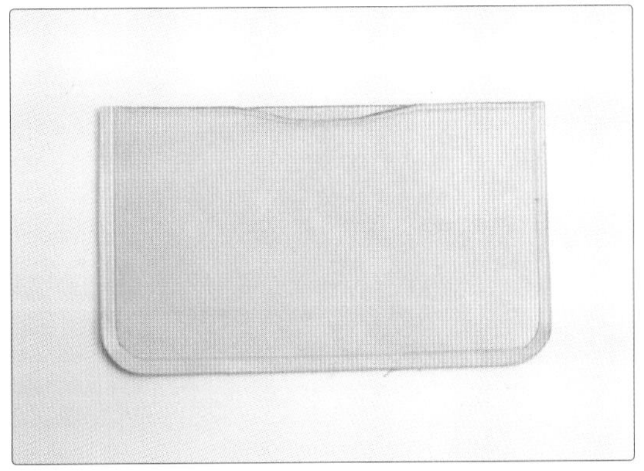

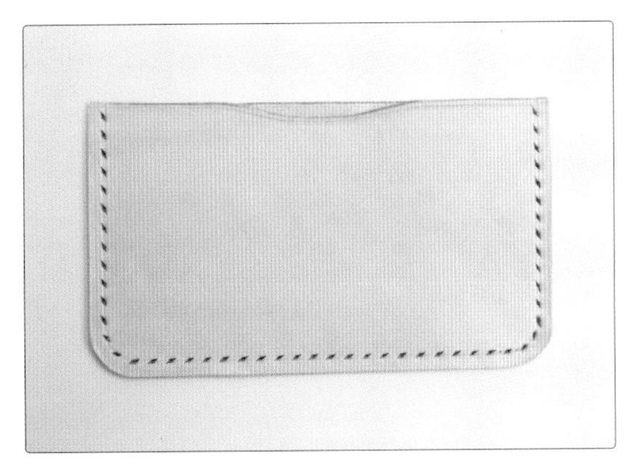

10 用削边器将黏合面的边缘棱角切除，涂抹床面处理剂，用修边器打磨收尾。

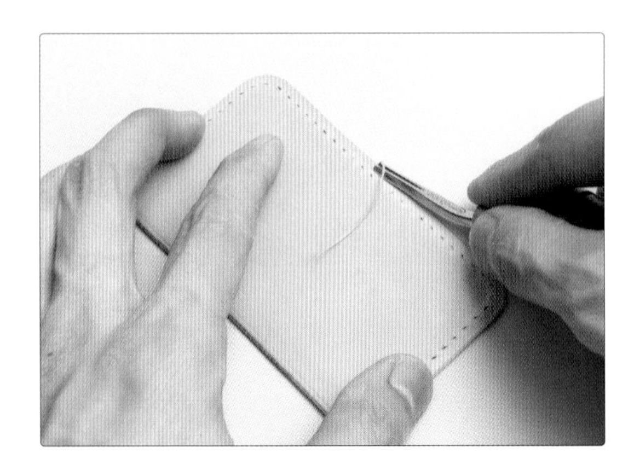

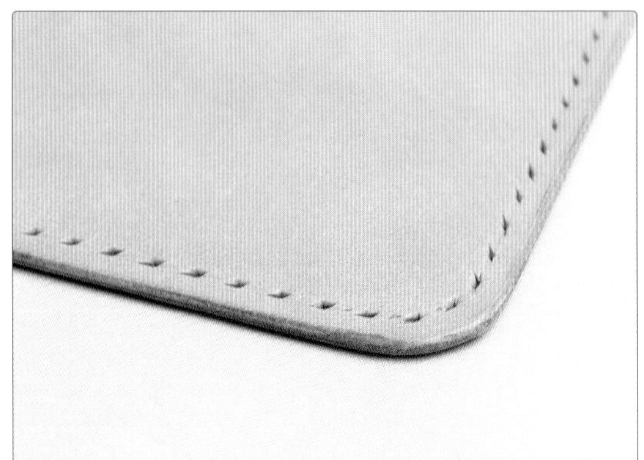

11 缝合。

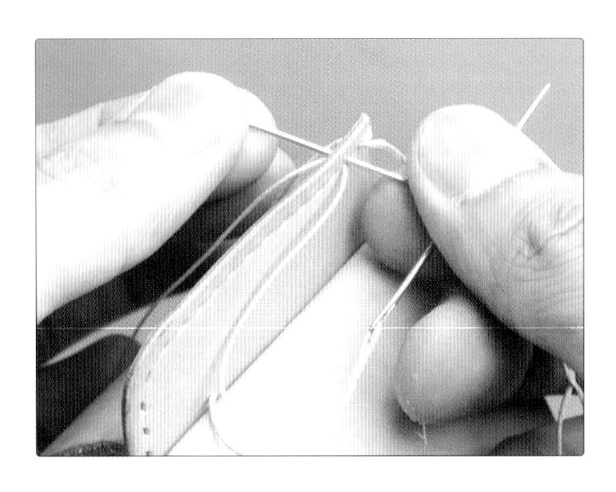

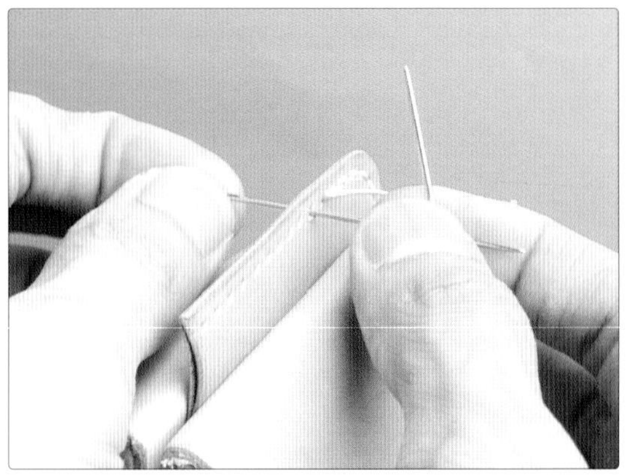

12 名片夹制作完成（确认是否顺利完成缝合收尾）。

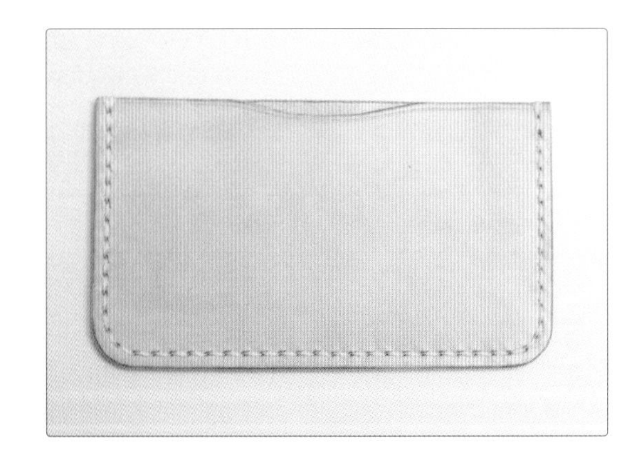

TIP

名片夹的开口处是收纳部分，经常开合且受力较多，因此缝合开始与结束均在此处，需进行二重缝合。缝合完成时，按缝合收尾1的方法收尾。

Hand sewing Leather Craft

手环1（见原大纸型4）

用皮革制成的手环比一般手链更吸引眼球。普通的衣服，搭配上皮制手环，能让人眼前一亮。

装嵌奶嘴钉，裁切小皮革

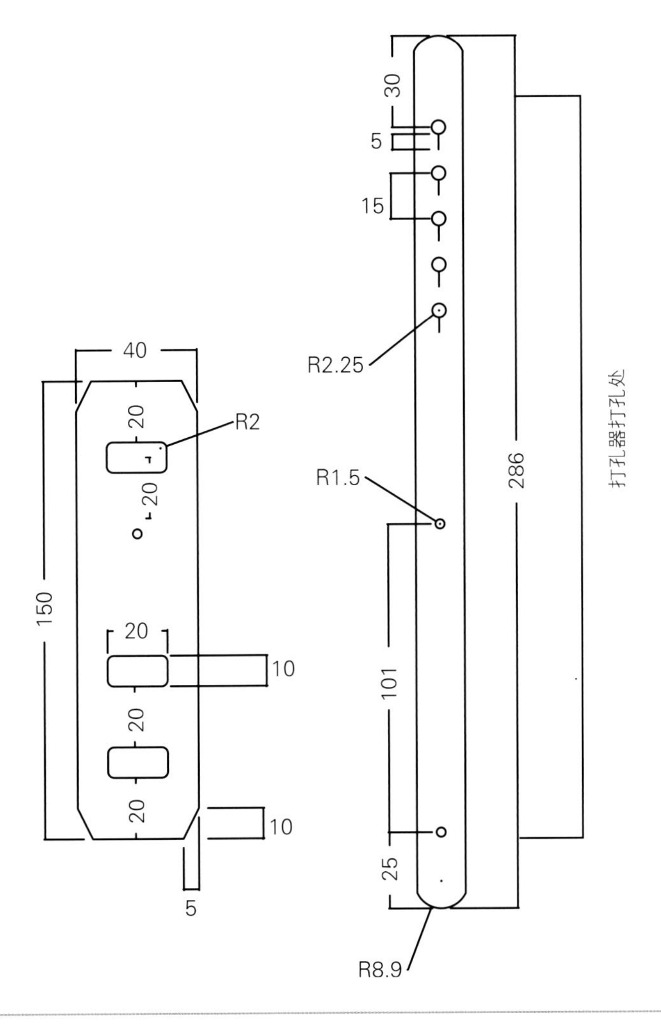

R为半径　单位：mm

CHECK

工具

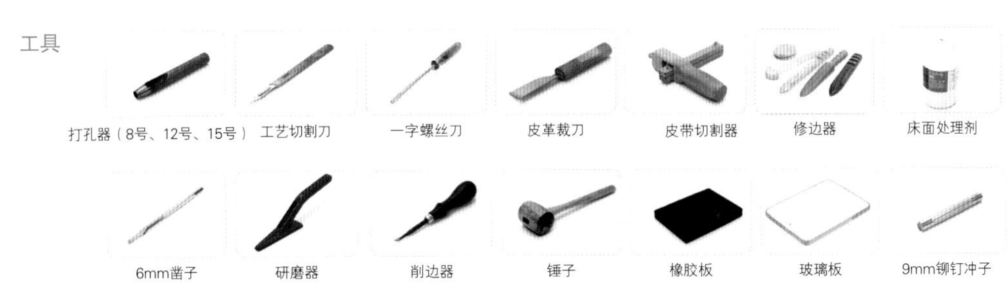

材料

3mm厚的皮革、1个9mm双面铆钉、奶嘴钉g-51

1 将图案转移到皮革上（用锥子标记裁切线，用银笔标记打孔线），用皮革裁刀裁切皮革。

2 在床面涂抹床面处理剂，用玻璃板磨压收尾。

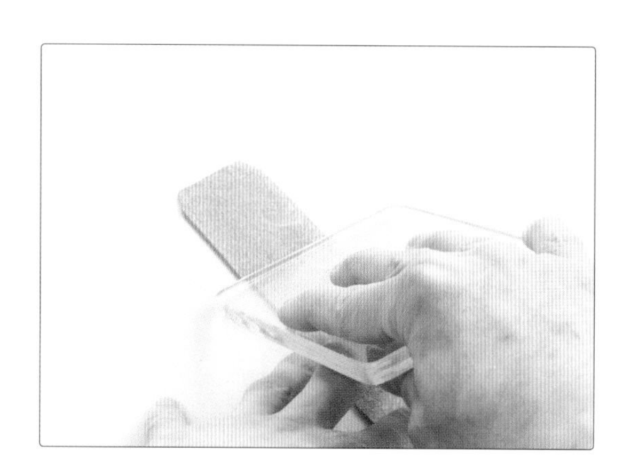

3 用打孔器与锤子在手环皮片上打孔，再用工艺切割刀沿标记切出大孔。

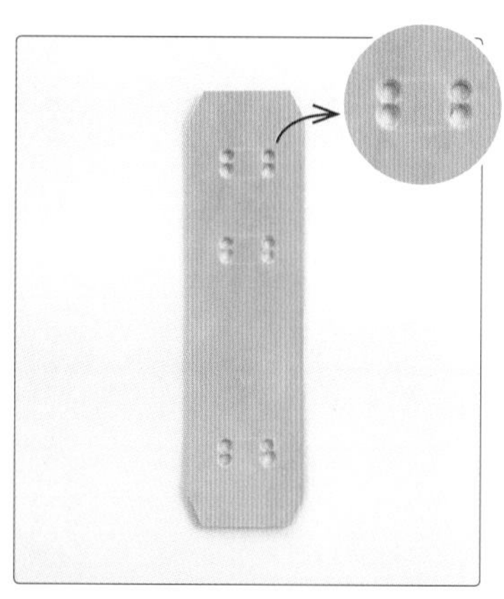

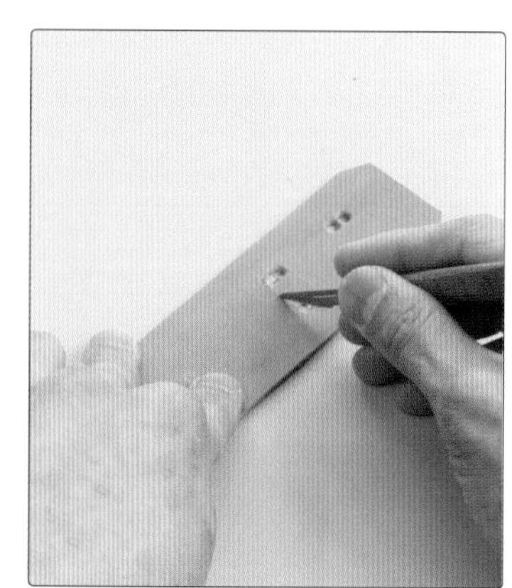

4 用研磨器打磨裁切面和手环孔，用削边器切除边缘棱角。

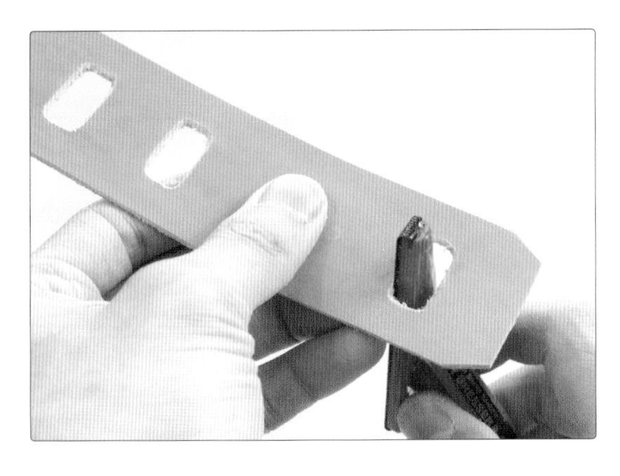

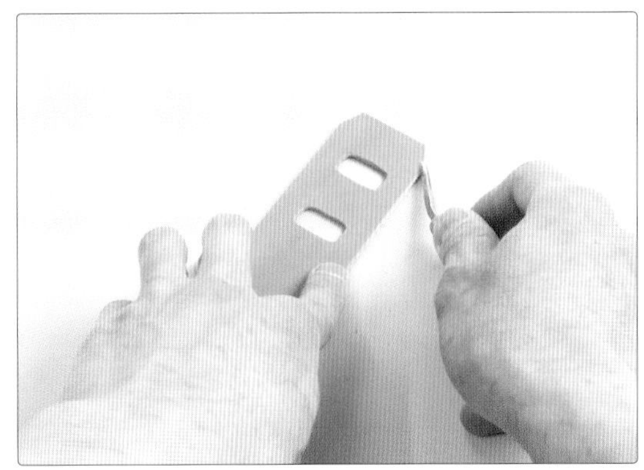

5 在裁切面上涂抹床面处理剂，用修边器打磨收尾。

| TIP |

最好用修边器在手环孔非槽面部分的平整处进行打磨。

6 用12号打孔器打孔，再往孔内装嵌9mm双面铆钉。

7 将铆钉放于多功能底座上，用锤子击打铆钉冲子进行装嵌。

8 装嵌奶嘴钉，用8号打孔器打孔，在孔中插入奶嘴钉螺丝部分。

9 装上钉帽，用一字螺丝刀上紧固定。

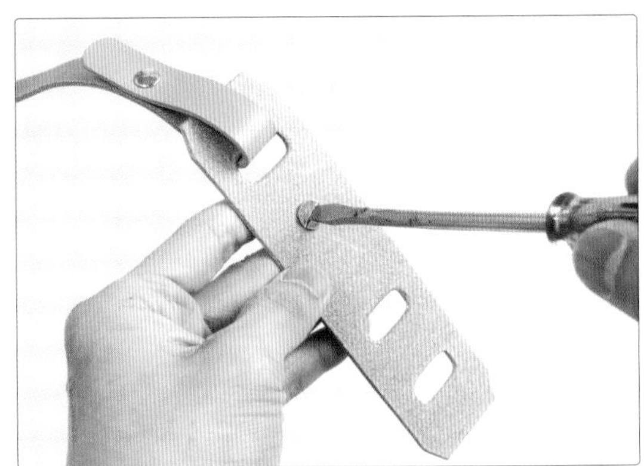

10 在束带奶嘴钉的位置，用15号打孔器与6mm 凿子打孔。

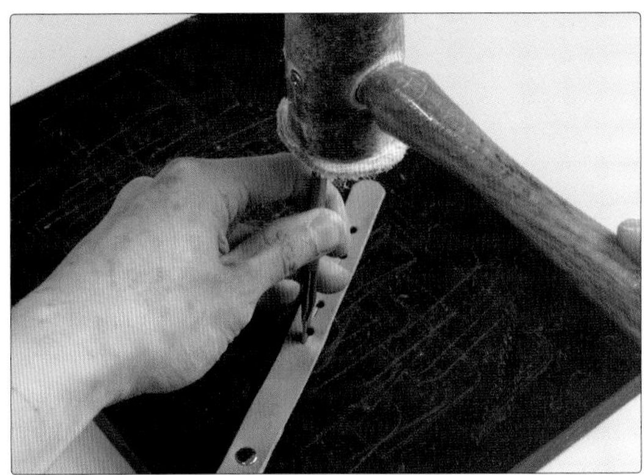

| TIP |

在奶嘴钉螺丝孔处涂抹少量透明速干胶，可防止松动。

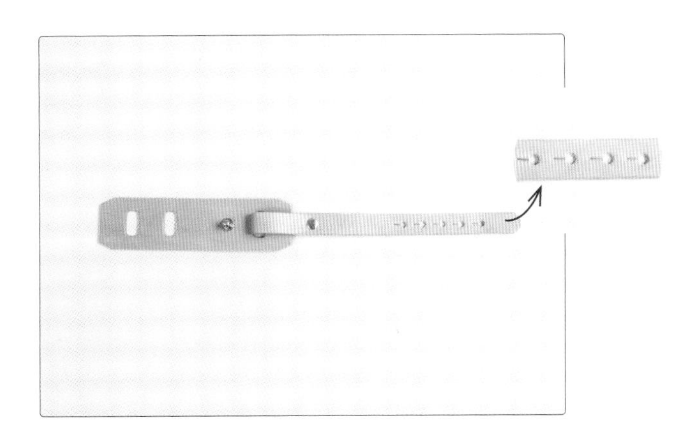

Hand sewing Leather Craft

手环 2（见原大纸型 4）

快来制作一款与众不同的、点缀着圆头铆钉的皮手环吧！将其与耀眼的舞台服装或特别的服饰搭配在一起会更加炫目。

使用橡胶黏合剂，装嵌圆头铆钉，装嵌五爪扣

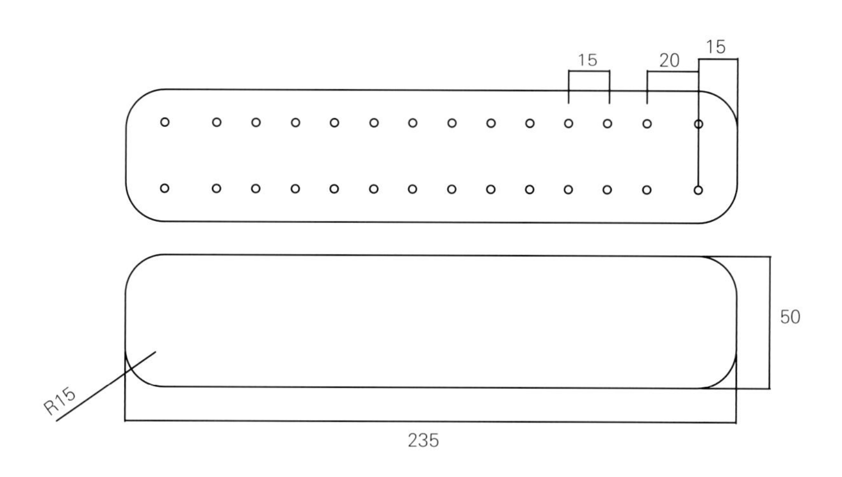

R为半径　单位：mm

CHECK

工具

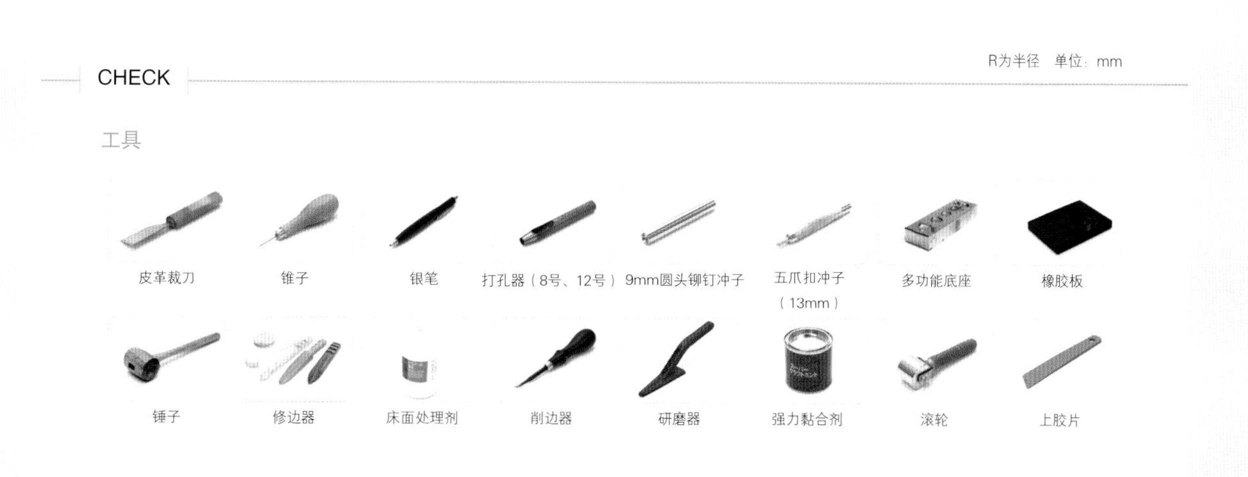

皮革裁刀　锥子　银笔　打孔器（8号、12号）　9mm圆头铆钉冲子　五爪扣冲子（13mm）　多功能底座　橡胶板

锤子　修边器　床面处理剂　削边器　研磨器　强力黏合剂　滚轮　上胶片

材料

1.5mm厚的皮革、26个9mm圆头铆钉、2个13mm五爪扣

1 将图案转移到皮革上，并裁切皮革。

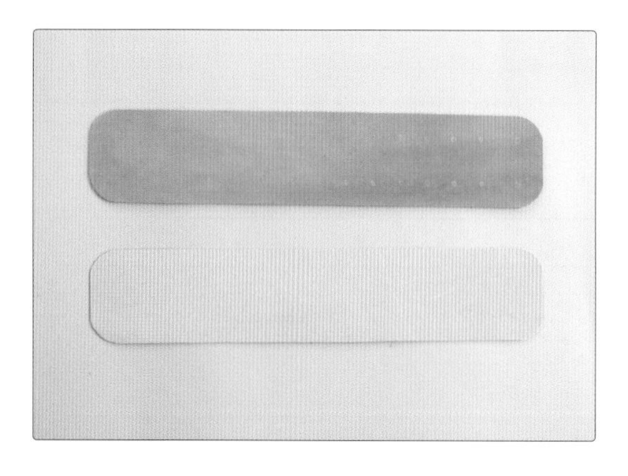

2 用研磨器将需黏合的皮革床面磨毛。

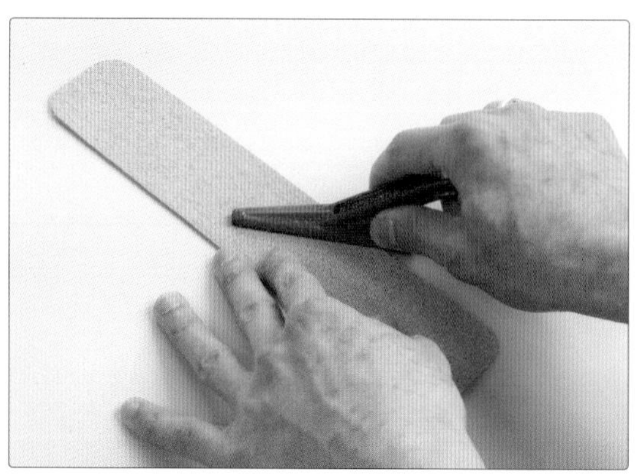

3 在装嵌圆顶铆钉的部分，用10号打孔器打孔。

4 垫上多功能底座，用圆头铆钉冲子装嵌9mm圆顶铆钉。

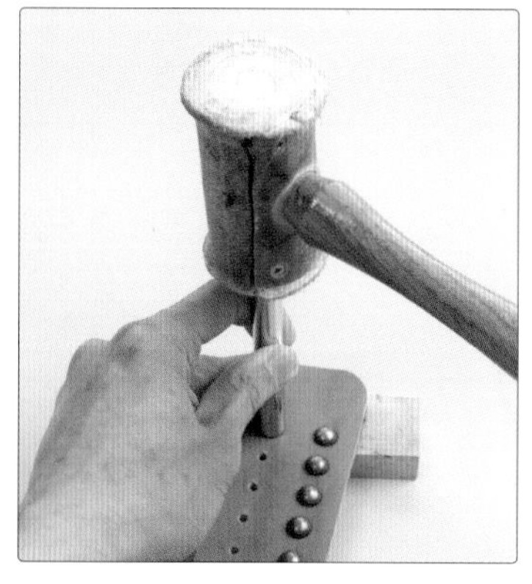

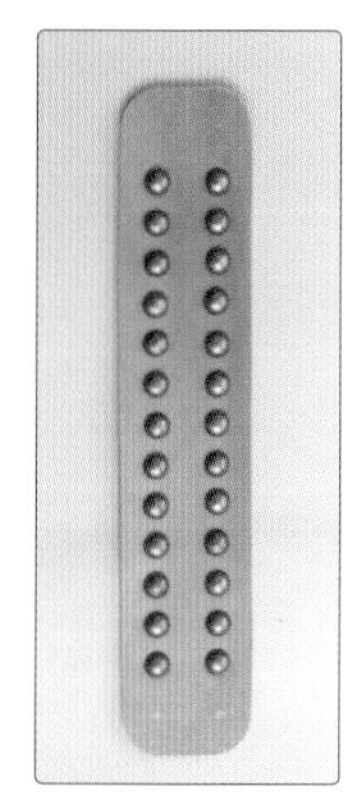

5 在需要黏合部分的两面都薄薄地涂上强力黏合剂，干燥后用滚轮压实。

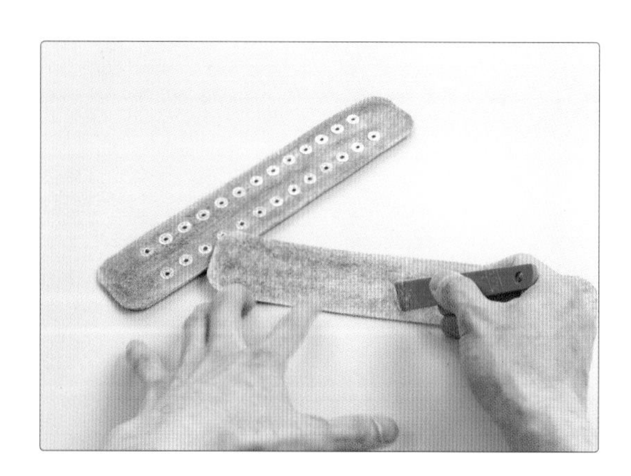

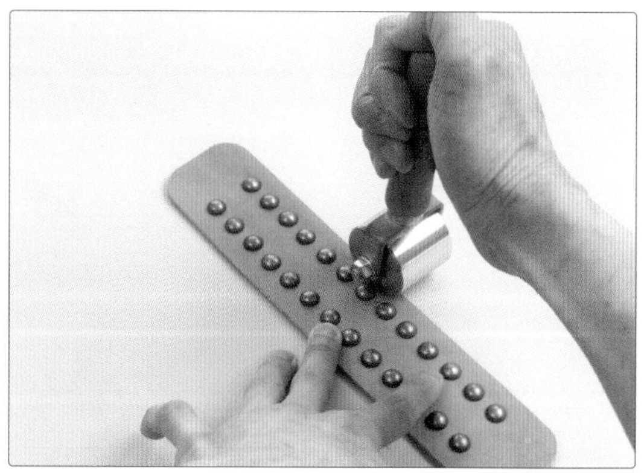

6 用皮革裁刀裁切黏合面的误差部分，用研磨器打磨黏合面。

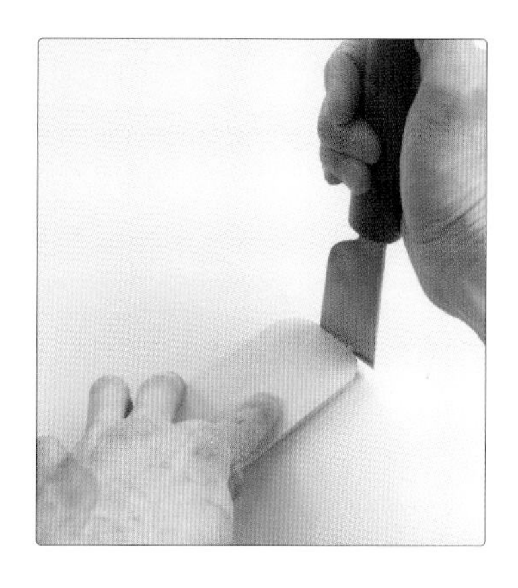

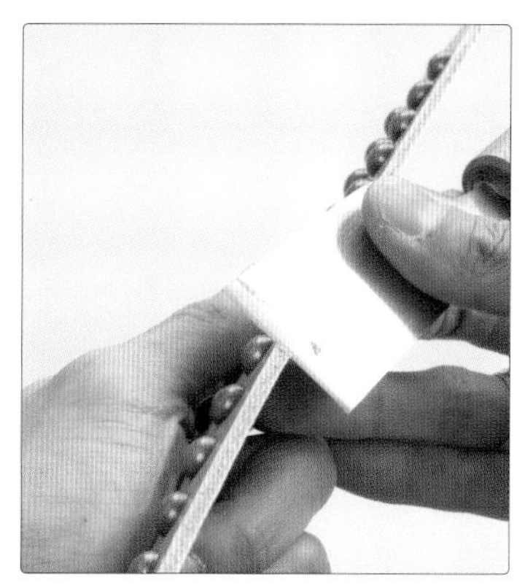

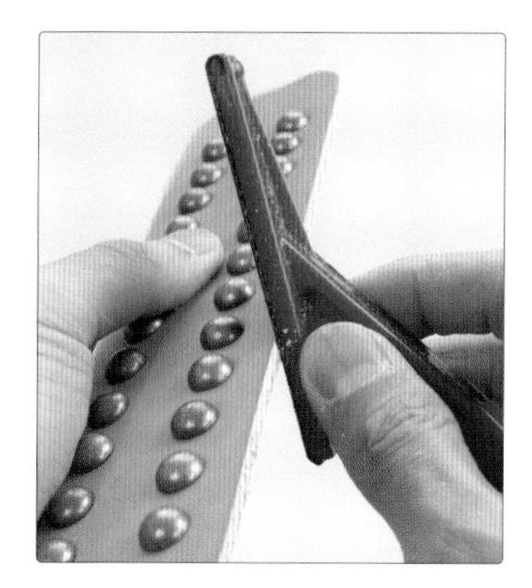

7 用削边器切除皮革的边缘棱角，涂抹黏合剂，用修边器打磨收尾。

8 在皮革上用8号打孔器打孔并装嵌五爪扣。

9 在多功能底座的平滑面上，用五爪扣冲子打孔并装嵌13mm五爪扣。

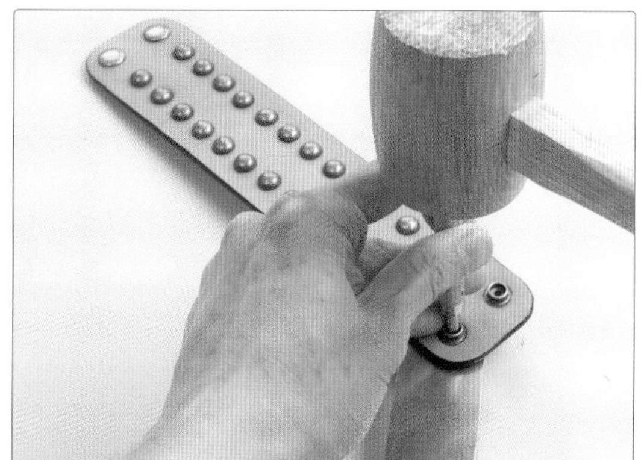

钥匙包（见原大纸型 1 ）

把钥匙放入背包时，我们经常会纠结究竟要放到哪个部位才不容易丢失。何不用高级皮革来制作一个钥匙包呢？用喜欢的彩色线来点缀，会让钥匙包更有质感。

缝合隔层部分，装嵌钥匙包环扣

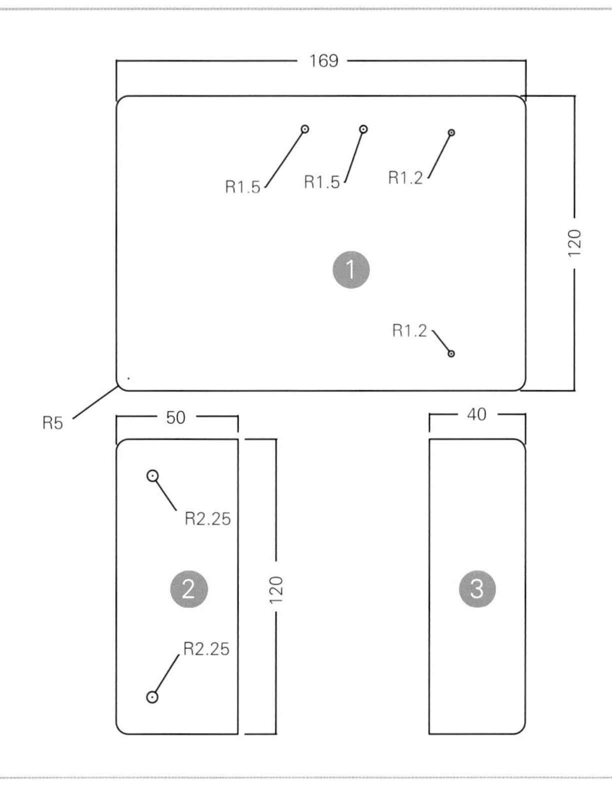

R为半径　单位：mm

CHECK

工具

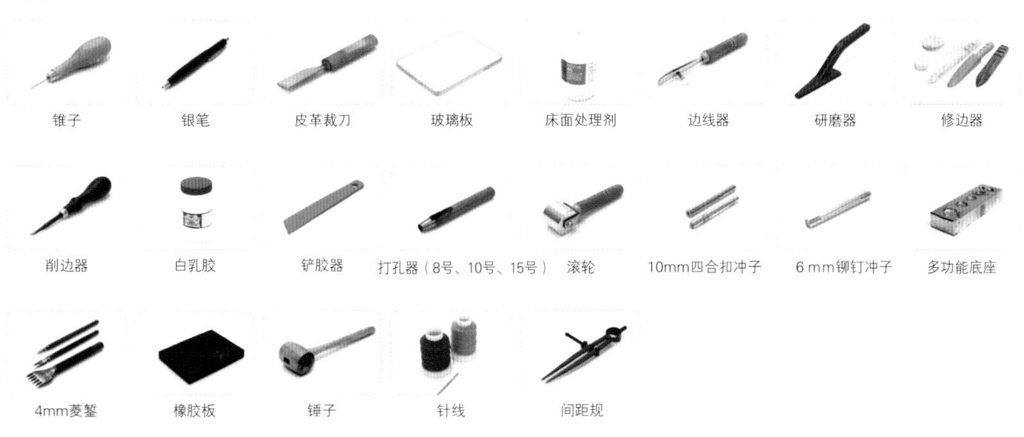

材料

1.2mm厚的皮革、钥匙包环扣、2个6mm铆钉、2个10mm四合扣

1 将图案转移到皮革上按图案进行裁切（用银笔标记装嵌五金配件的位置）。

2 涂抹床面处理剂，用玻璃板对床面进行磨压收尾。

3 用锥子与间距规标记出黏合部分后，用研磨器打磨床面。

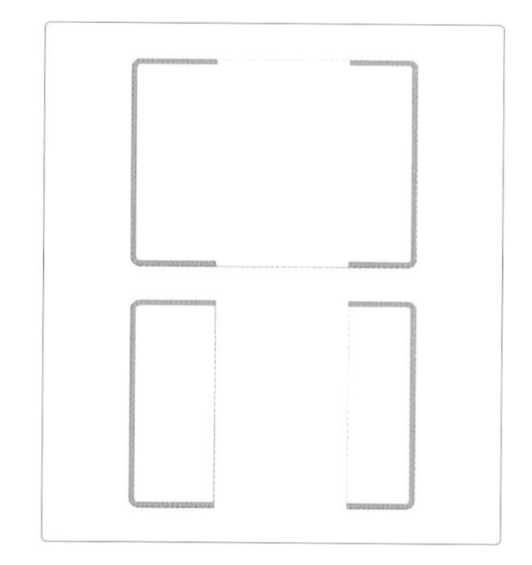

4 在不能进行黏合收尾的部分，画上装饰线，涂抹床面处理剂，用修边器打磨收尾。

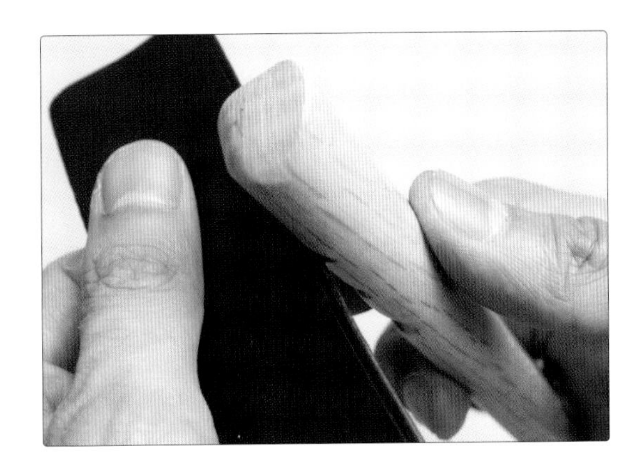

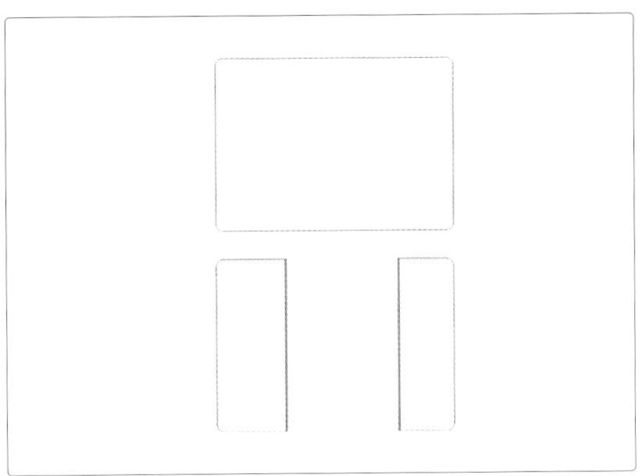

5 在装嵌五金配件的部分，用打孔器打孔。（6mm铆钉用8号打孔器；四合扣扣帽用15号，扣脚用8号）

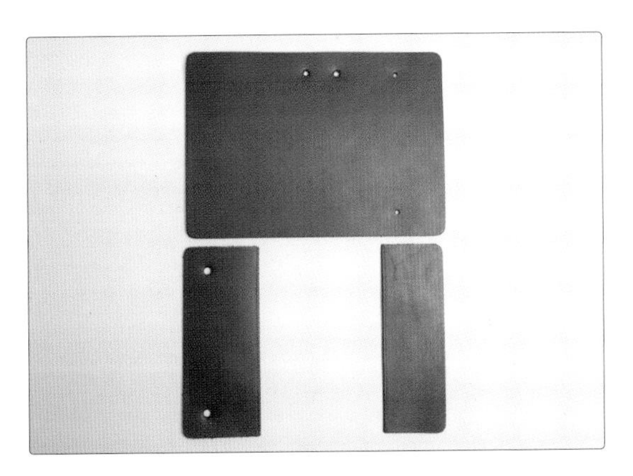

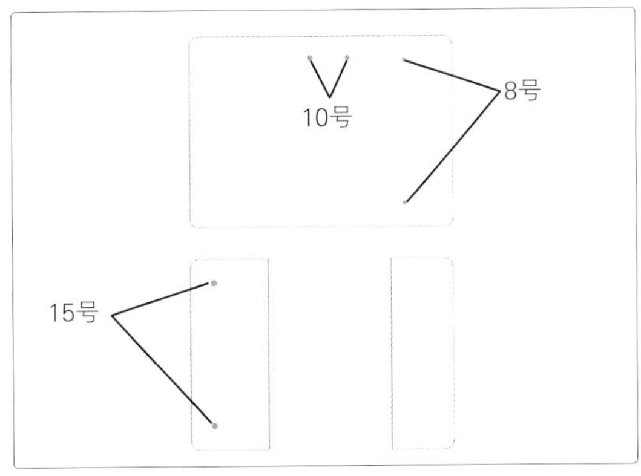

6 垫上多功能底座，用四合扣冲子装嵌10mm的四合扣。

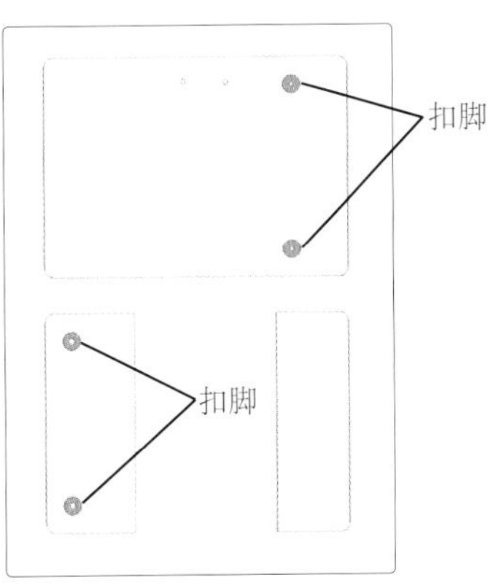

| TIP |

黏合后再装嵌四合扣，所以一定要事先装嵌。

7 在打磨后的床面上涂抹白乳胶并黏合，将❷粘贴在❶的床面右侧，将❸粘贴在❶的床面左侧，用滚轮压实。

8 用皮革裁刀修掉黏合面的边缘棱角，用研磨器进行打磨。

9 用边线器或间距规画缝合线，用4mm菱錾打缝合孔。打孔时注意不要使黏合处的皮革边破裂。

TIP

粘贴了❷和❸的隔层部分要用同样厚度的皮革作为铺垫打孔，这样皮革才不会皱。

10 用削边器切除裁切面的边缘棱角，涂抹床面处理剂，用修边器打磨收尾。

11 缝合。

12 装嵌6mm单面铆钉并固定钥匙包环扣。

13 制成钥匙扣夹。

Hand sewing Leather Craft

口金硬币包（见原大纸型4）

把硬币放到背包或口袋中会十分不便拿取。往往需要用时，又找不到或忘记放在哪儿了。解决这一问题的最佳途径是使用硬币包。用口金制作一个可轻易开合的硬币包吧！

打凿已标记好的缝合孔，装嵌开合口金

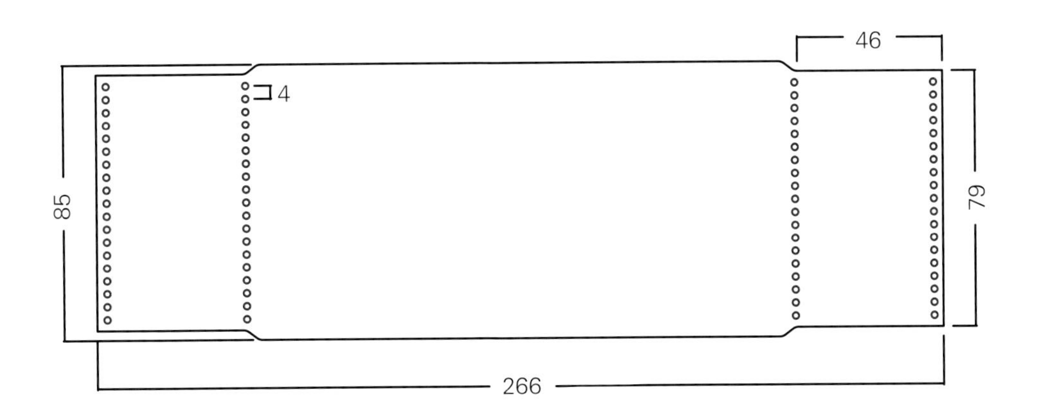

R为半径　单位：mm

CHECK

工具

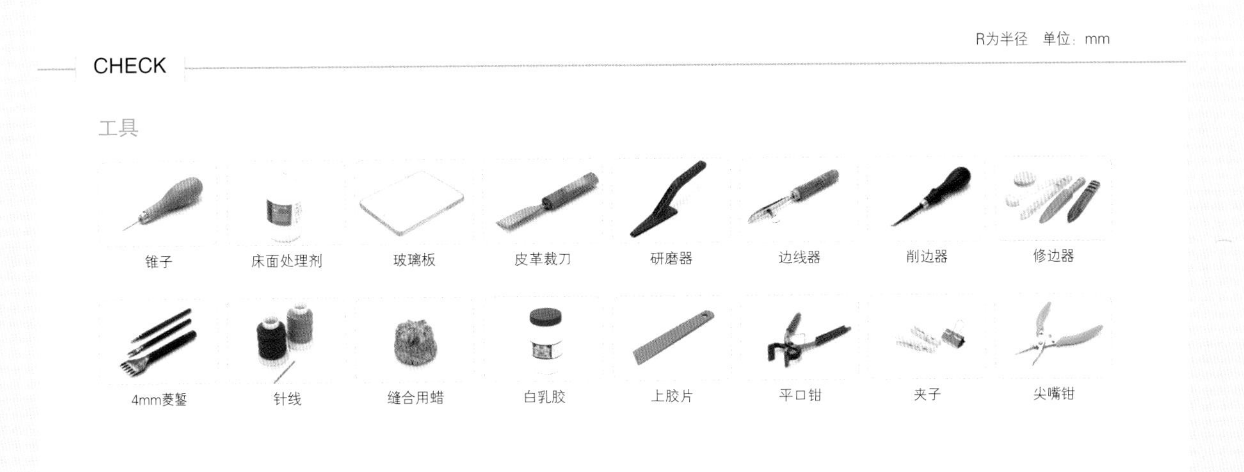

材料

1.2mm厚的皮革、开合口金

1 将图案转移到皮革上，并进行裁切。

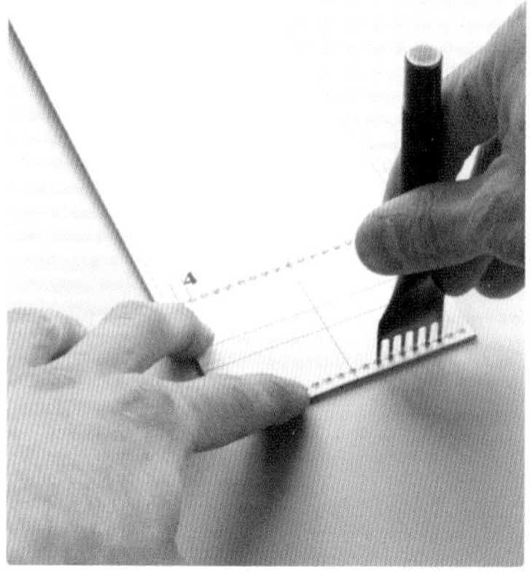

| TIP |

转移图案时，可用锥子或菱錾标记缝制孔。

2 在床面上涂抹床面处理剂，用玻璃板磨压收尾。

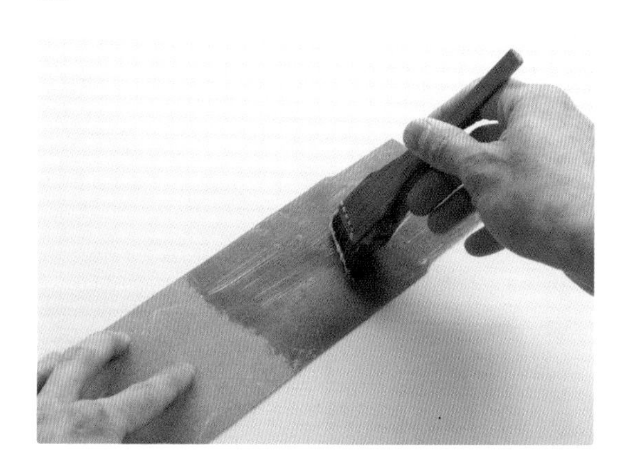

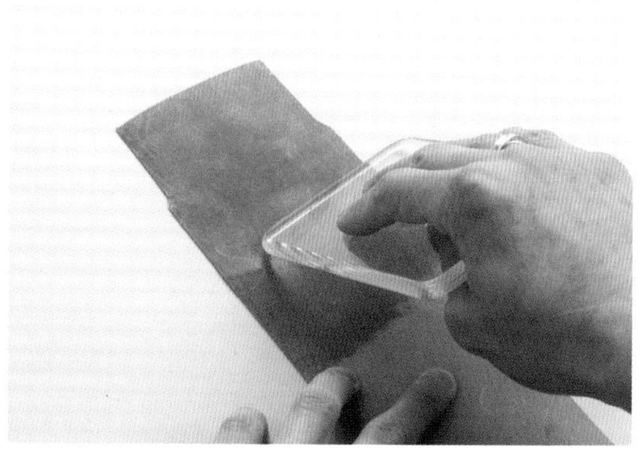

3 用研磨器打磨裁切面，用边线器画装饰线。

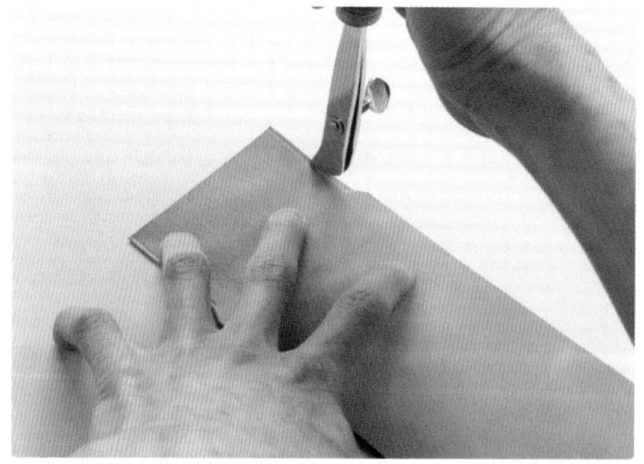

4 用边线器或间距规标记黏合部分后，用研磨器打磨。

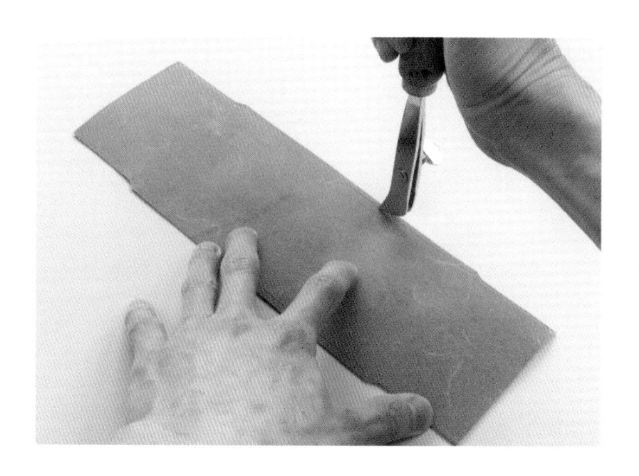

5 用削边器切除裁切面边缘的棱角，涂抹床面处理剂，用修边器打磨收尾。（薄皮革用削边器切除时较费力，所以可折叠皮革，使其有一定厚度时再切除。）

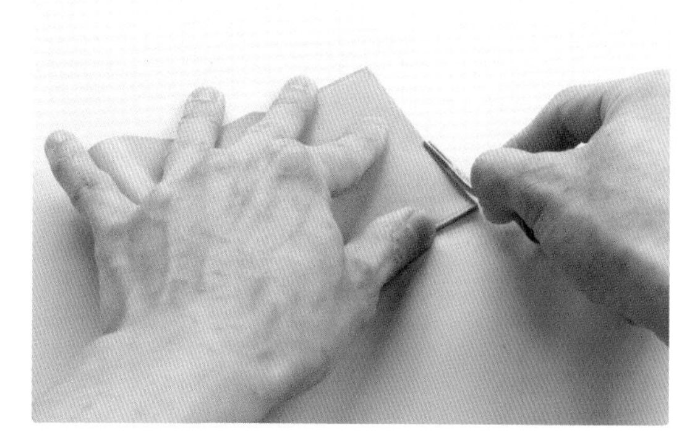

6 用菱錾打凿已经标记好的缝制孔。

7 缝合（两头属受力部分，所以需进行二重缝合）。

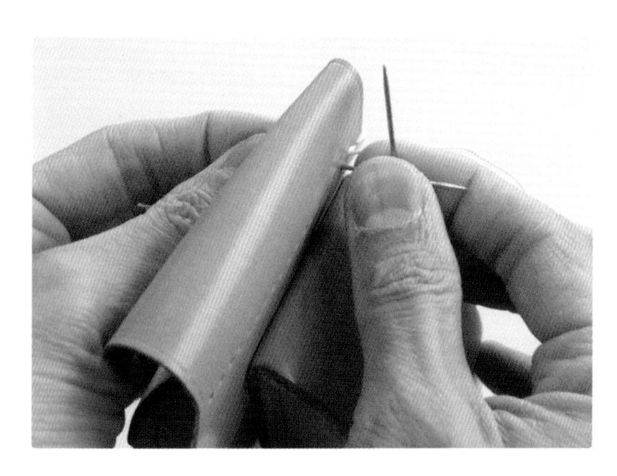

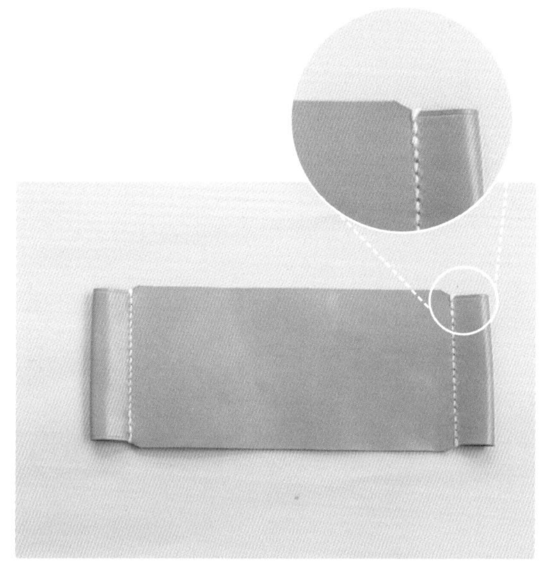

8 涂抹白乳胶，压实黏合（为防止黏合部分裂开，在黏合剂干之前可用平口钳或夹子夹住）。

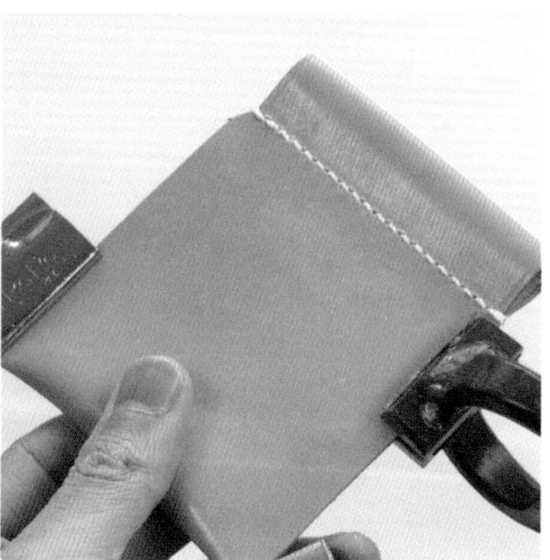

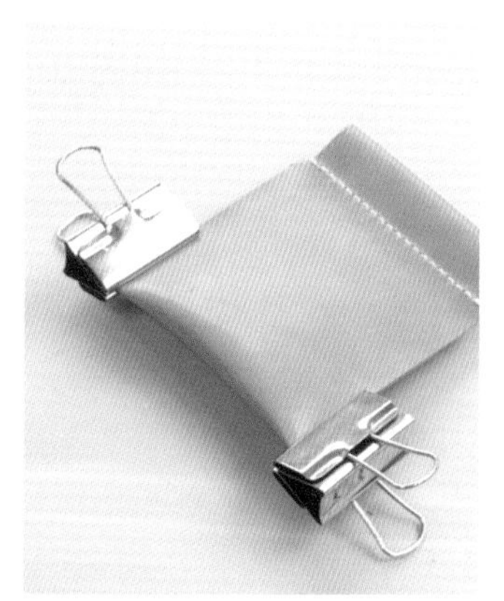

9 切除裁切面的误差，用研磨器进行打磨。

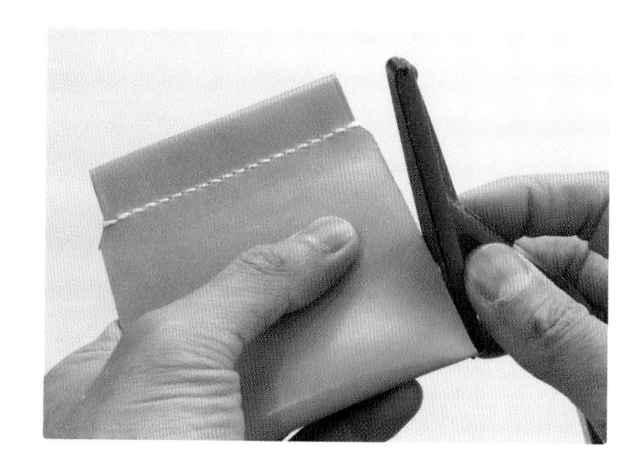

10 用边线器或间距规画打孔线，用菱錾打孔。

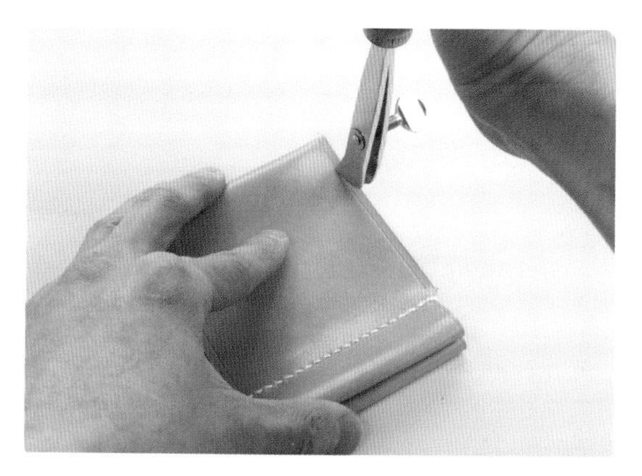

11 用削边器切除黏合面的边缘棱角后，涂抹床面处理剂，并用修边器打磨收尾。

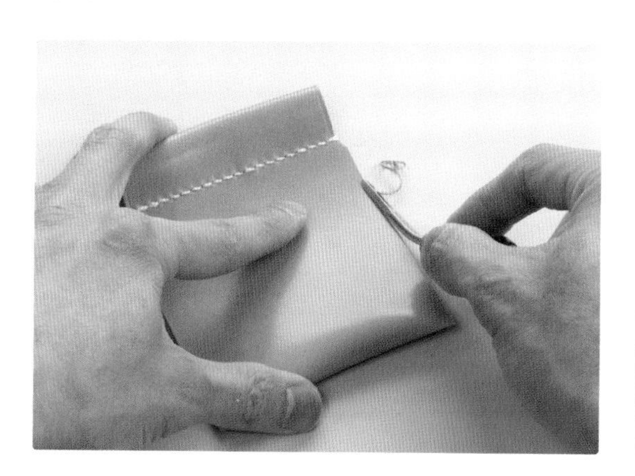

12 缝合。

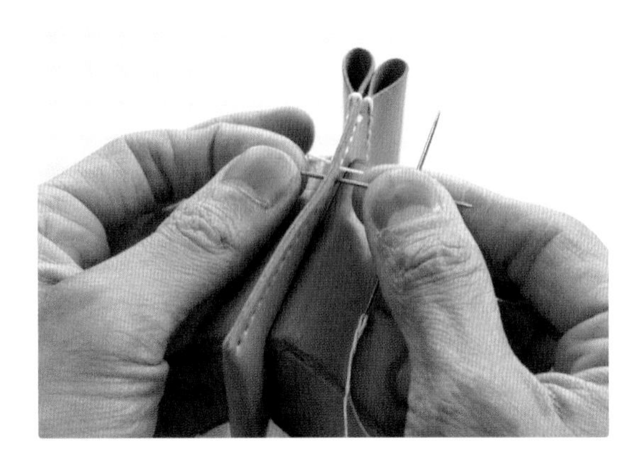

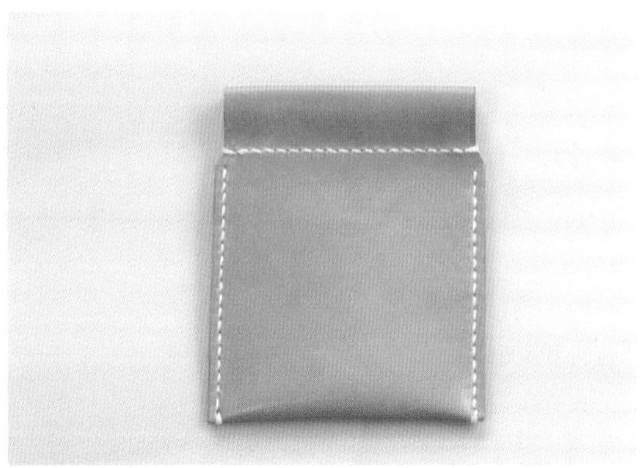

13 插入开合口金，用尖嘴钳插入固定针。

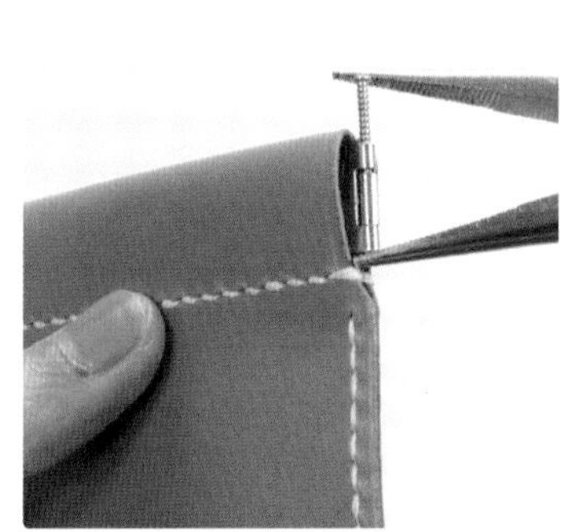

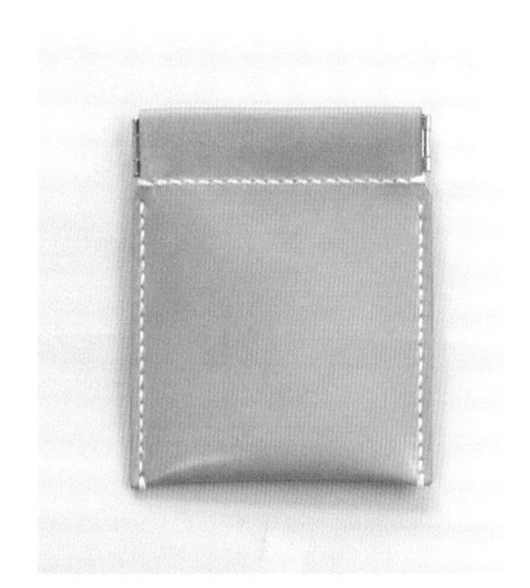

Hand sewing Leather Craft

收纳盒（见原大纸型 1 ）

整理或保管桌子上到处放置的东西时，可使用便利的收纳盒。也可以用它来做工具盒。收纳盒的图案与收尾都不太难，动手进行制作吧！

X字缝合，用菱錾打缝合孔

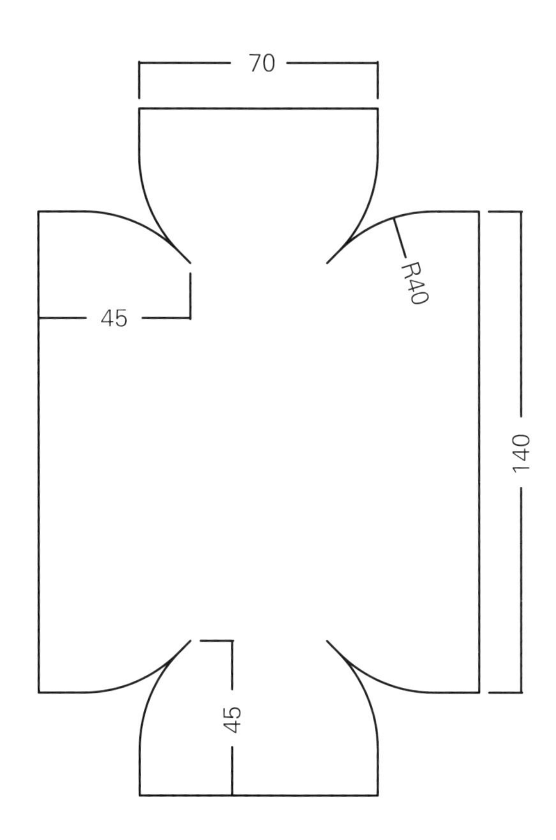

R为半径 单位：mm

CHECK

工具

材料

1.5mm厚的皮革

1 将图案转移到皮革上进行裁切。

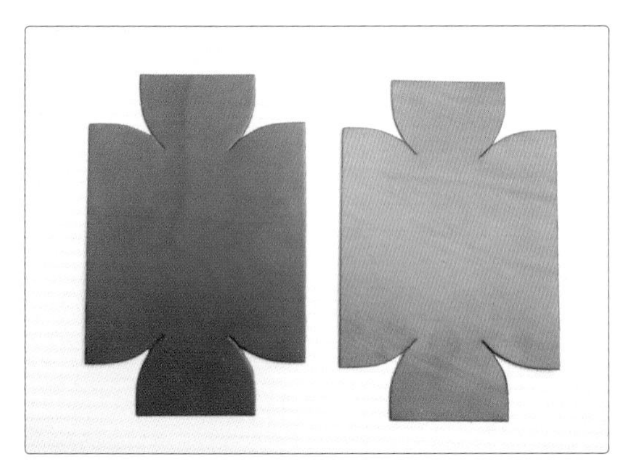

2 用研磨器打磨黏合面。

3 在两个黏合面上均涂上强力黏合剂，干燥后用滚轮压实。

4 切除裁切面的误差，用研磨器打磨。

5 用边线器画装饰线。

6 用削边器切除边缘棱角。容易切除的部分切除掉即可，不易切除的地方可用工艺切割刀切除。

7 用边线器或间距规画缝合线。

8 涂抹床面处理剂，用修边器打磨收尾。

9 因两边的缝制孔均要对应准确，所以可进行临时标记，准确对合后再打孔。

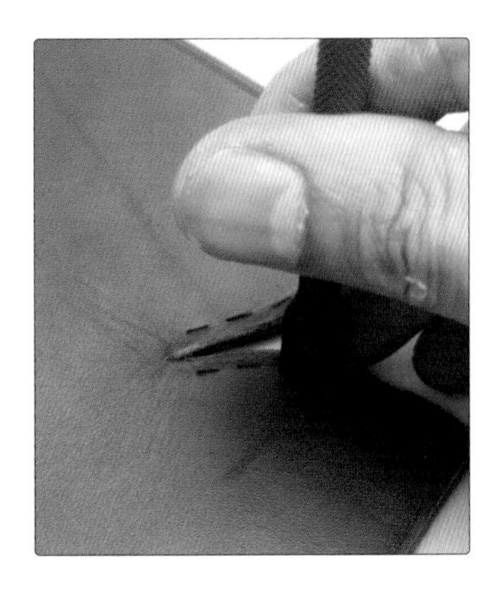

10 按如下顺序进行缝合。

以同样的方式，依次往下进行。

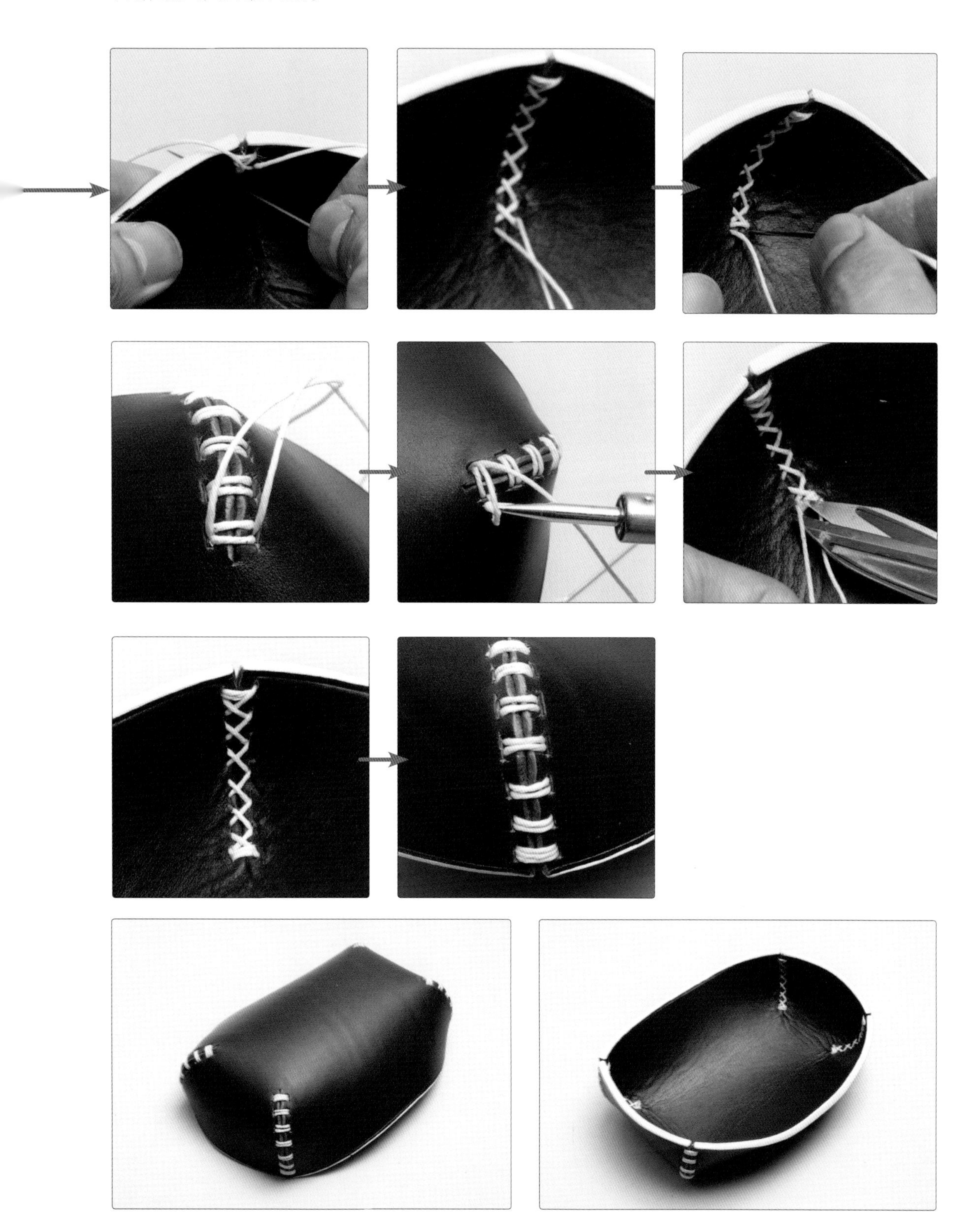

Hand sewing Leather Craft

行李牌（见原大纸型2）

行李牌的上面可以写上姓名、联系方式等信息，可有效防止重要背包丢失。旅行时，挂上行李牌，背包就不容易丢失了。行李牌是融合了缝制皮带、打孔、缝合等多种作业的制品，属于高难度皮革缝制作业。干练的收尾可提升皮革制品的效果和质感。

装嵌皮带扣，缠绕缝合，切割皮带

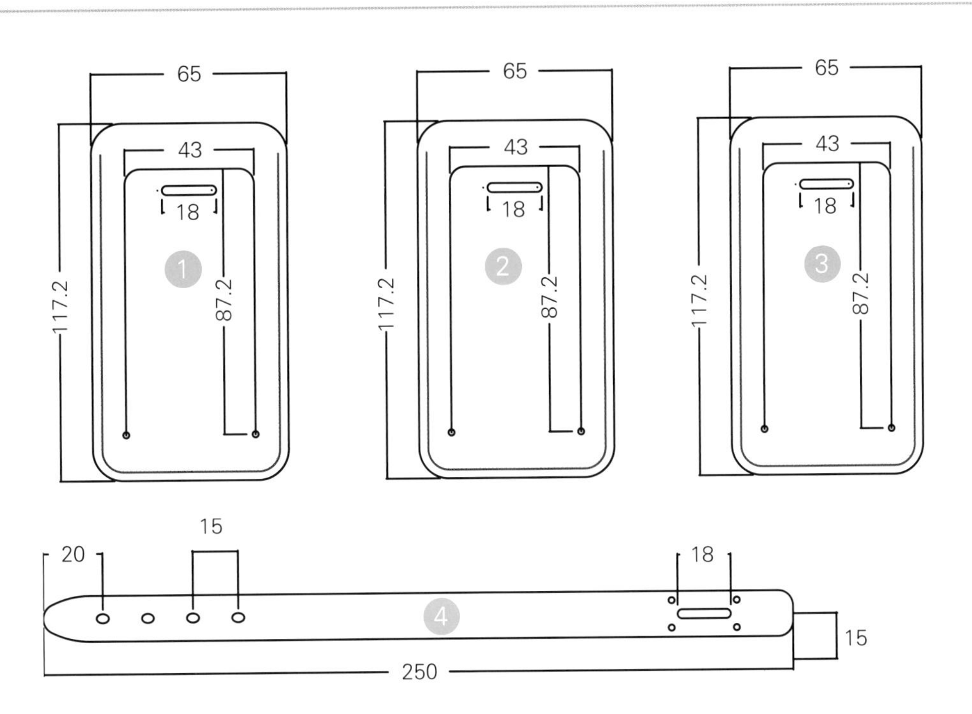

R为半径　单位：mm

CHECK

工具

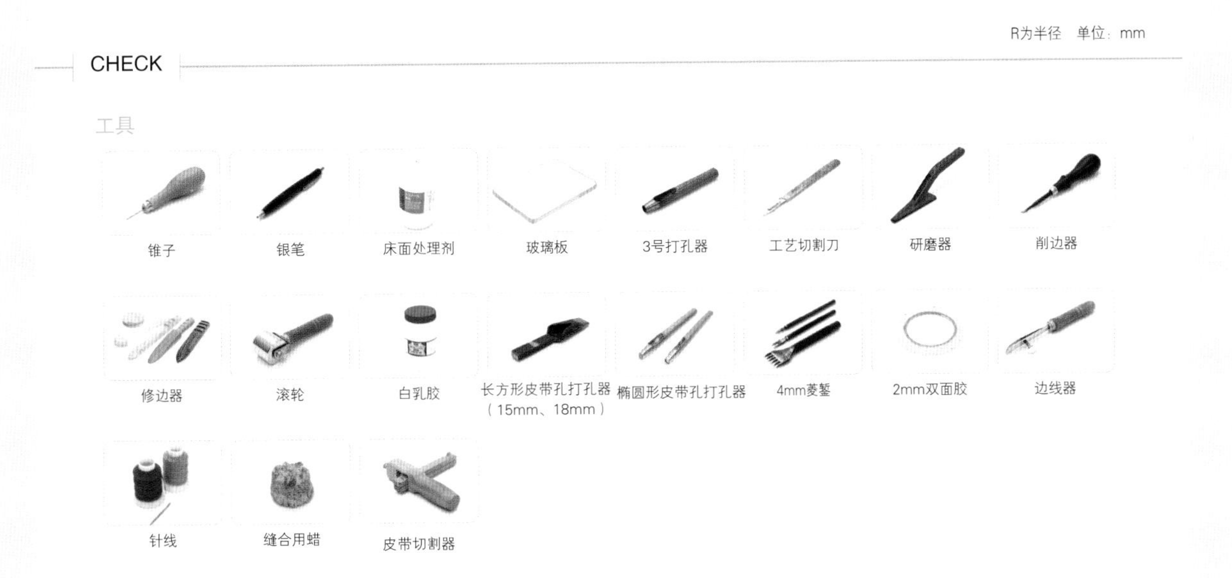

材料

1mm、1.5mm、2mm厚的皮革，皮带扣

1 将图案转移到皮革上并进行裁切。用锥子与银笔标记出①的打孔位置与裁切线。

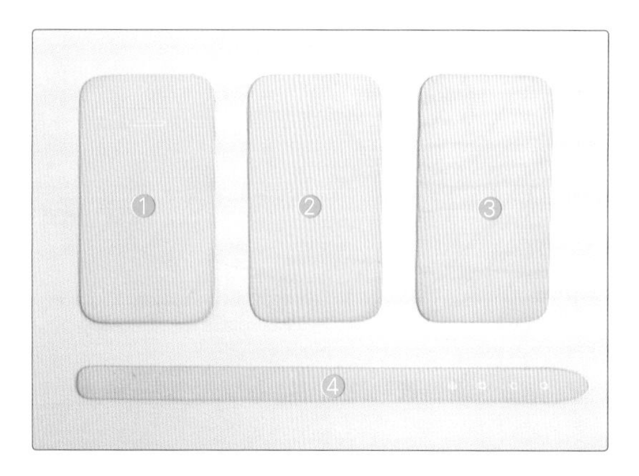

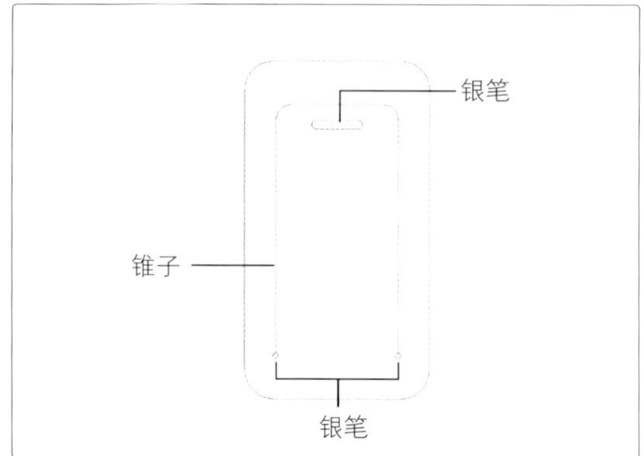

2 在①和④的床面上涂抹床面处理剂，用玻璃板磨压收尾。

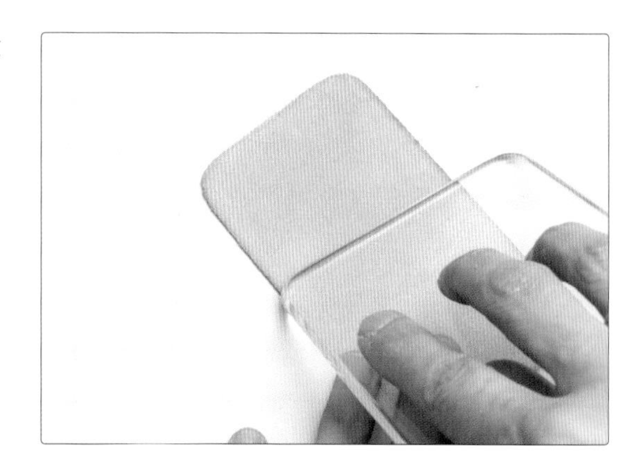

3 用3号打孔器在①上打凿银笔标记孔，沿裁切线裁切（圆角处用工艺切割刀裁切）。

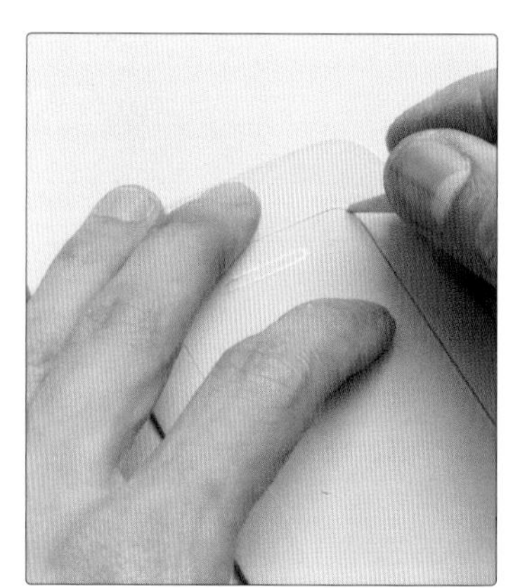

4 用研磨器打磨裁切面，用削边器切除边缘棱角，涂抹床面处理剂，用修边器进行打磨收尾，行李牌正面完成。

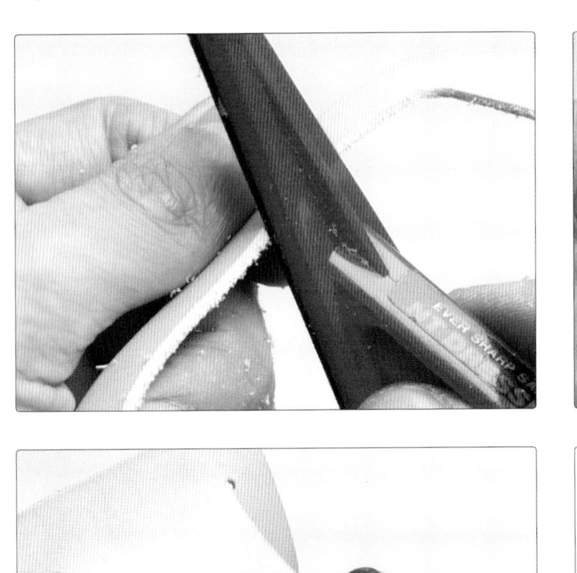

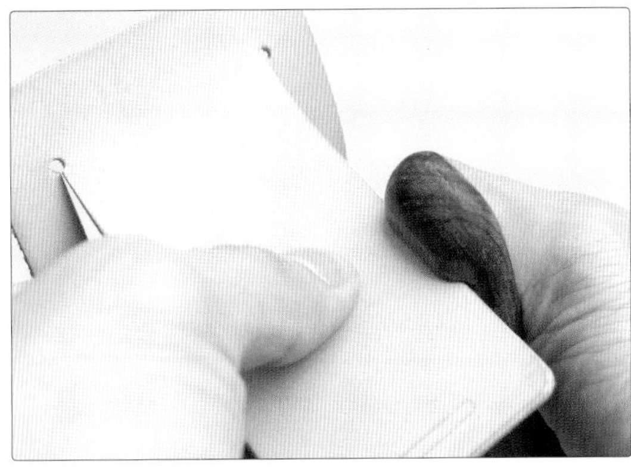

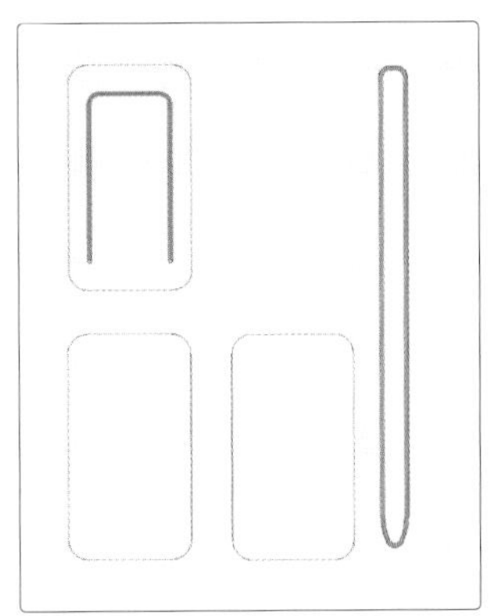

5 打磨❷和❸的床面，涂抹白乳胶，黏合后用滚轮压实，行李牌背面完成。

6 用18mm的长方形皮带孔打孔器在④的标记部分打长方形孔。

7 用椭圆形皮带孔打孔器在④的标记部分打圆形孔。

8 用菱錾打凿缝合孔。

9 为了标记收尾部分与黏合面，把正面和背面用双面胶进行临时固定（双面胶部位近似于U字形），有误差的话可裁切。

10 用边线器或间距规画缝合线。

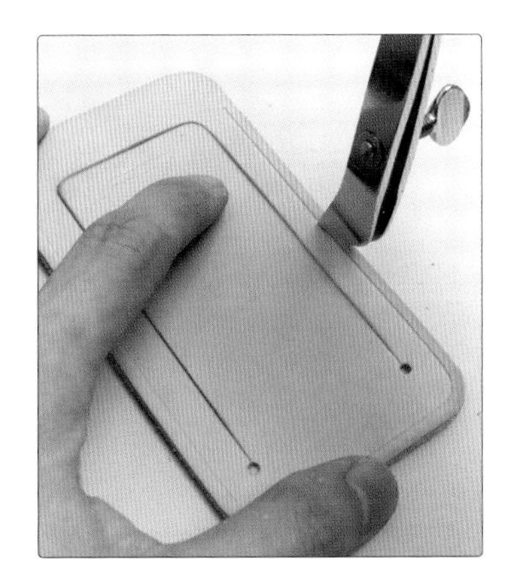
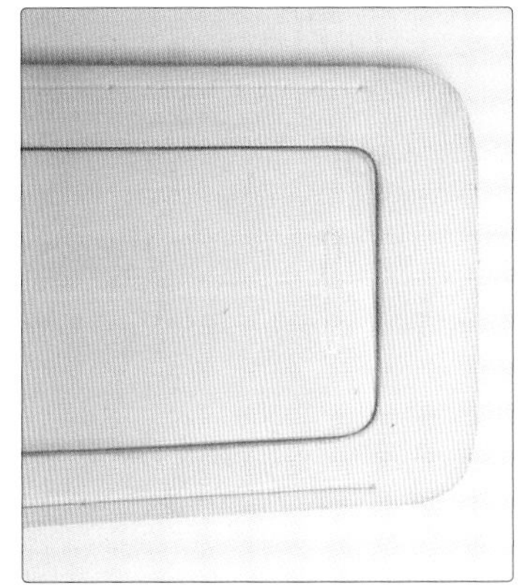
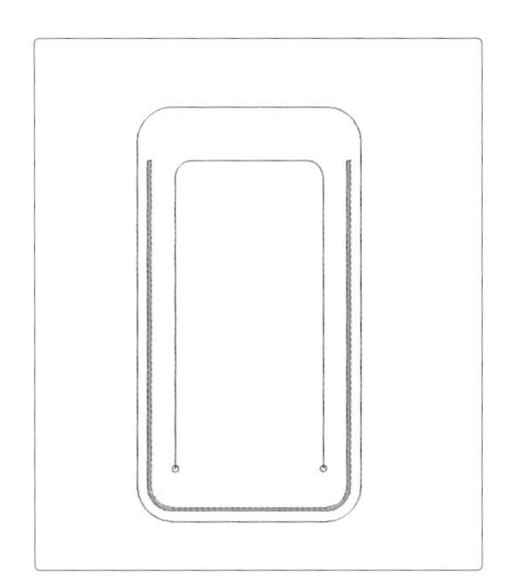

11 用菱錾打凿缝合孔。

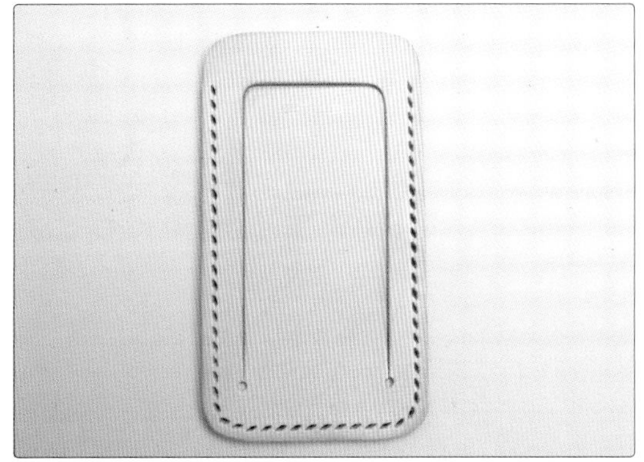

12 用18mm长方形皮带孔打孔器在行李牌皮片上打凿穿皮带的孔。

13 揭除临时粘贴的双面胶。

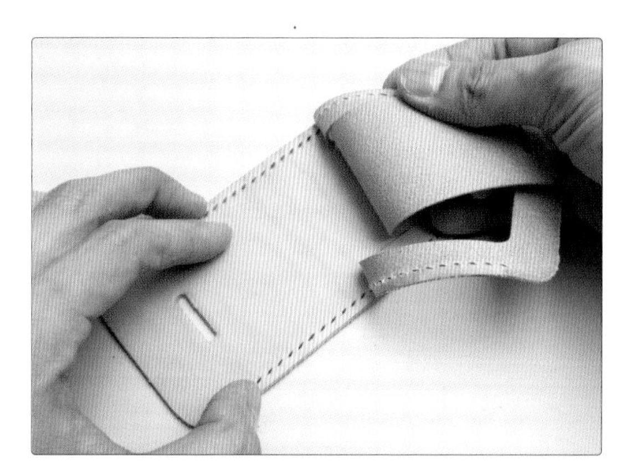

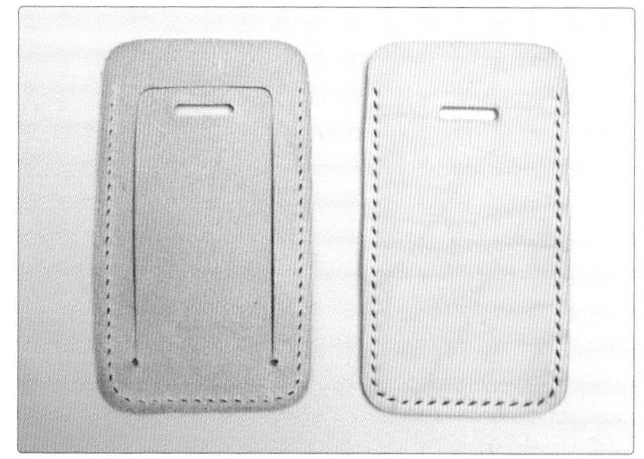

14 缝合孔外边缘的部分要黏合，所以要进行打磨（行李牌背面的黏合面是银面，所以可用皮革裁刀对其进行刮磨）。

15 在没有缝合孔的一端，涂抹床面处理剂，用修边器打磨收尾。

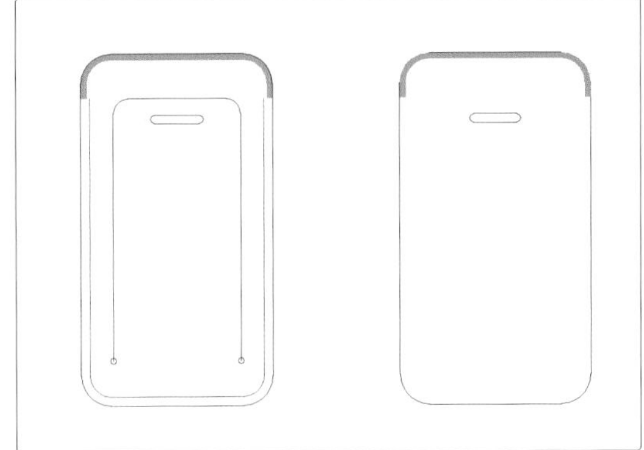

16 在行李牌正面和背面的边缘涂抹白乳胶后将其黏合，用滚轮压实。

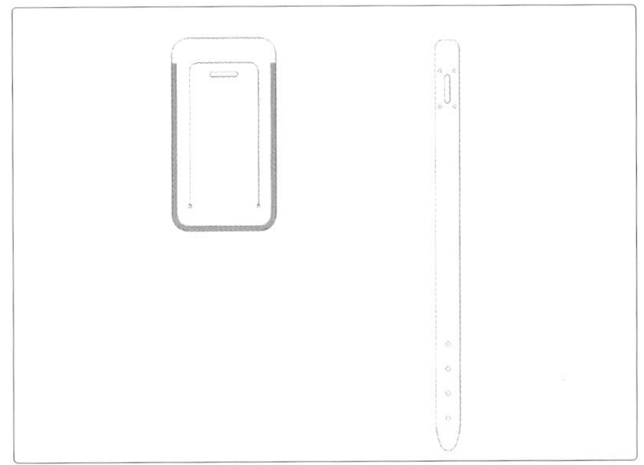

17 用研磨器打磨误差部分后，用削边器切除。涂抹床面处理剂，用修边器收尾。

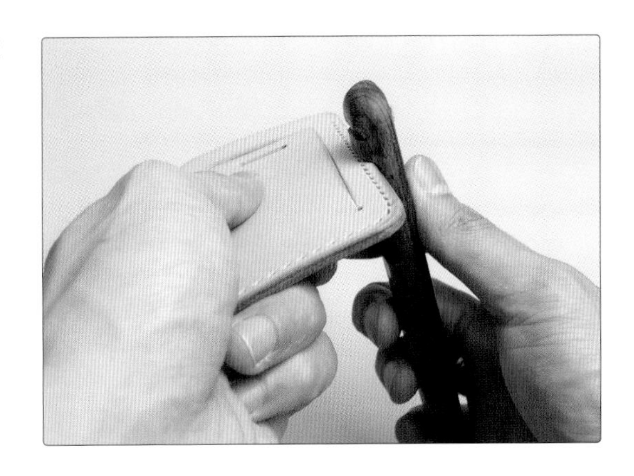

18 缝合。

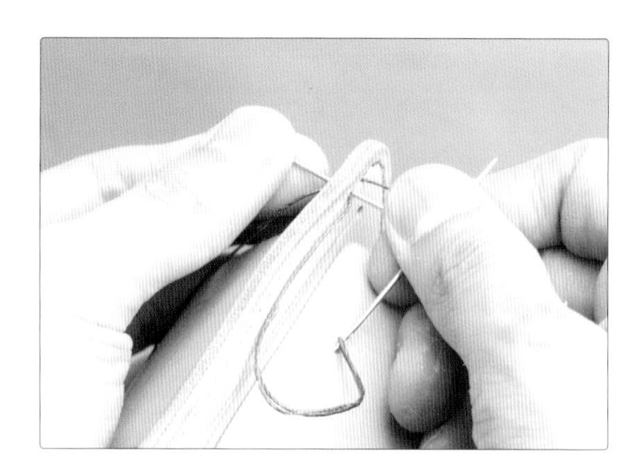

开口处为开合部分，经常受力，所以从外部用线进行缠绕缝合，这样可持久且有点缀作用。

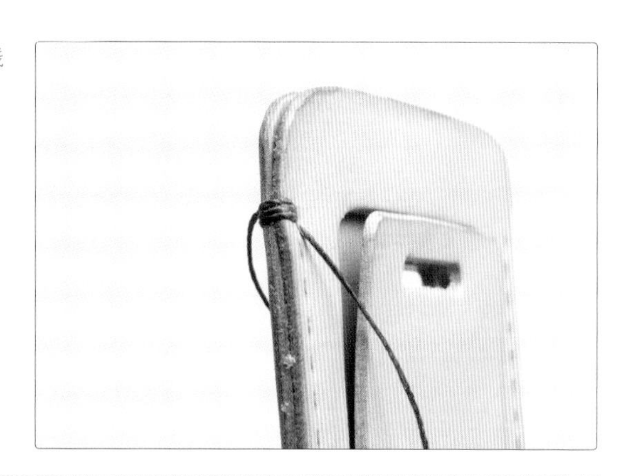

19 进行皮带扣缝合，使其装嵌固定（只用1根针即可，线从裁切面外缠绕5~6次缝合。最后一次时，在线要穿过缝合孔的部分涂抹白乳胶，使其固定）。

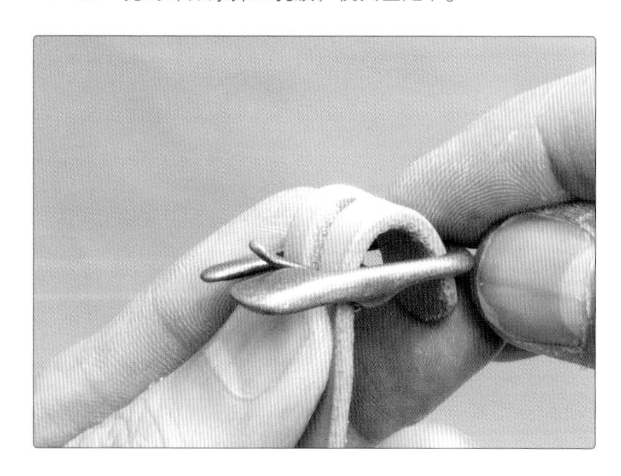

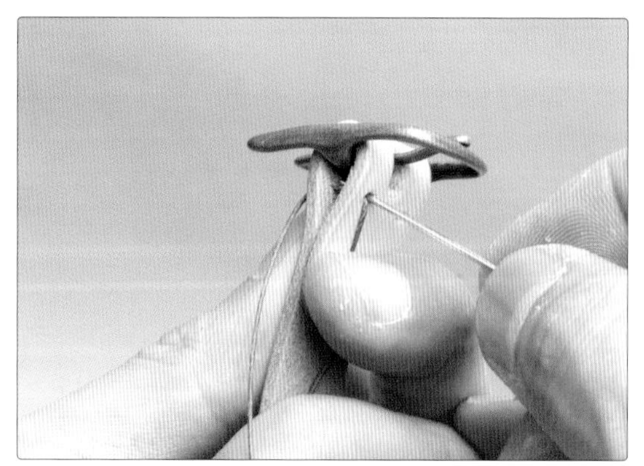

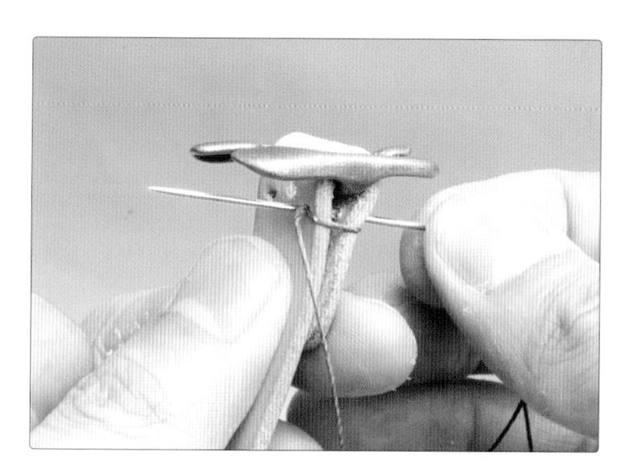

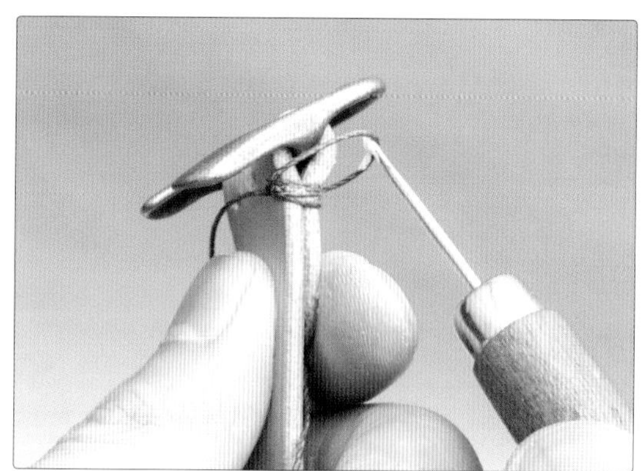

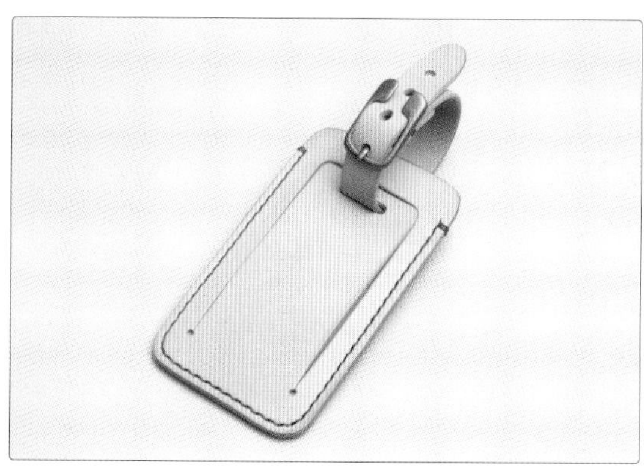

拉链硬币包（见原大纸型1）

皮革硬币包是非常便利的小物件，可放置于汽车或背包内。制作时应注意拉链的缝合，它是硬币包的点睛之笔。将拉链硬币包作为礼物送给父母也是不错的选择。

缝合拉链，立体缝合裁切面，倾斜削薄，裁圆片

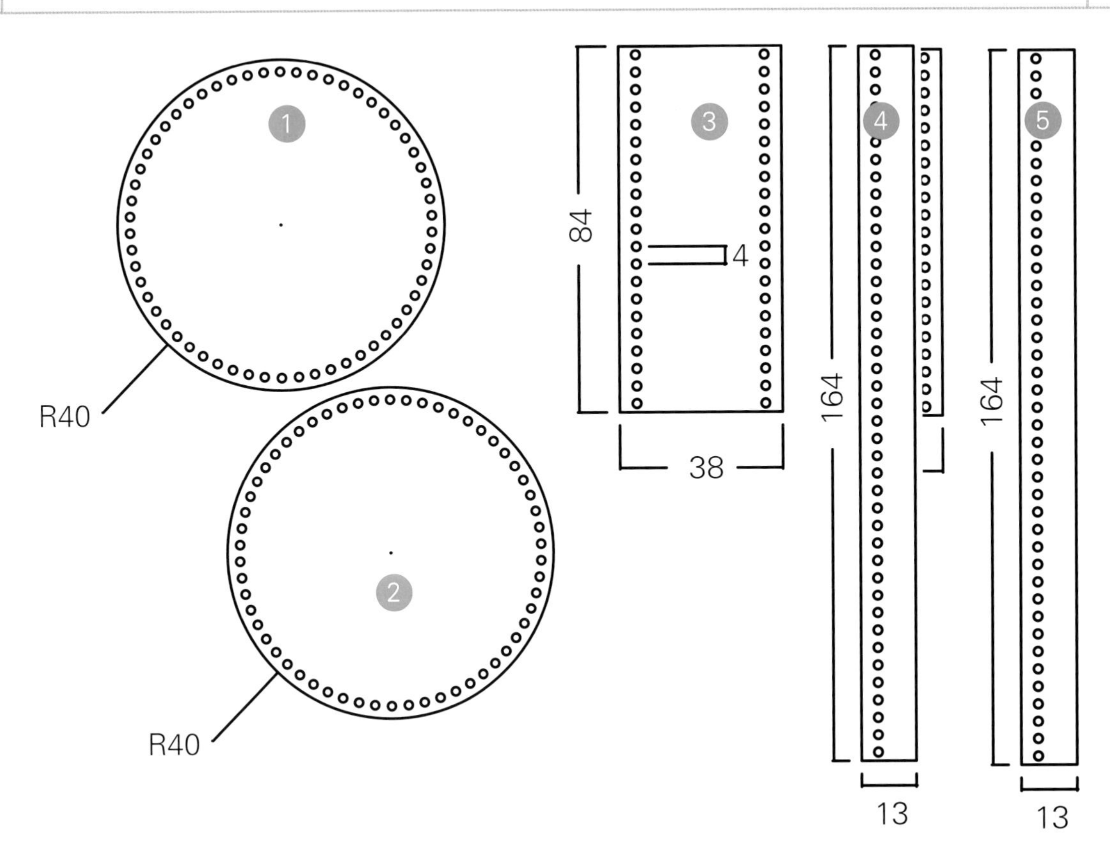

R为半径 单位：mm

CHECK

工具

锥子　皮革裁刀　圆形切割刀　玻璃板　床面处理剂　5mm菱錾　边线器　间距规

3mm双面胶　针线　缝合用蜡　修边器　橡胶板　锤子

材料

2mm厚的皮革、3号15cm拉链

1 将图案转移到皮革上并进行裁切（转移图案时，用锥子标记出缝合孔）。

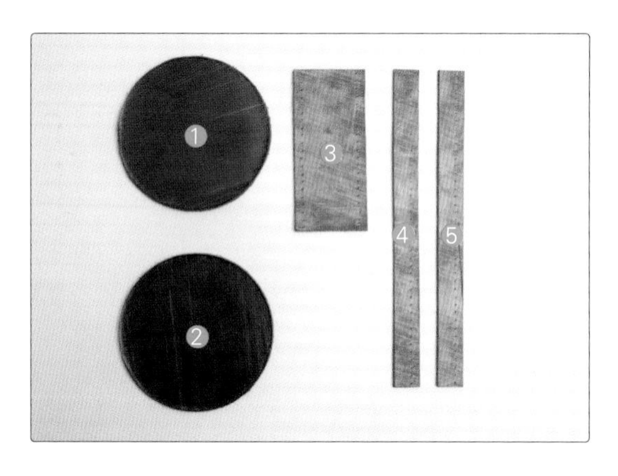

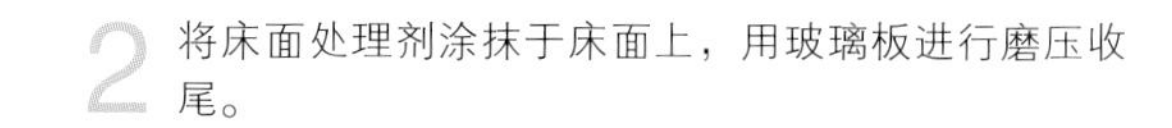

2 将床面处理剂涂抹于床面上，用玻璃板进行磨压收尾。

3 沿标记的缝合孔打孔。

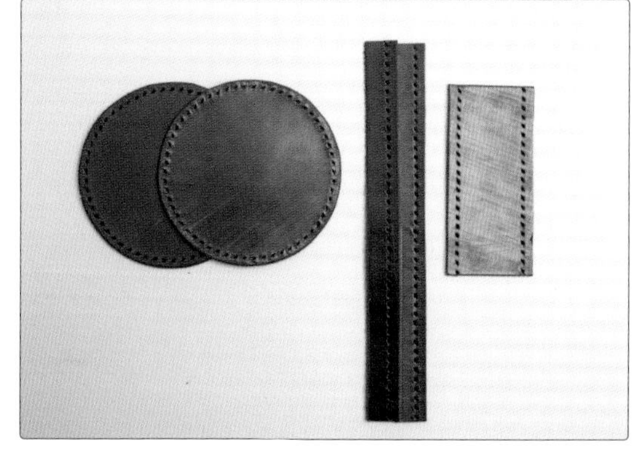

4 用研磨器打磨裁切面，用削边器切除边缘棱角后，涂抹床面处理剂并用修边器打磨收尾。

5 用边线器或间距规在装嵌拉链的地方画缝合线。

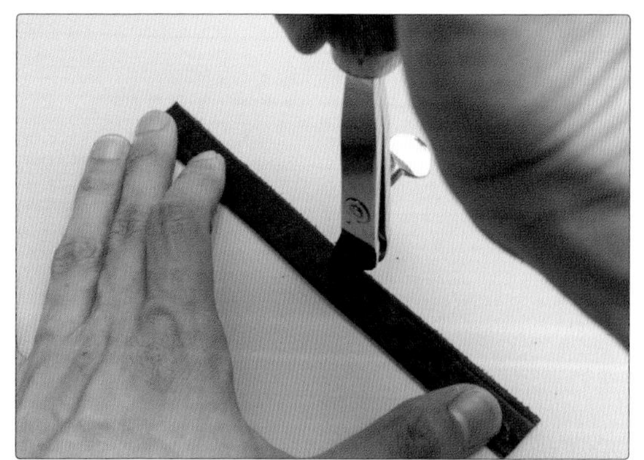

6 用间距规标记削皮部分后，用皮革裁刀进行倾斜削薄（参见36页）。

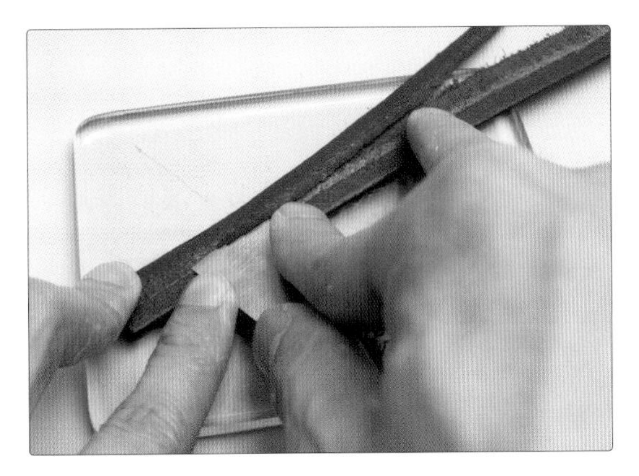

7mm

1mm

2mm

7 在拉链的两侧贴上双面胶。

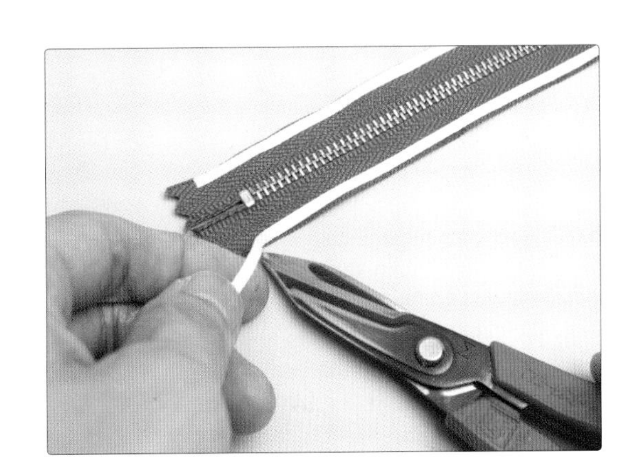

8 利用双面胶把拉链临时固定在❹和❺上（最好用硬纸板，统一拉链间距）。

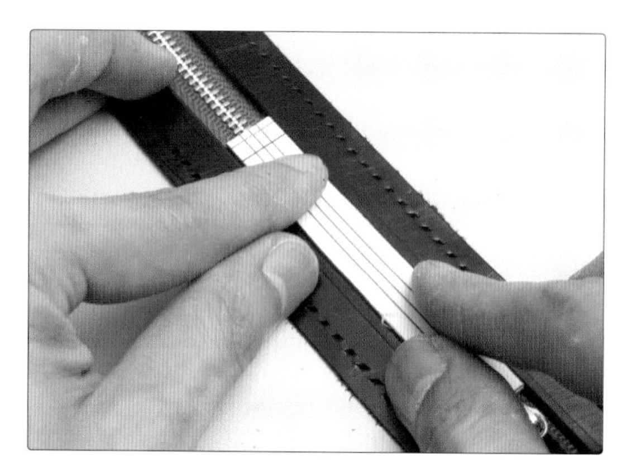

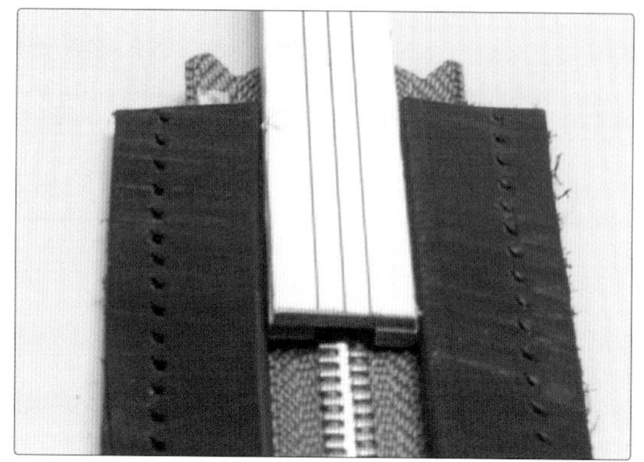

9 打凿缝合孔后缝合。

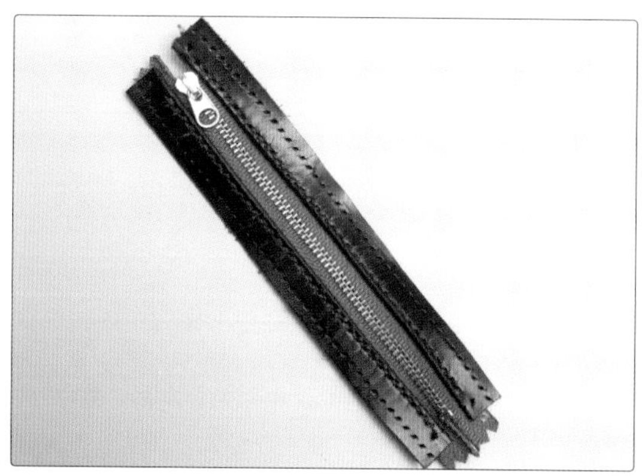

10 在❸上缝合拉链两端连接的部分。

11 再缝合硬币包盖❶。

12 缝合硬币包底❷（需拉开拉链缝合）。

笔袋（见原大纸型 2 ）

笔袋外部用带子稍做捆绑更有装饰性。将其作为礼物送给学生、朋友或经常做笔记的职场友人，不是很好吗？笔袋可收纳多种多样的笔，制作起来有点难，慢慢进行吧！

简单的皮革造型，用菱錾打缝合孔，倾斜削薄

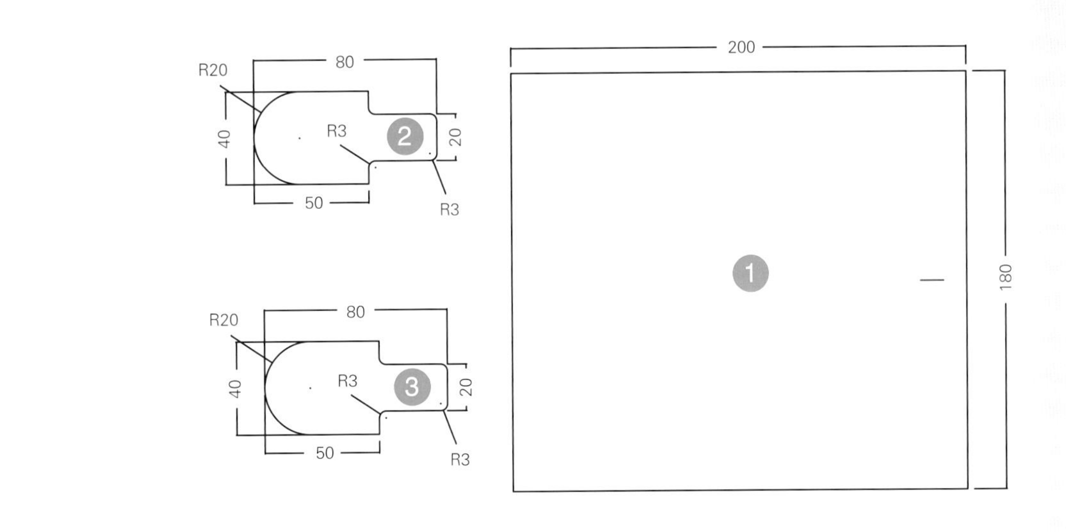

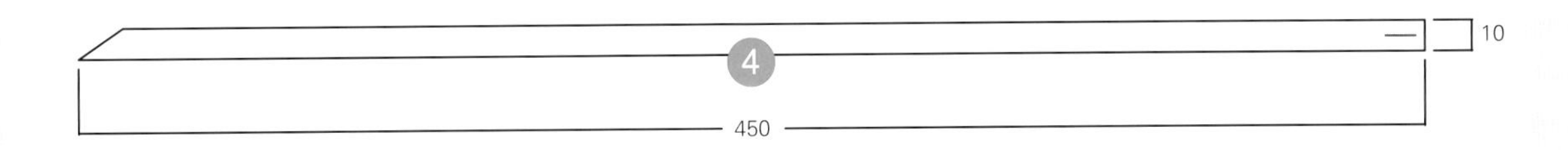

R为半径　单位：mm

CHECK

工具

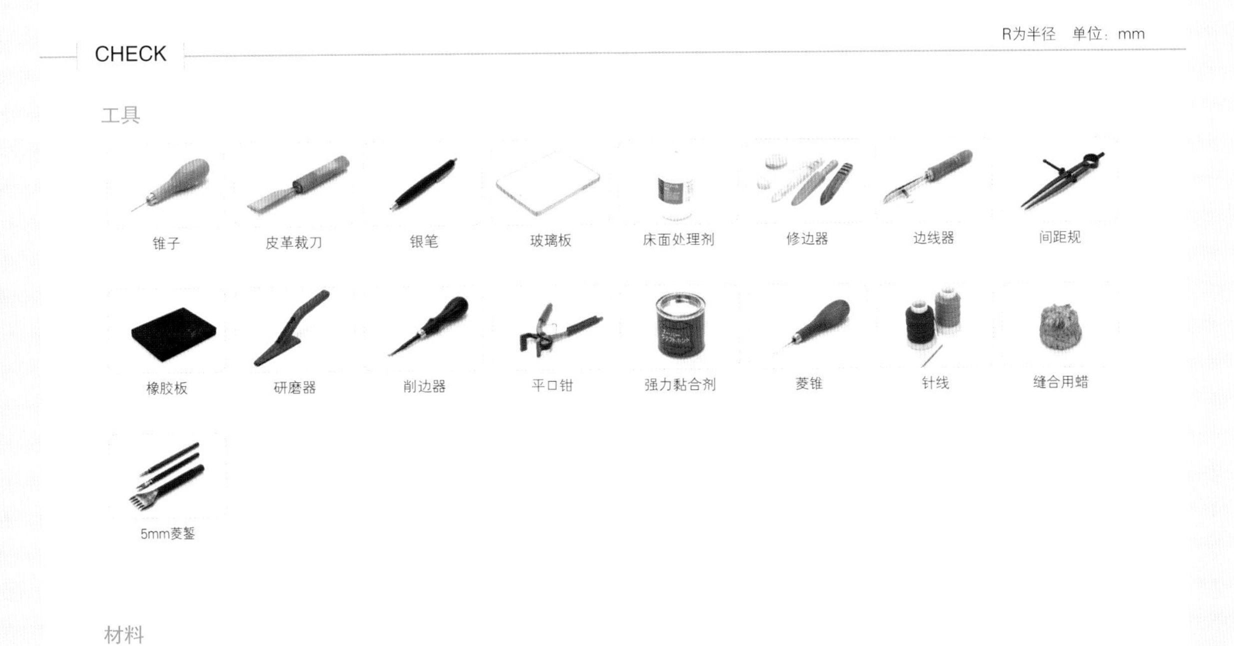

材料

2mm厚的皮革

1 将图案转移到皮革上并进行裁切。

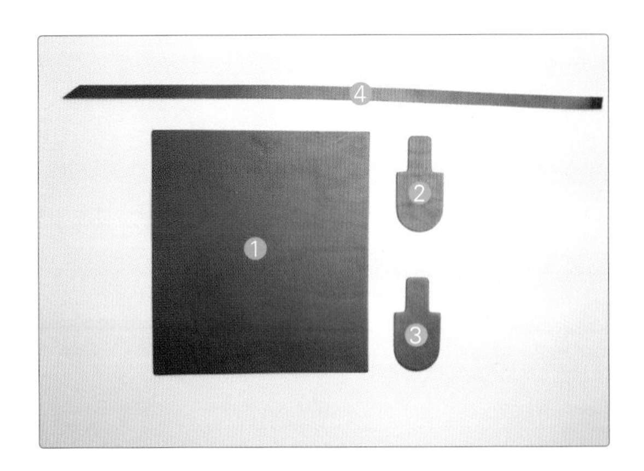

2 在床面上涂抹床面处理剂，用玻璃板进行磨压收尾。

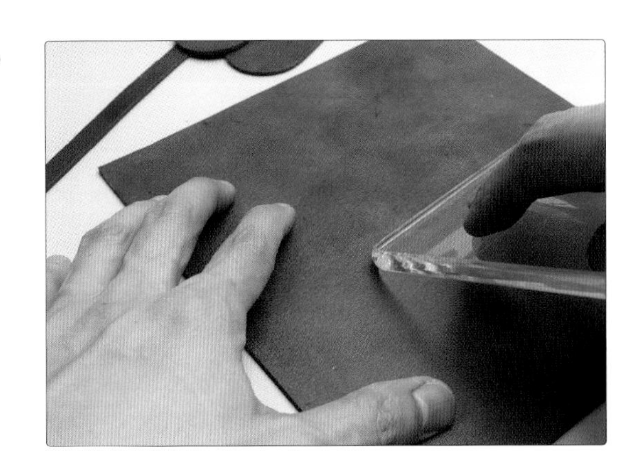

3 首先打磨黏合后不能收尾的部分。

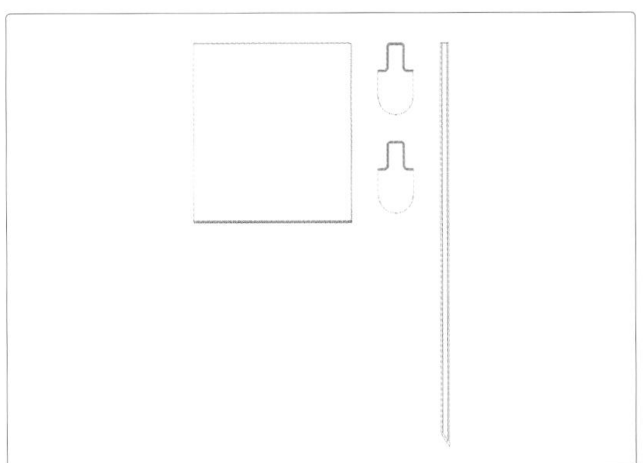

4 用边线器或间距规在❷和❸上，画出间距为4mm的缝合线（画得深一点，有利于皮革成形）。

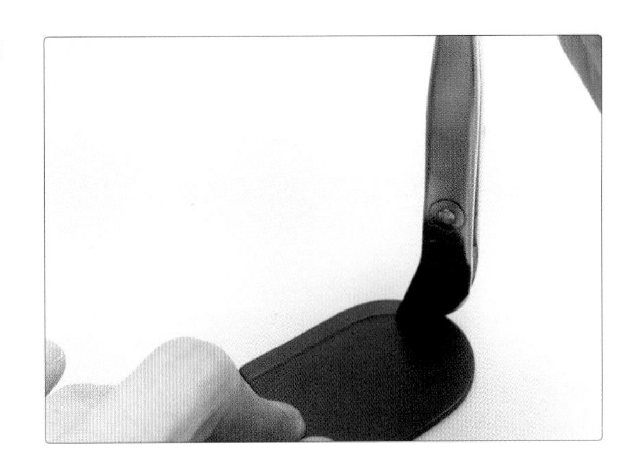

5 用间距规标记出割皮部位（❷、❸为8mm间距，❹为15mm）。

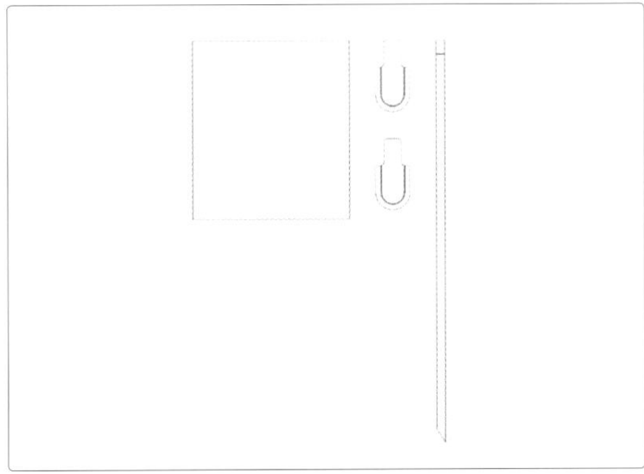

6 将玻璃板放在下方，将标记部分倾斜削薄（❷、❸削皮部分的边缘厚度为1mm，❹为0.5mm）。

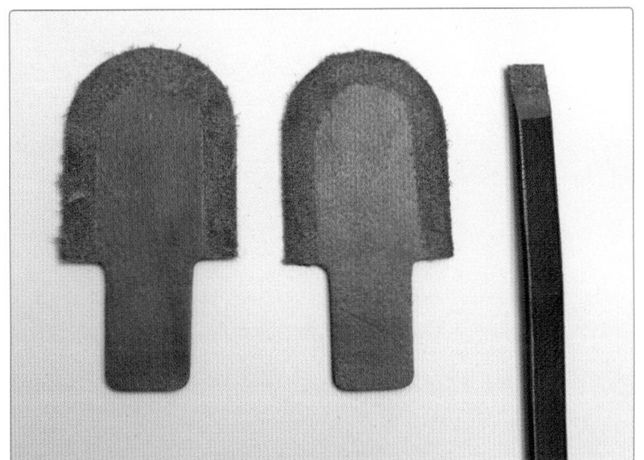

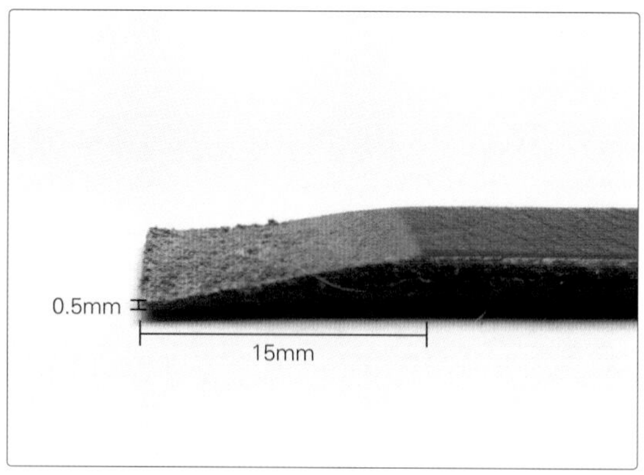

7 将❷和❸吸水后沿缝合线进行折叠。开始折叠可用手，之后可用修边器压着，将边缘皮革垂直折起来。

8 干燥后，调准❶面的黏合部分，用银笔标记出来。

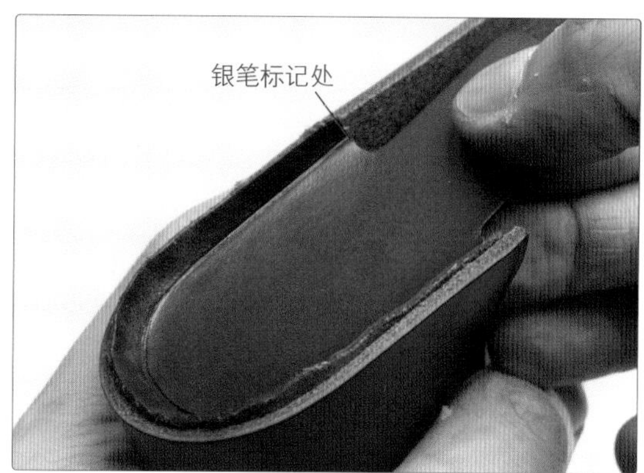

9 用边线器画出❶的缝合线，用菱錾打凿缝合孔。

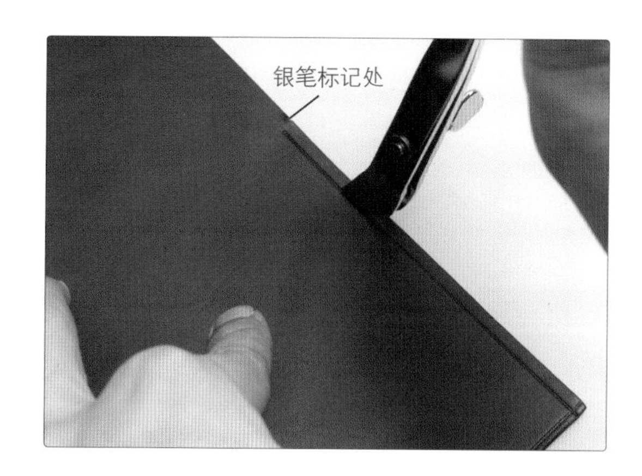

10 用研磨器打磨黏合部分的床面（❶的缝合孔之外的部分）。

11 涂抹强力黏合剂，完全干燥后进行黏合，并用平口钳捏压。

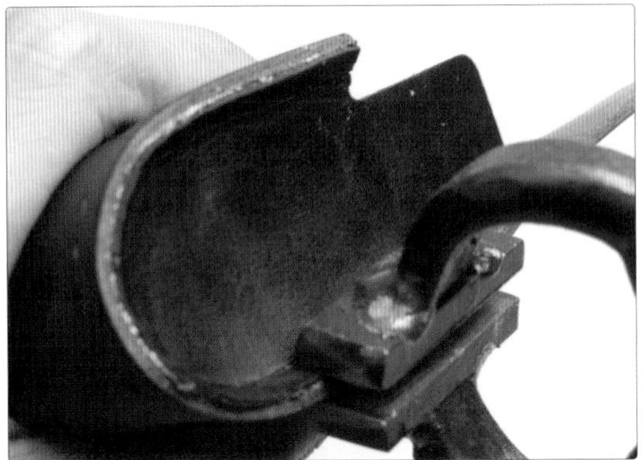

12 沿着打好的缝合孔，用菱锥穿凿（沿着画好的线穿凿❷、❸）。

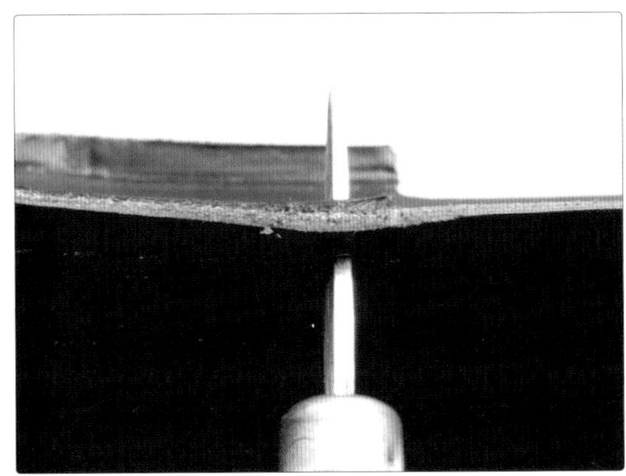

13 缝合（开始处与结尾处重合，使用二重缝合法）。

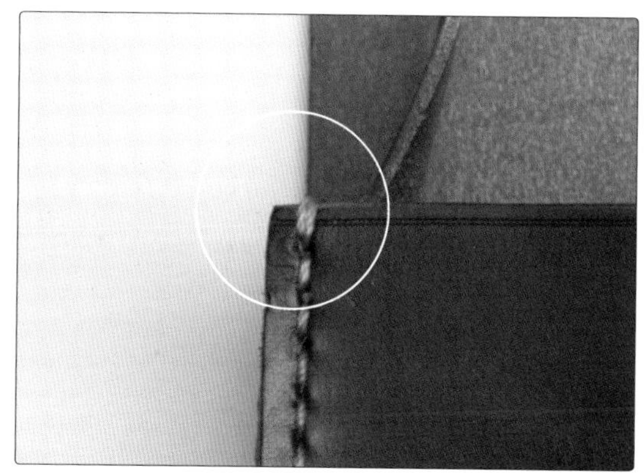

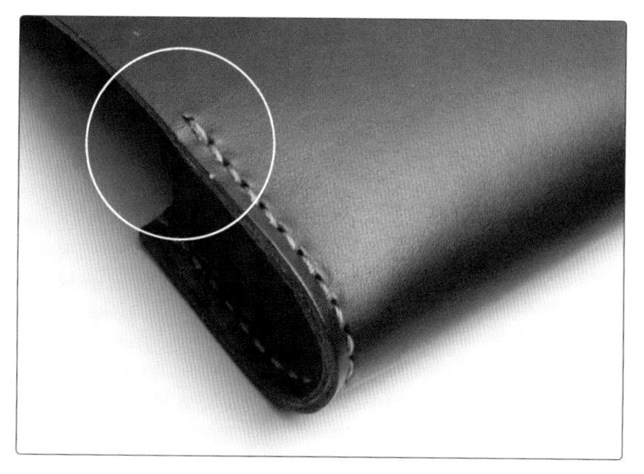

14 误差部分用皮革裁刀切除，用研磨器打磨后，再用削边器切除边缘棱角，涂抹床面处理剂，用修边器打磨收尾。

15 用锥子将需打缝合孔处在皮革上标记出来，用菱锥打凿。

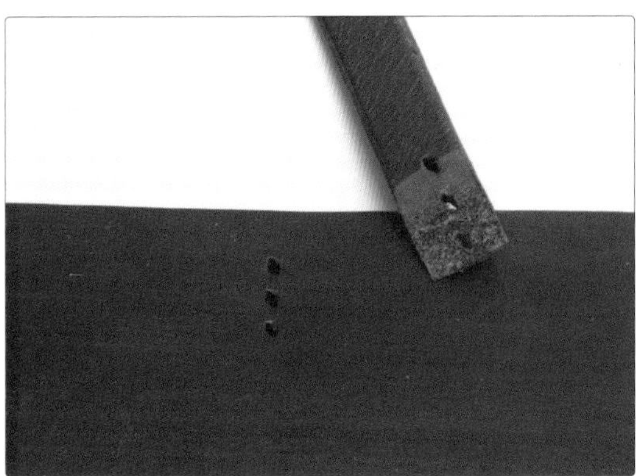

16 在主体和带子黏合面上涂抹DIA黏合剂，对准缝合孔黏合，之后缝合。

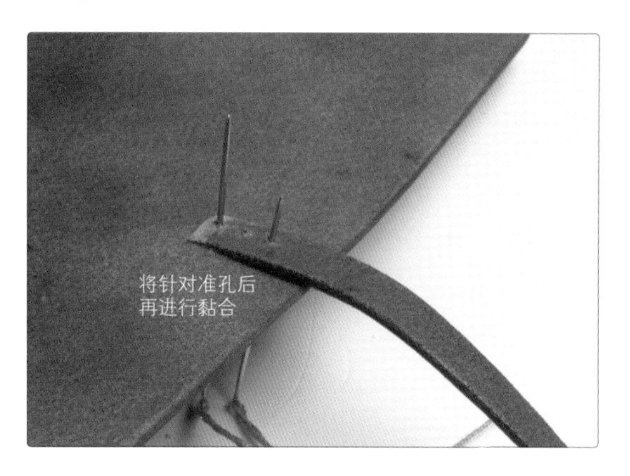

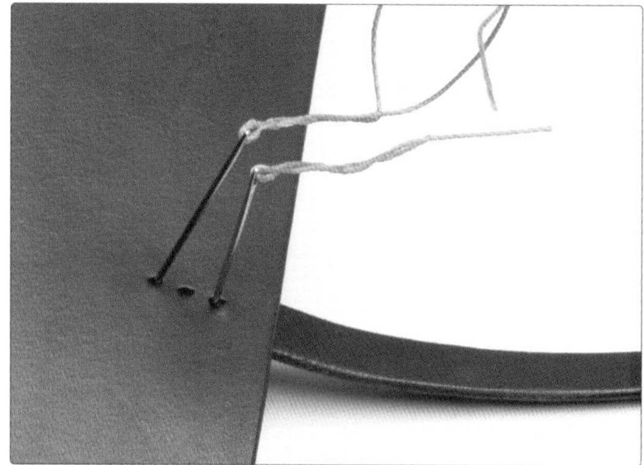

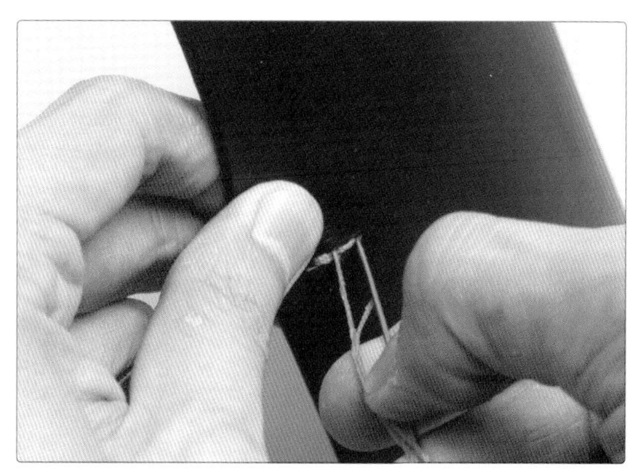

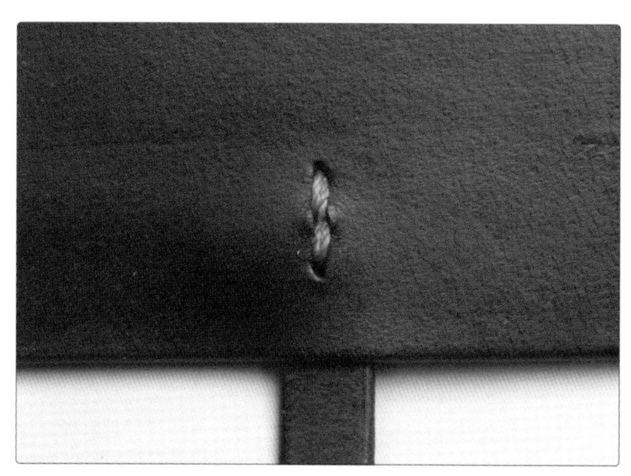

笔袋制作完成。

钱包1（见原大纸型 1 ）

超实用男款钱包，可存放适量的卡片与纸币，体积不大，携带方便。快来制作一款精品钱包吧！

卡片收纳层构造，钱包构造

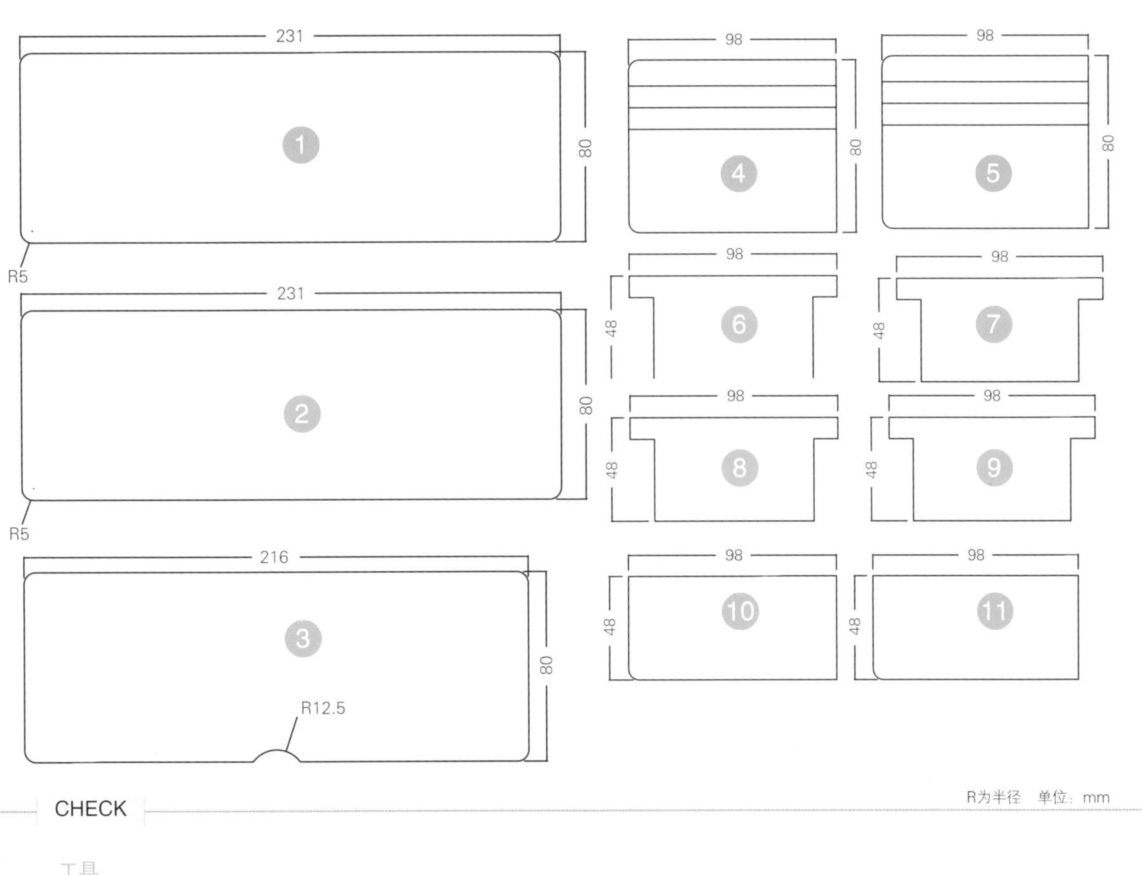

R为半径　单位：mm

CHECK

工具

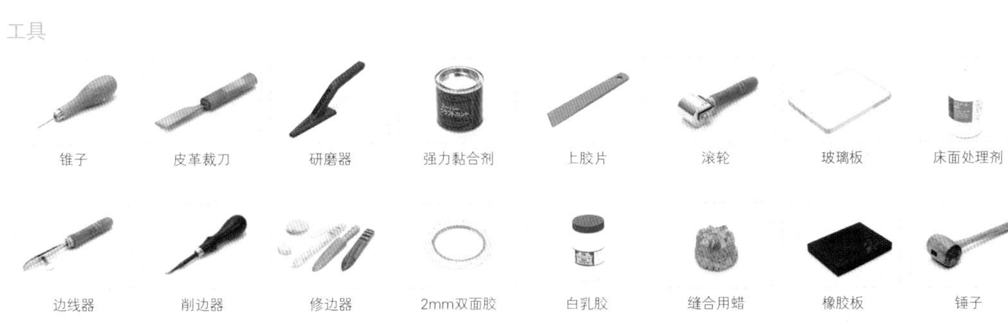

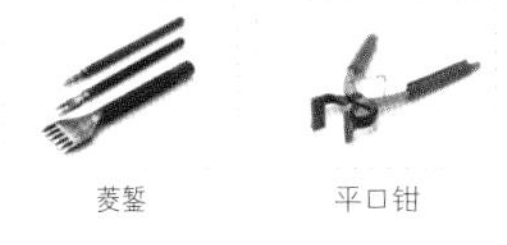

材料

0.8mm、1mm厚的皮革

1 将图案转移到皮革上，用皮革裁刀进行裁切。

2 用研磨器打磨❶和❷的床面，在床面上涂抹强力黏合剂并黏合，用滚轮压实。

3 在❸~⓫的床面上涂抹床面处理剂，用玻璃板磨压收尾。

4 用研磨器打磨❻~⓫收纳部分后，用边线器画装饰线。

5 在❻~❾的下部画缝合线。

6 用研磨器打磨❿~⓫床面的黏合部分。

7 ⑥~⑪收纳部分的上边缘棱角用削边器切除，涂抹床面处理剂并进行打磨收尾。

8 对照④和⑤卡片收纳部分的图案，用锥子标记出来。

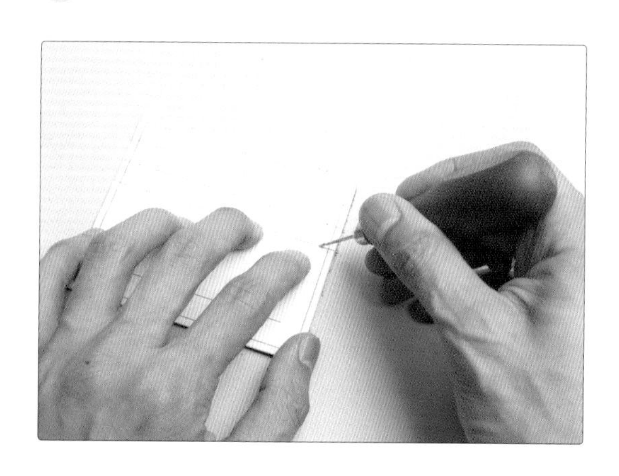

9 在⑥~⑨画好的缝合线下部的床面处贴上双面胶（2mm）。

10 揭去⑥和⑦的双面胶，对准④和⑤上用锥子标记出的线进行粘贴（要确保边缘与标记的线平行再粘贴）。

11 打凿缝合孔，进行缝合。

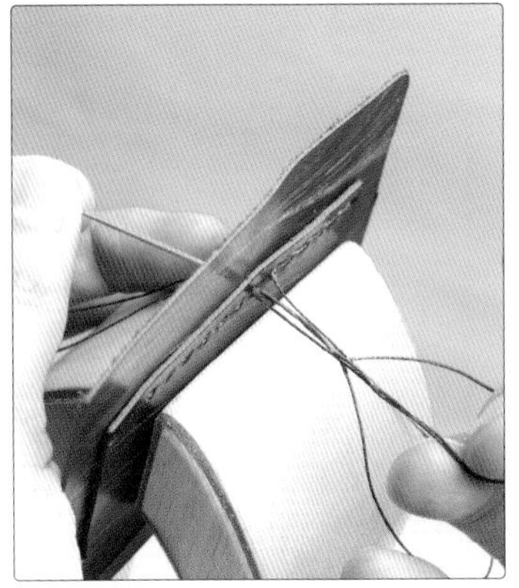

12 以同样的方法粘贴⑧和⑨，进行缝合（粘贴时，如图所示需有些重叠）。

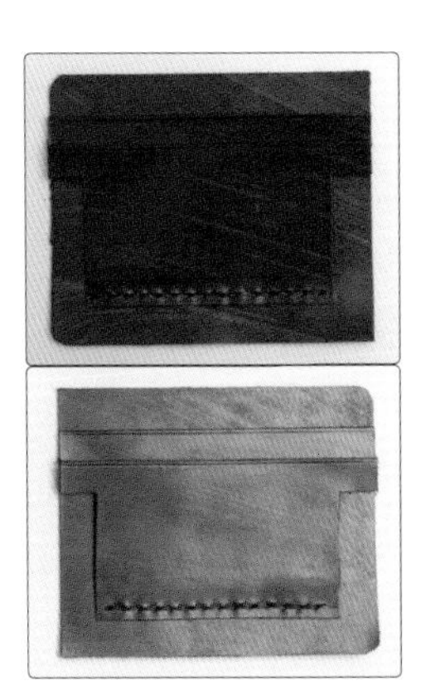

13 在缝合好的⑥与⑦的上部，用锥子标记出需要与⑧和⑨黏合的部分后，用边线器或间距规标记，再用皮革裁刀对银面进行刮磨。

14 在④、⑤边缘即未被⑧和⑨盖住的部分，涂抹白乳胶，粘贴上⑩、⑪并压实。

15 如图所示，画缝合线并进行收尾后，再缝合。

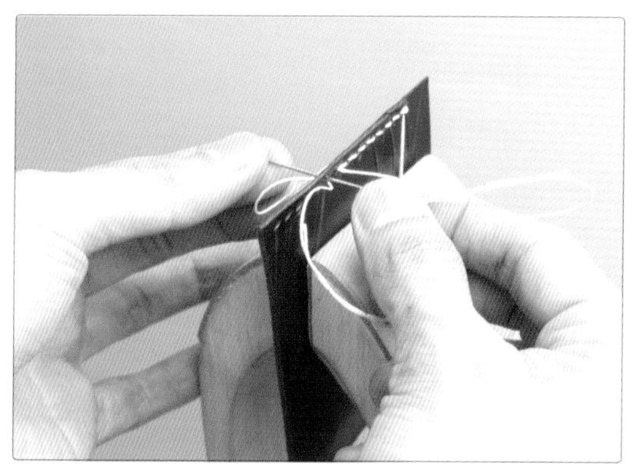

16

如图在③上用锥子标记出黏合部分后，再用边线器或间距规标记，用皮革裁刀刮磨银面后涂抹白乳胶，粘贴上步骤15完成的部分用滚轮压实。

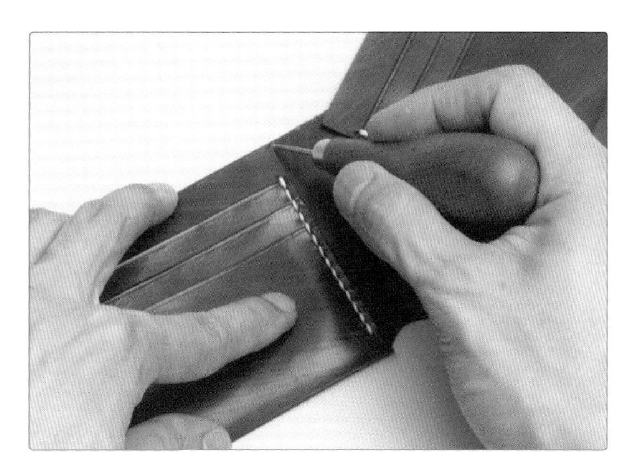

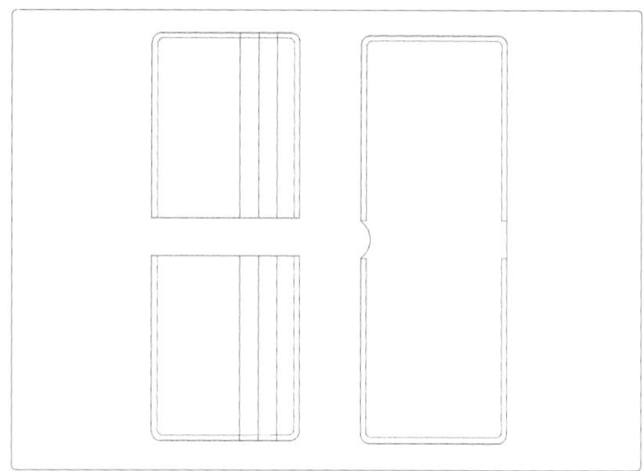

17

用研磨器打磨标记部分的裁切面，并用削边器切除边缘棱角，涂抹床面处理剂打磨收尾。

18 用菱錾打凿缝合孔后进行缝合。

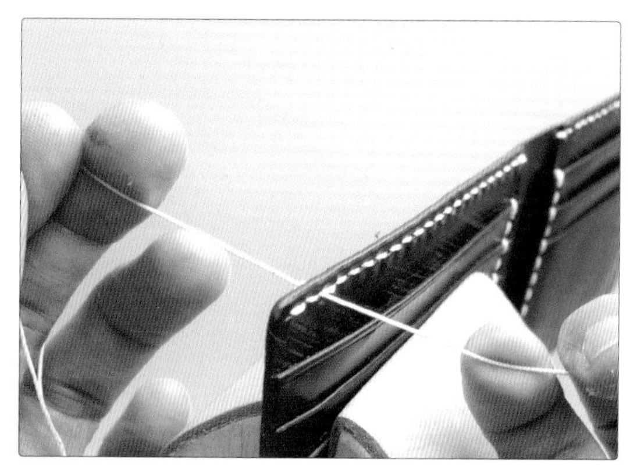

19 将双面胶以“∟”和“┘”形粘贴在需要临时固定部分的两端。

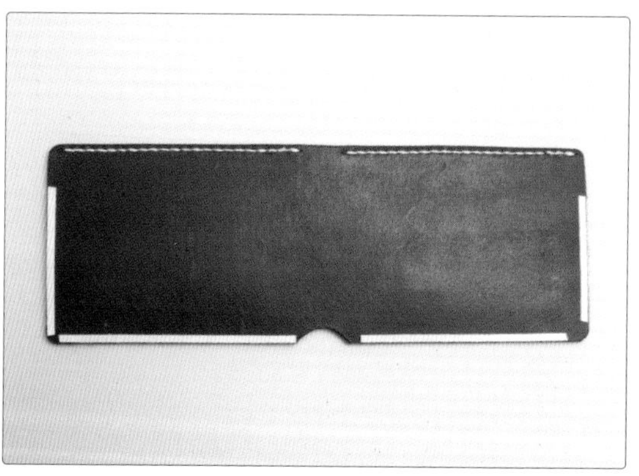

20 从左边的“L”形开始，用双面胶固定后，打凿缝合孔。

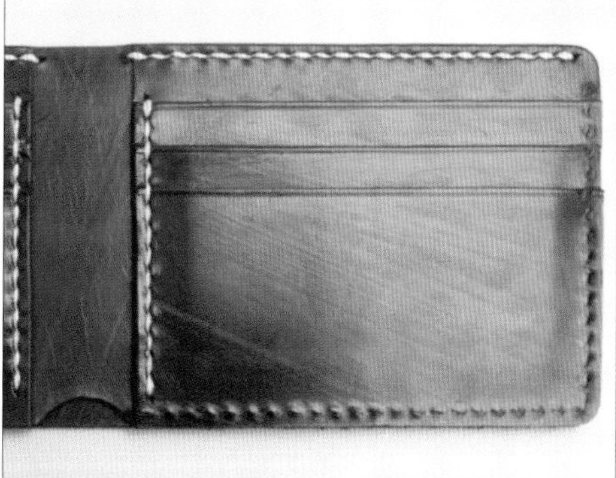
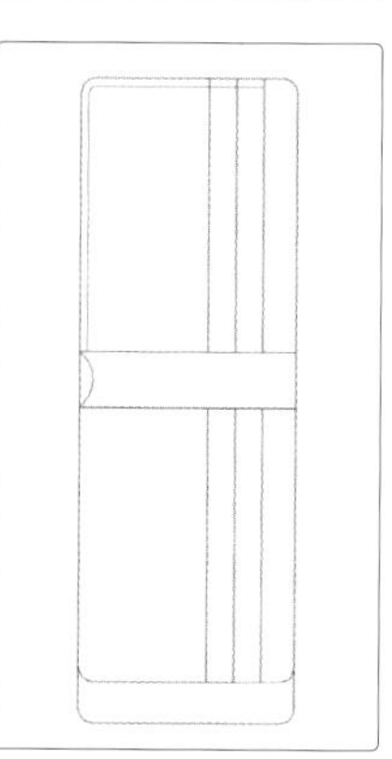

21 再揭去右边的双面胶，将右边的“J”固定在❷上后，打凿缝合孔。

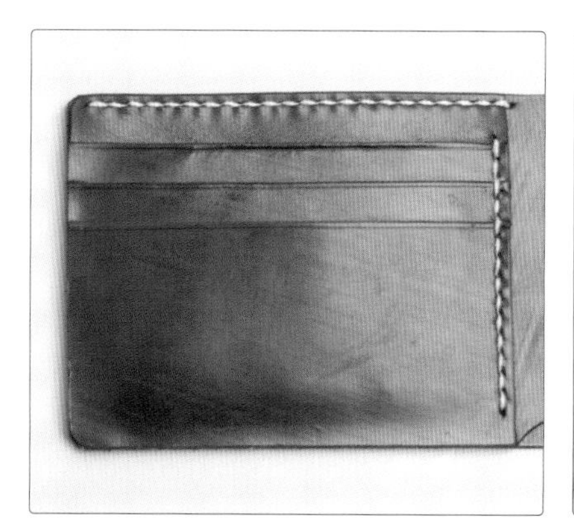

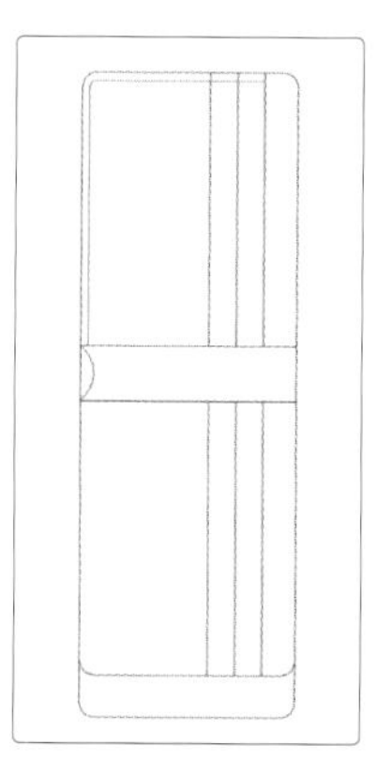

22 缝合孔外围是要黏合的部分，故进行打磨。

23 对没有打凿缝合孔部分的裁切面进行收尾。

24 将所有缝合孔都打透。

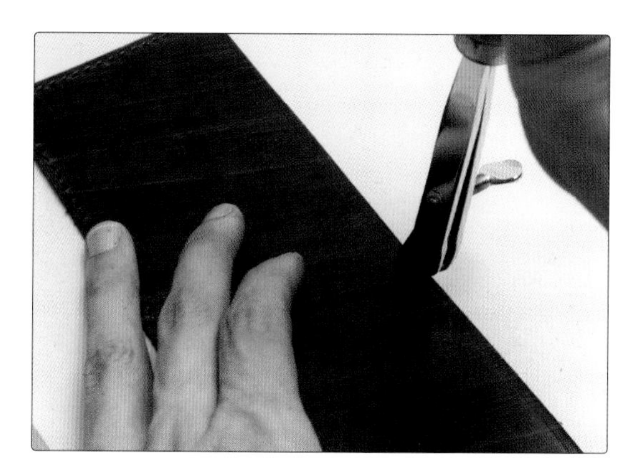

25 开始缝合。

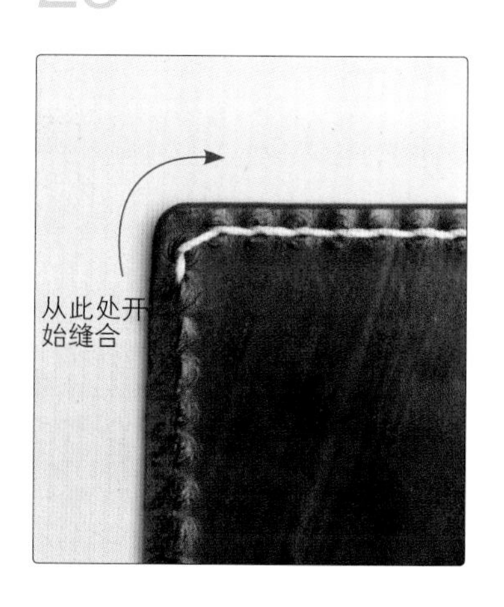

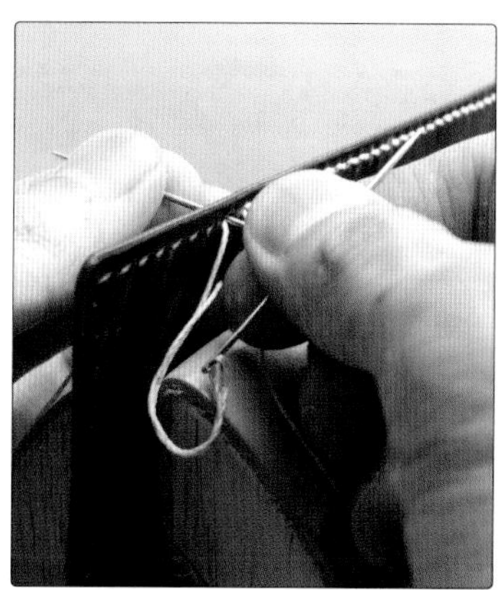

26 一直缝合到开始用双面胶黏合的部分为止，用白乳胶再次黏合。

27 黏合后，缝合直到下一个双面胶的黏合位置。

28 涂抹白乳胶，再次黏合。

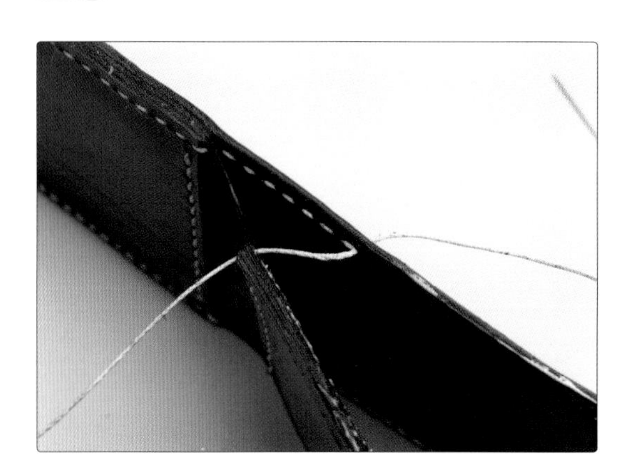

29 黏合完成，缝合完毕。

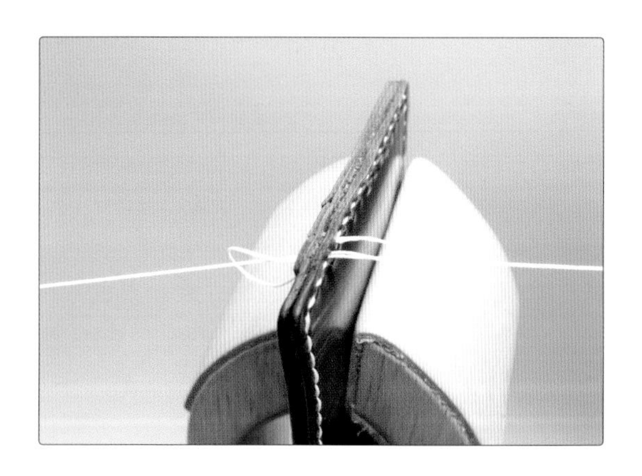

30 误差部分用皮革裁刀切除，用研磨器对黏合面进行打磨并用削边器切除边缘棱角后，涂抹床面处理剂，用修边器进行打磨收尾。

31 制作完成后请仔细确认制作过程中出现过错误的部位与缝合部分。

钱包 2（见原大纸型 1 ）

与钱包1相比，这款钱包在里面多了一层卡片收纳衬布。这样的卡片收纳层会给人以柔软舒适之感。

使用卡片收纳衬布的卡片收纳层

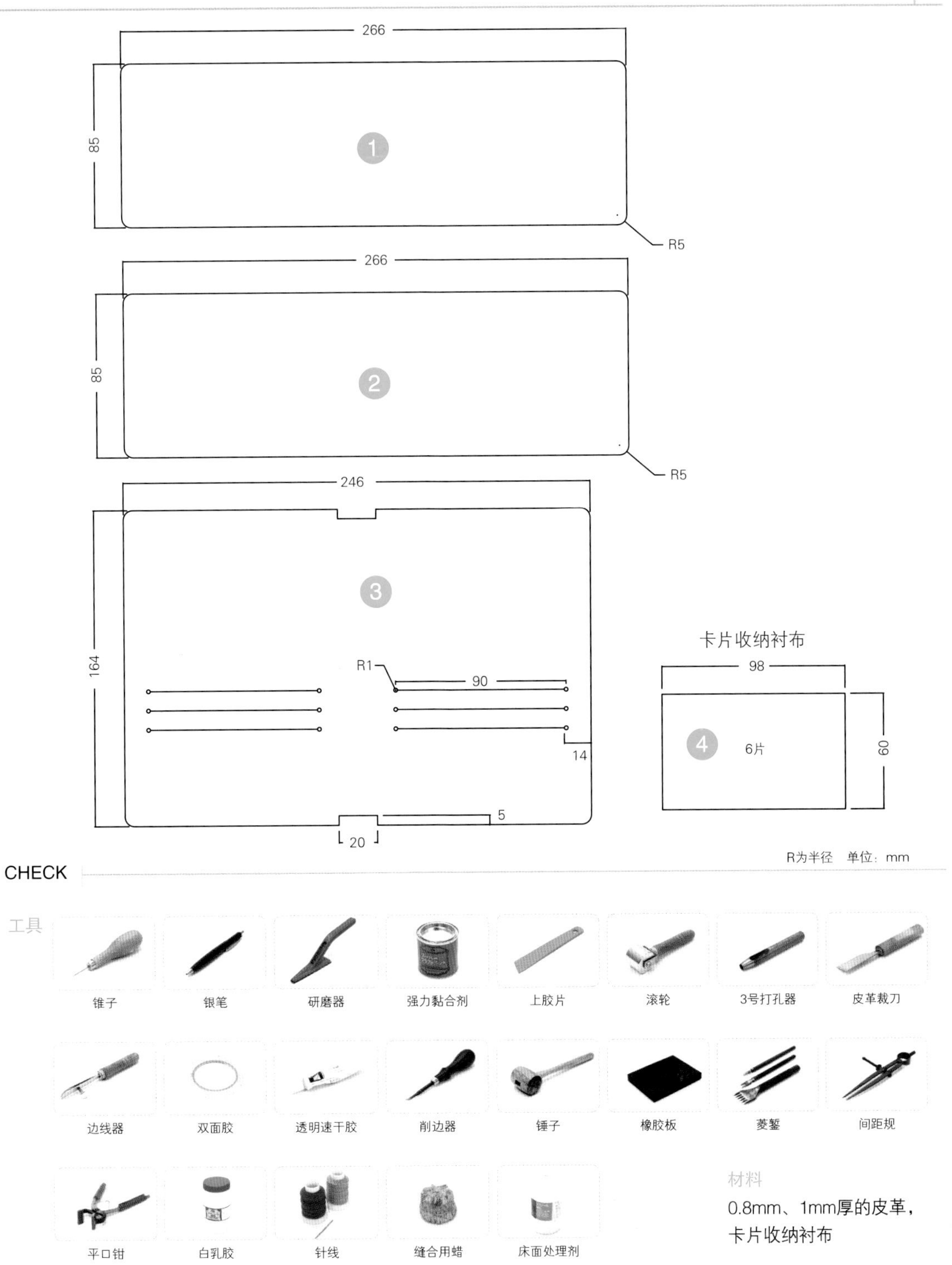

1 将图案转移到皮革上并进行裁切。用尺子测量卡片收纳衬布，用旋转式切割刀进行裁切。

| TIP |

卡片收纳衬布是有厚度的布，能给人一种高档的质感。

2 用研磨器打磨❶和❷的床面，涂抹强力黏合剂并用滚轮压实。

3 用3号打孔器，在③中标记的位置打孔。

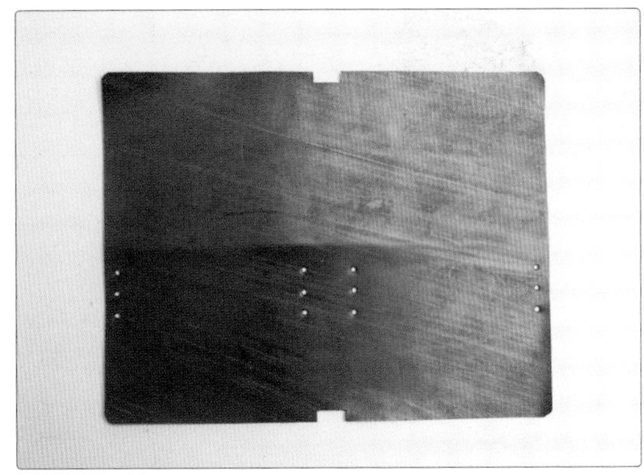

4 用皮革裁刀裁切卡片收纳部分，并用边线器画装饰线。

5 将④卡片收纳衬布要被缝合进去的两端都贴上双面胶。

6 将卡片收纳部分与衬布一层层地涂上透明速干胶并黏合，全部用滚轮压实。

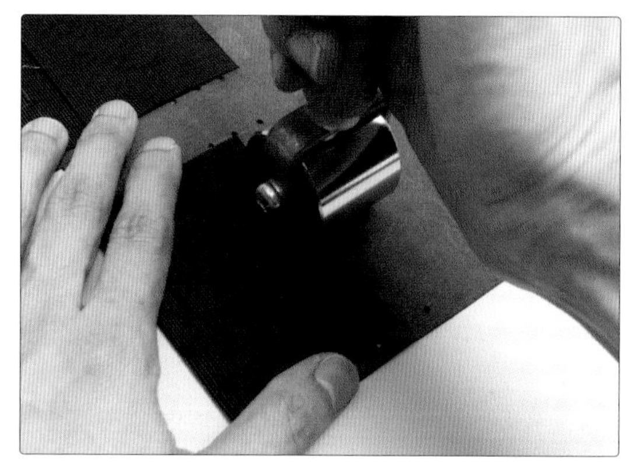

7 最下面的收纳层的皮革边缘需要黏合，要在角部用剪刀剪成如图示尺寸的边。

8 给最上面的收纳层贴上双面胶。

9 打凿缝合孔后，进行缝合。

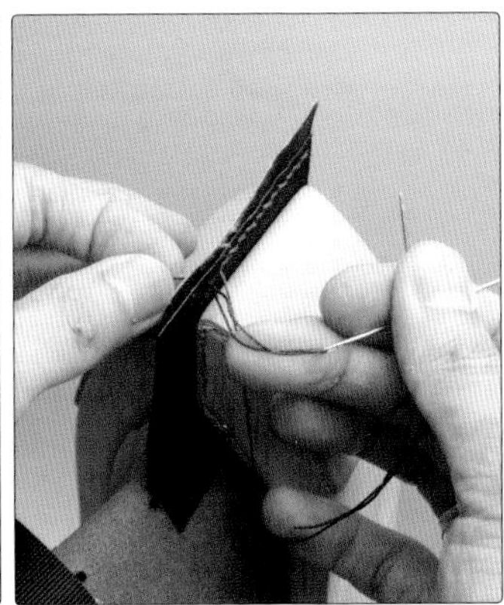

10 再次粘贴双面胶，打凿缝合孔并进行缝合。

11 用间距规标记要黏合的部分，用研磨器打磨。

12 把边缘对齐进行临时折叠。

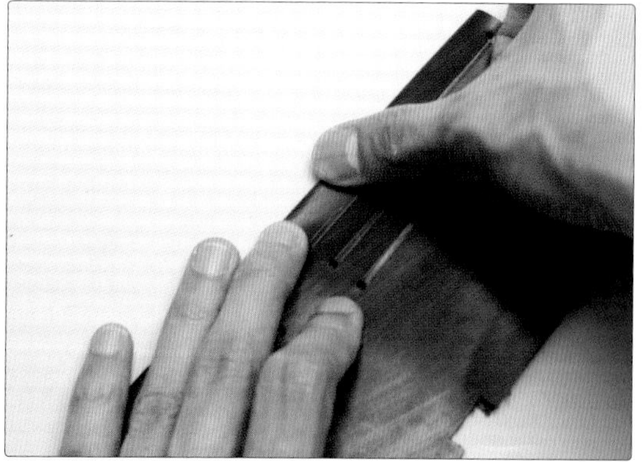

13 将皮革吸水后，用平口钳捏压。

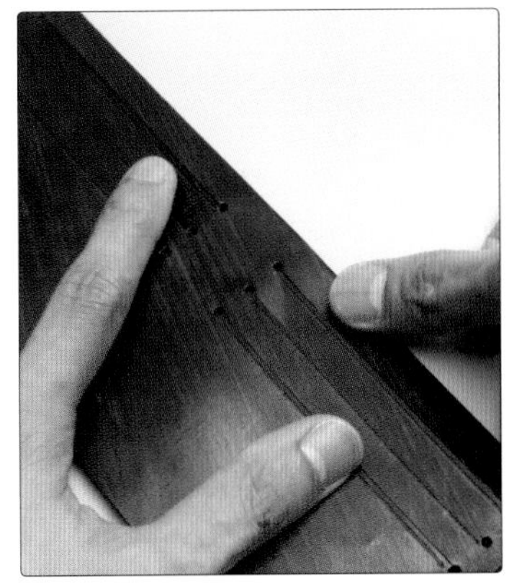

14 涂抹白乳胶黏合，用滚轮和平口钳压实。

15 用边线器或间距规画装饰线，打凿缝合孔。

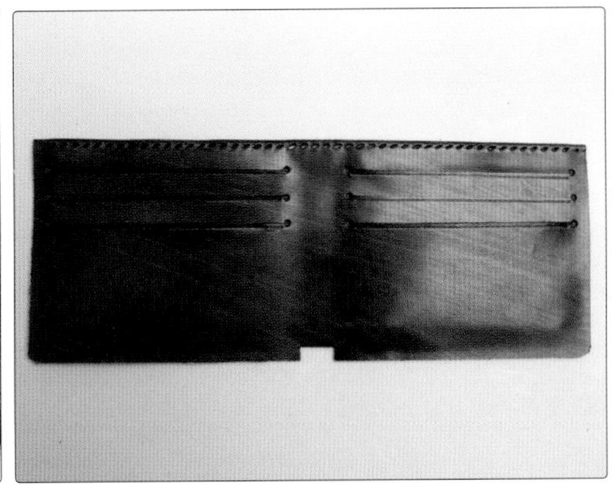

16 缝合。

17 用边线器或间距规画装饰线。

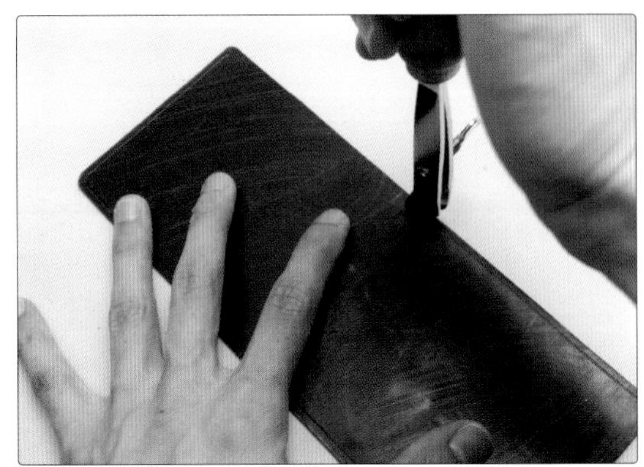

18 在需临时固定的部分，粘贴双面胶。

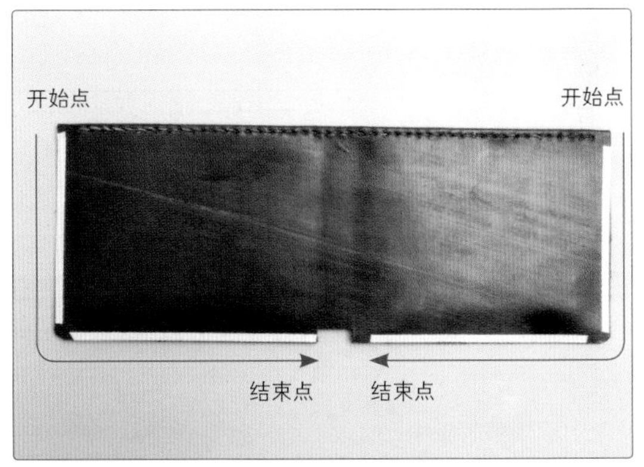

19 使用双面胶与步骤2完成的部分进行临时固定。

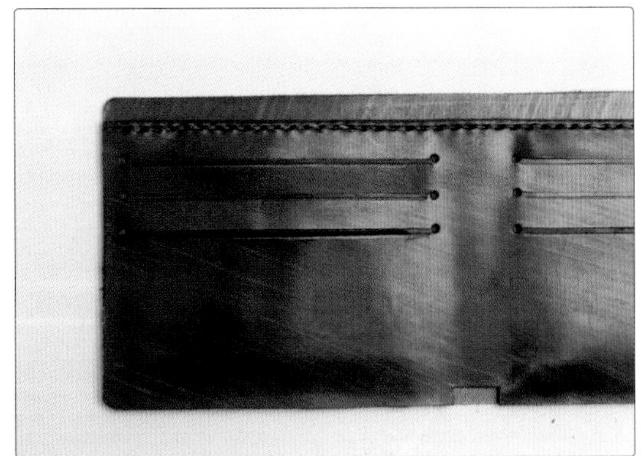

20 顺着粘有双面胶的部位打凿缝合孔（注意不要使黏合的结束部分凿裂）。

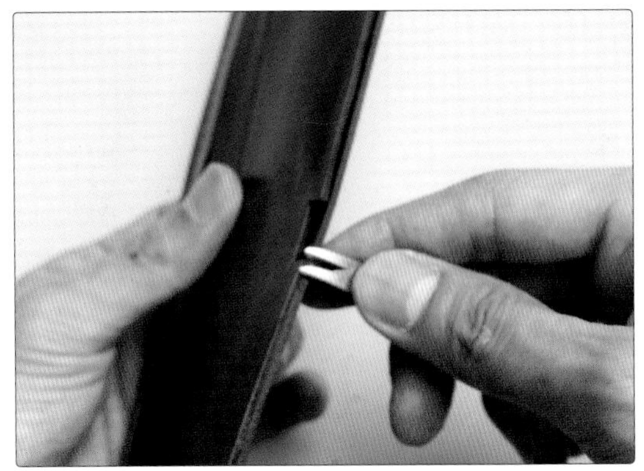

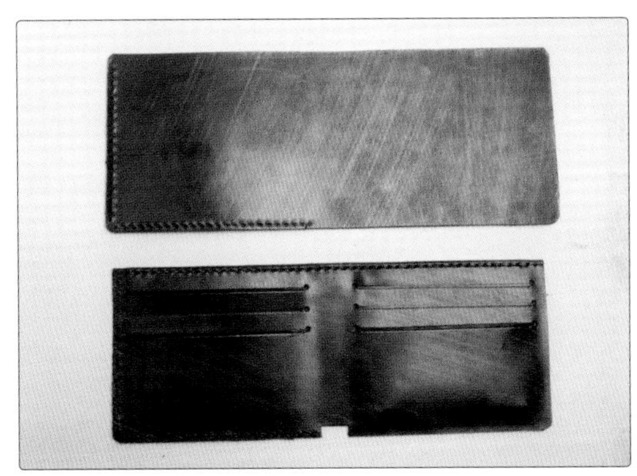

21 将之前贴的双面胶揭掉，在反方向用双面胶进行临时固定。

22 在边缘打凿缝合孔。

23 因为打凿有缝合孔的部分需要黏合，故用皮革裁刀刮磨银面。

24 没有打凿缝合孔的部分，用削边器切除边缘棱角，涂抹床面处理剂，用修边器打磨收尾。

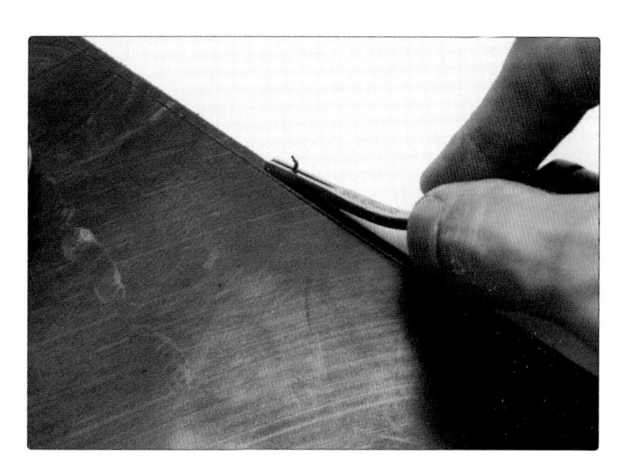

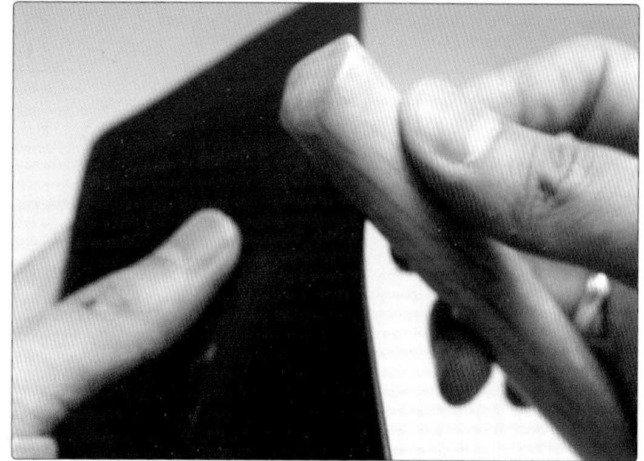

25 将收尾部分的缝合孔全部打穿。

26 缝合打孔部分。

27 中间部分涂抹白乳胶，用平口钳夹住边缘。

28 缝合中间部分。

29 边缘处涂抹白乳胶，用平口钳夹住中间部分。

30 缝合边缘处。

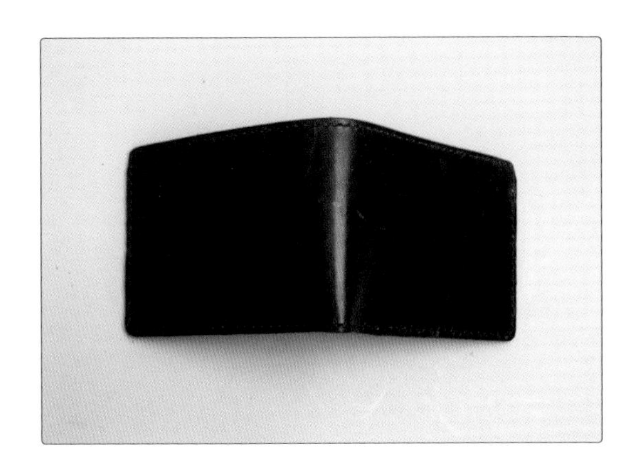

31 用皮革裁刀裁切黏合面误差并用研磨器打磨。用削边器切除边缘棱角后，涂抹床面处理剂，用修边器打磨收尾。

32 钱包制作完成。

长款钱包（见原大纸型3）

简约的长款钱包可完美收纳纸币与众多卡片，适合搭配正装，也是冬季配饰的不二之选。制作卡片收纳部分时，注意要与卡片大小相搭配哟！

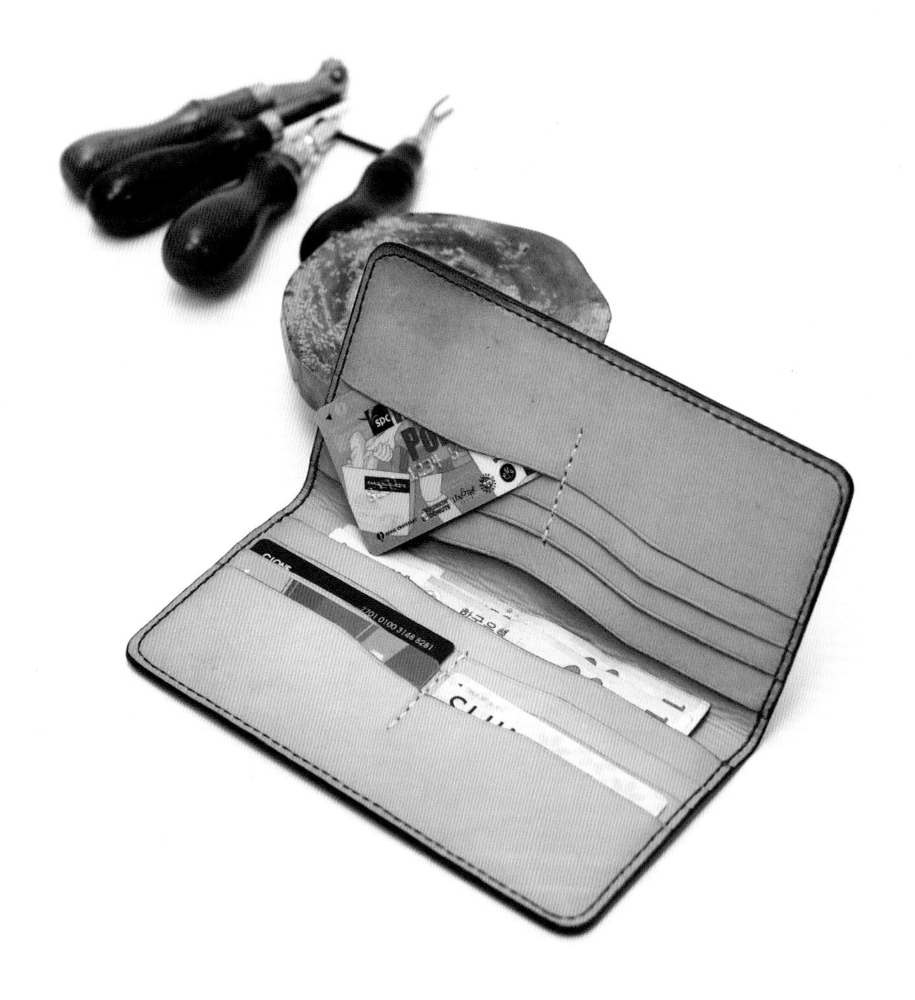

卡片收纳层，钱包折叠部分的削薄与黏合

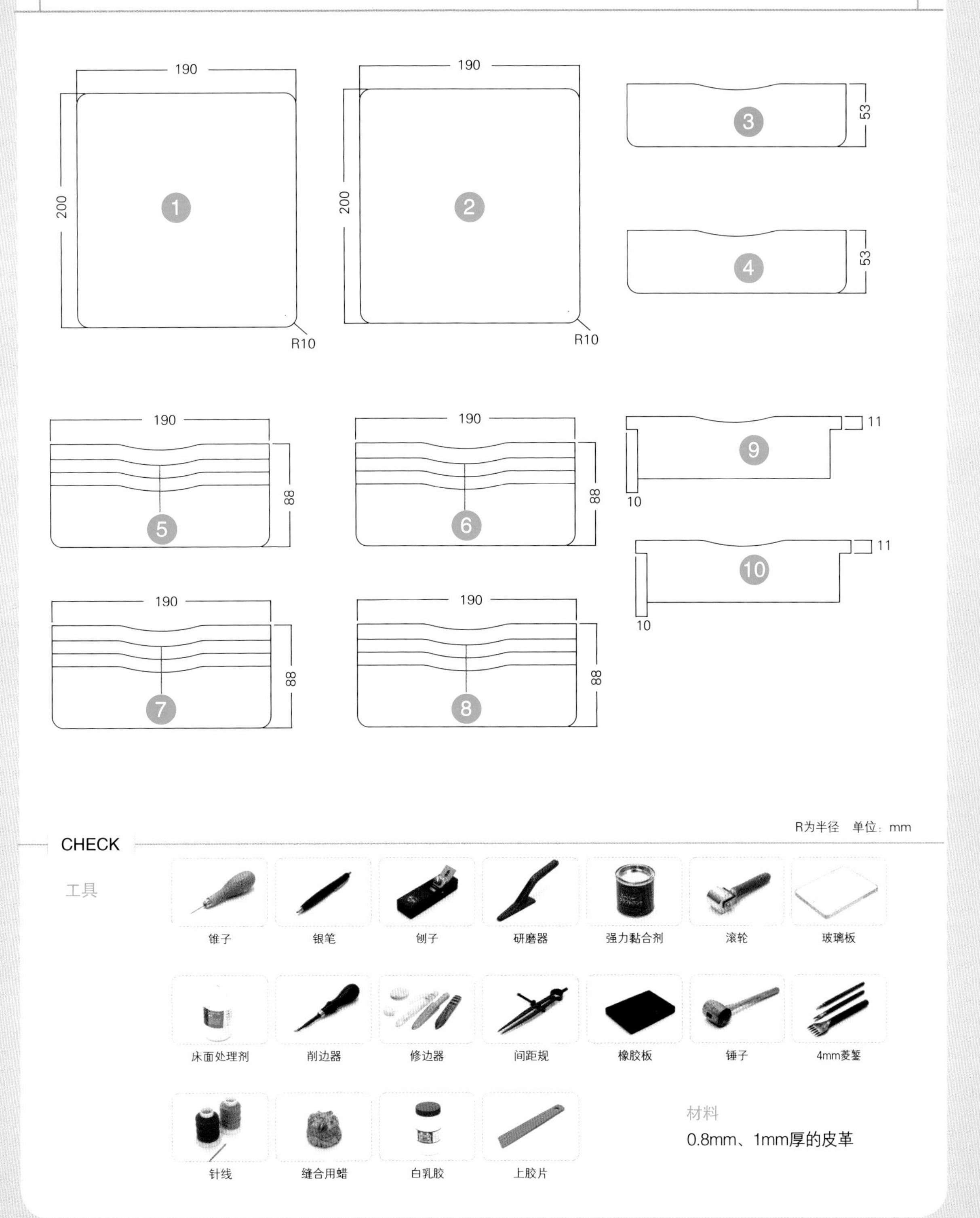

1 将图案转移到皮革上并进行裁切。

2 标记削皮部分。

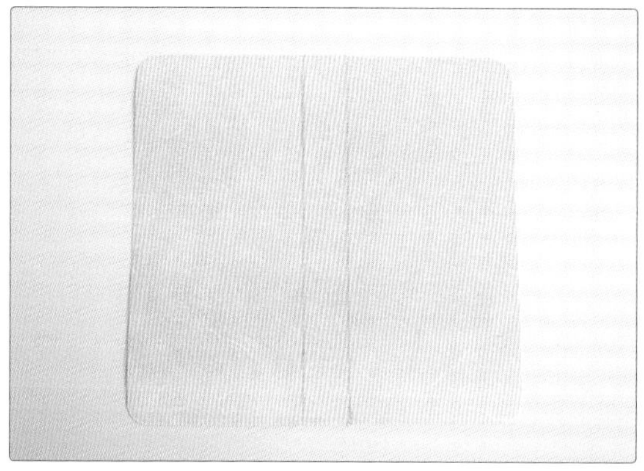

3 用刨子在❶和❷上进行约0.5mm的中间削薄作业。

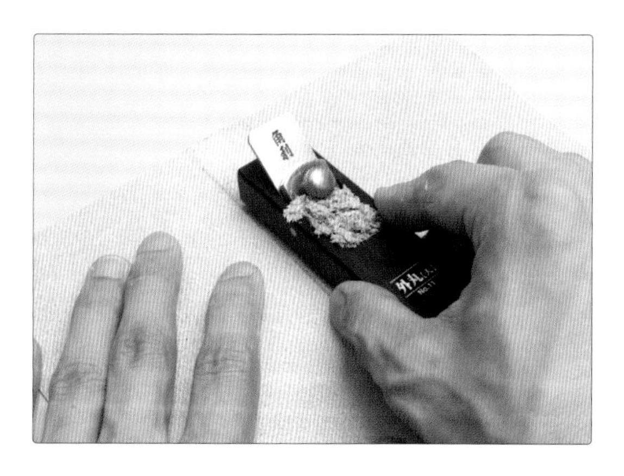

4 用研磨器对床面进行打磨。

5 将❶和❷的床面都涂上强力黏合剂并黏合，用滚轮压实。

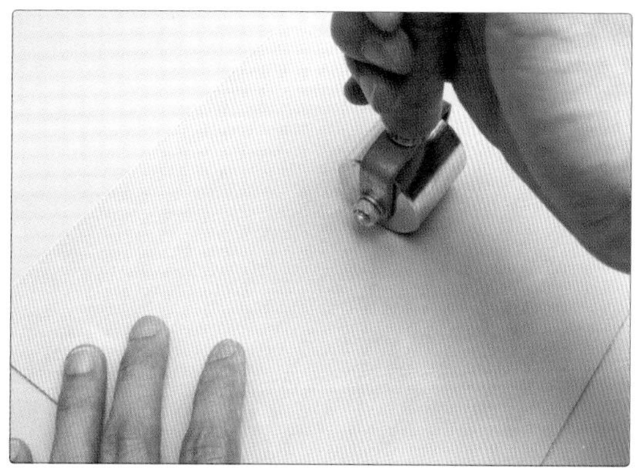

6 在❺和❻床面涂抹床面处理剂，用玻璃板磨压收尾。

7 用间距规标记黏合部分后，用研磨器打磨。

8 将⑤和⑥黏合后无法进行收尾的部分，用研磨器进行打磨。再用边线器画装饰线。用削边器切除边缘棱角。涂抹床面处理剂，用修边器打磨收尾。

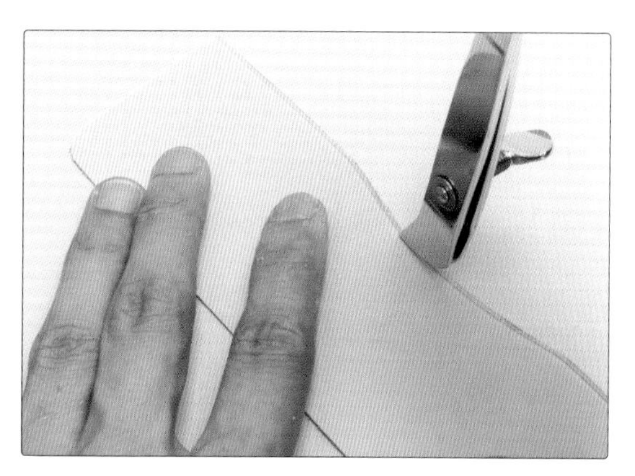

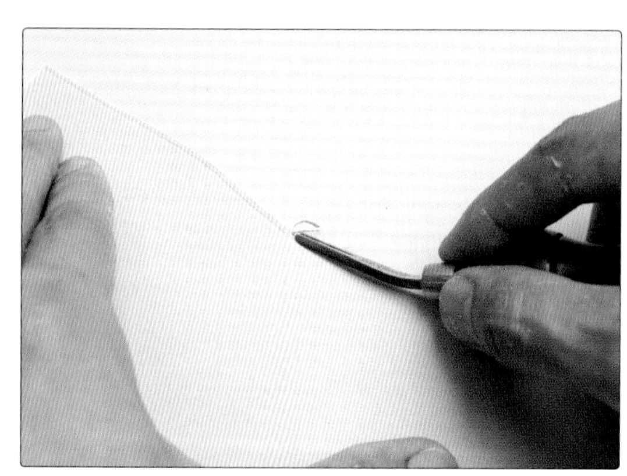

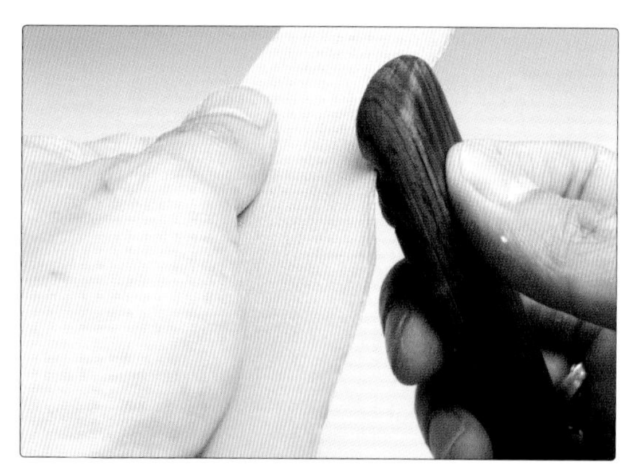

9 标记固定卡片的缝合线。

10 粘上双面胶进行临时固定。

11 为了确保卡片收纳层正确黏合，用锥子在图案上做标记。

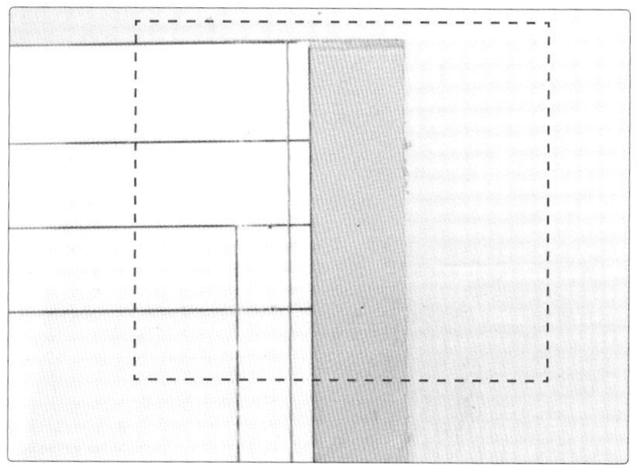

12 对准标记，将卡片收纳层❼和❽用双面胶临时固定在❺和❻上。

13 打凿缝合孔，进行缝合。

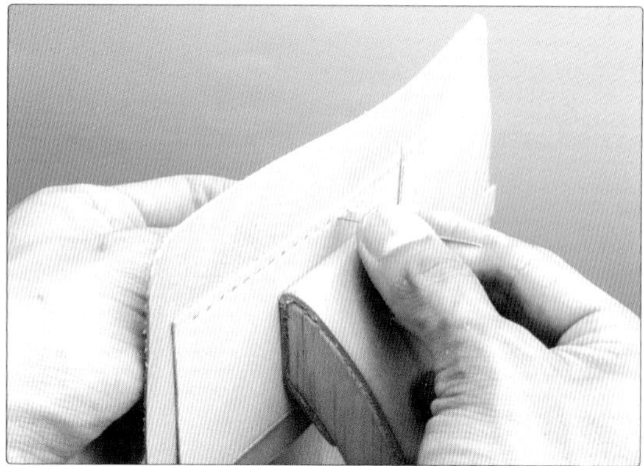

14 用双面胶再固定⑨和⑩，粘贴时使其稍有些重叠。

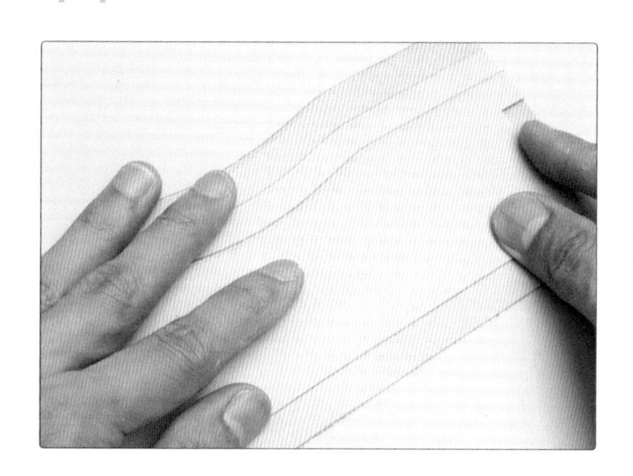

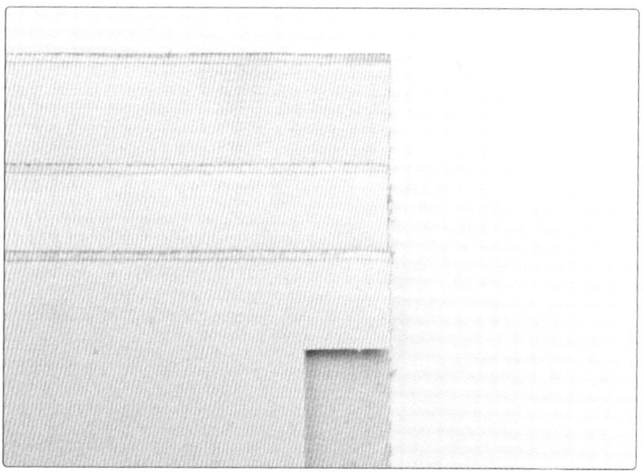

15 打凿缝合孔，进行缝合。

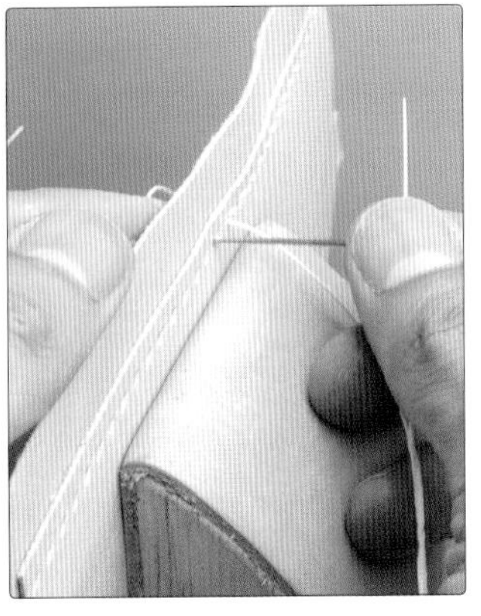
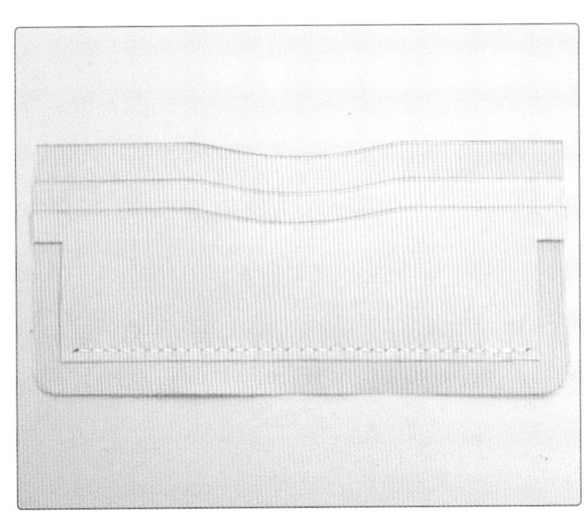

16 用锥子标记要黏合的部分，用间距规画线后，用皮革裁刀刮磨银面。

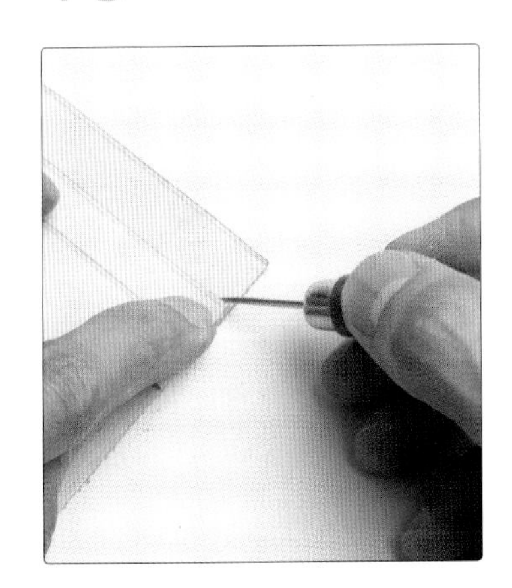

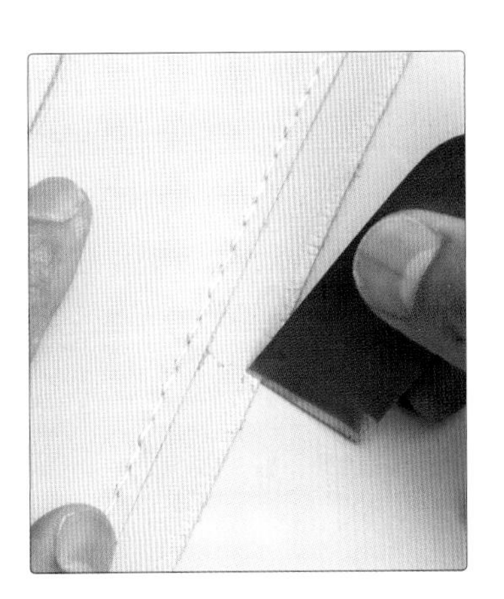

17 涂抹白乳胶粘贴上❸和❹，用滚轮压实。

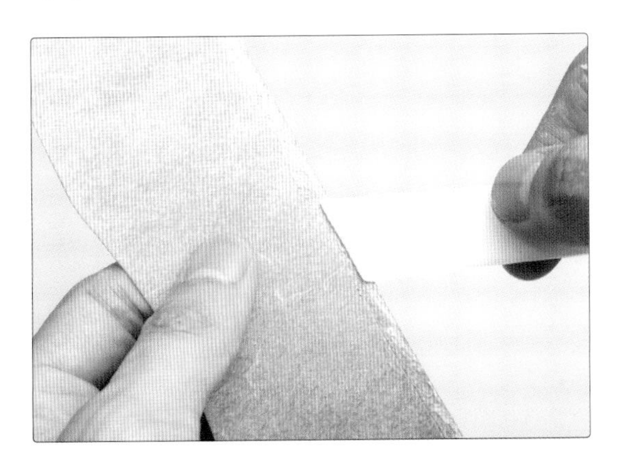
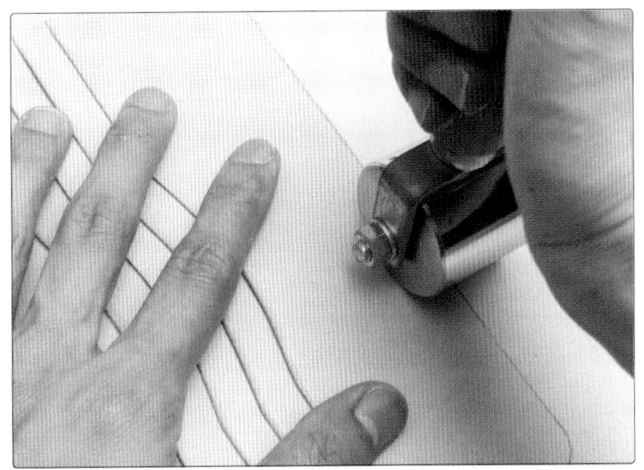

18 用锥子将卡片收纳层的中间分割线标记到皮革上。

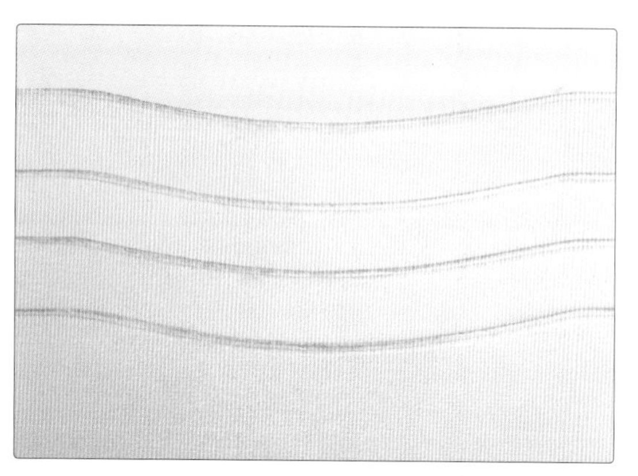
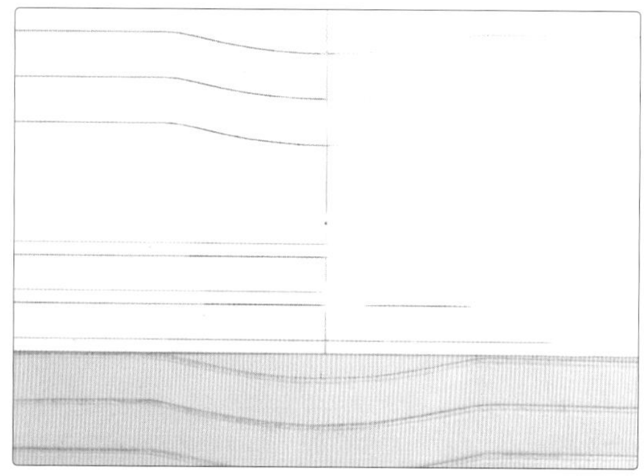

19 打凿缝合孔，进行缝合。

20 用锥子标记黏合部分后，用间距规画线，再用皮革裁刀刮磨❷的银面。

21 涂抹白乳胶，在❷上粘贴步骤9的完成部分，并用滚轮压实。

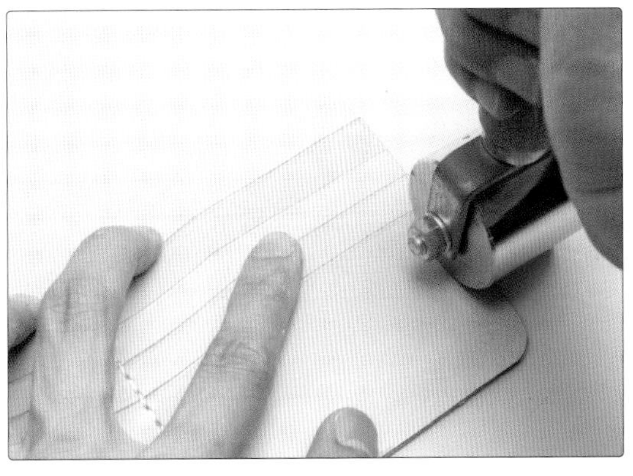

22 用皮革裁刀裁切黏合面误差，使用研磨器打磨。

23 用间距规或边线器画缝合线。.

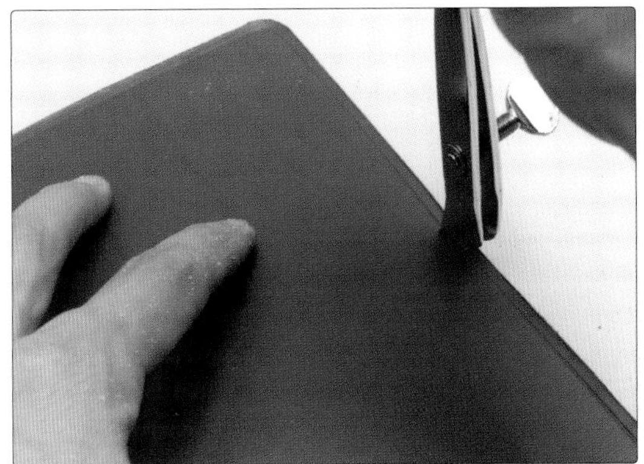

24 用削边器切除边缘棱角。

25 打凿缝合孔。

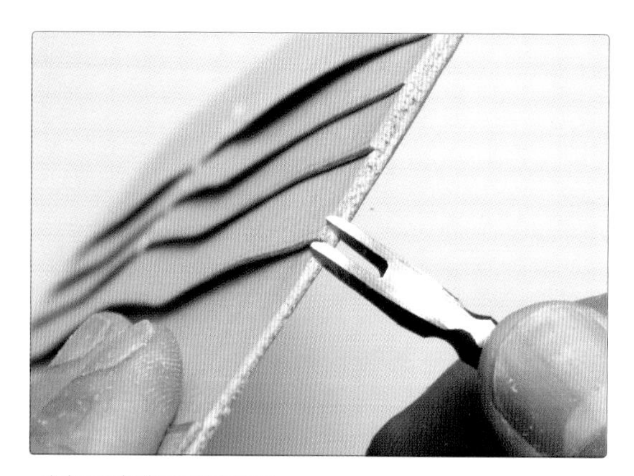

*注意不要将收纳层边缘凿裂。

26 涂抹床面处理剂，用修边器打磨收尾。

27 缝合。

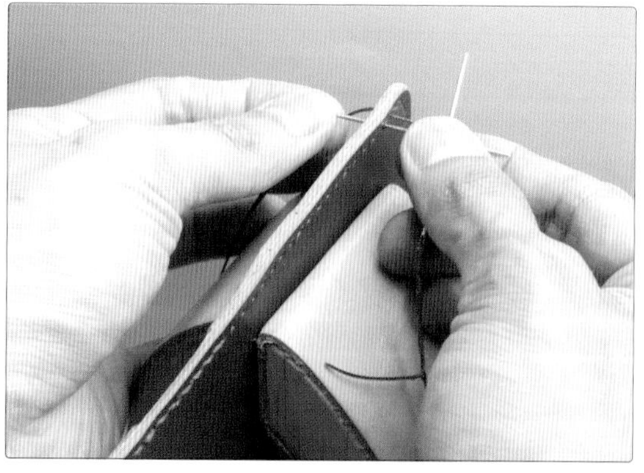

28 想要使裁切面有色泽时，可用丙烯酸树脂收尾剂或氨基甲酸树脂收尾剂涂抹两三次再进行收尾。

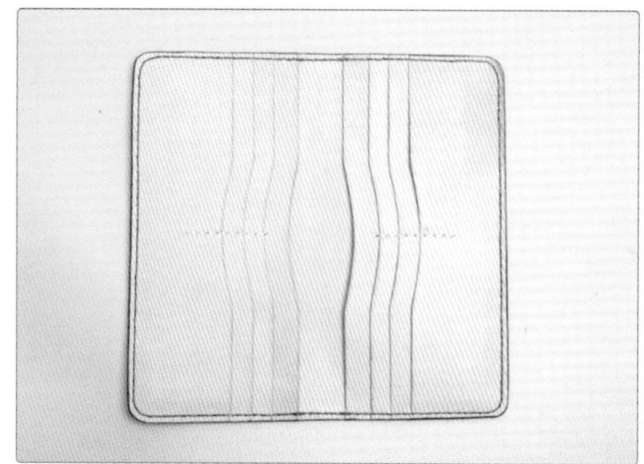

圆柱形笔筒（见原大纸型3）

可用来收纳办公室里大量的文具，看起来整齐又舒适。虽然平时不用的杯子也可以用来放置文具，但是相比之下，皮制笔筒则显得更加干练、有质感。那就使用颜色大方的皮革制作一个圆柱形笔筒来收纳文具吧！

倾斜削薄，立体缝制，盒状缝合

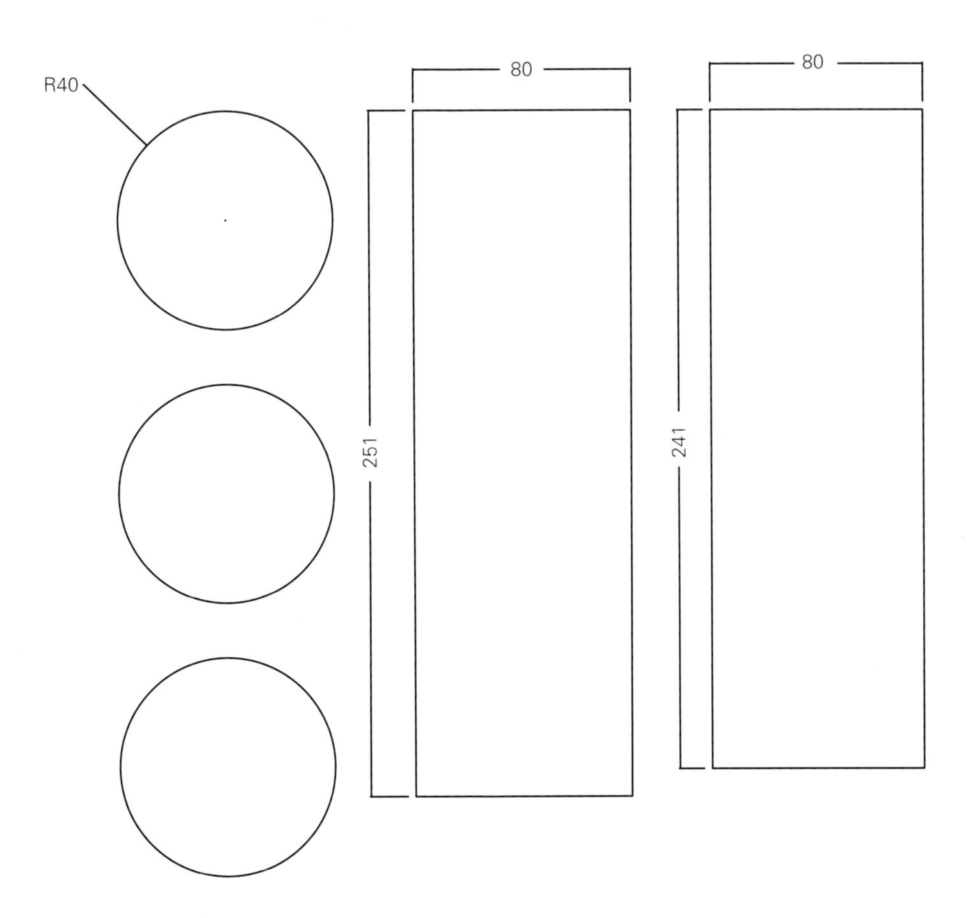

R为半径　单位：mm

CHECK

工具

材料

1.5mm厚的皮革

1 将图案转移到皮革上并进行裁切。

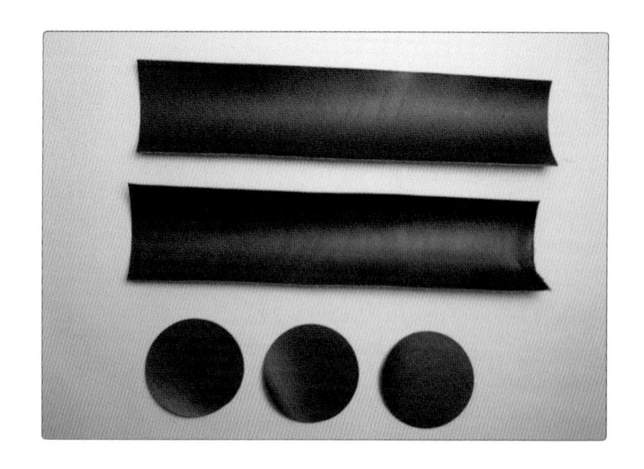

2 用研磨器打磨三片圆片的床面，用皮革裁刀刮磨中间层圆片的银面（黏合面）。

3 在上、下两片的床面和中间片的两面均涂抹白乳胶，将三片黏合用滚轮压实。

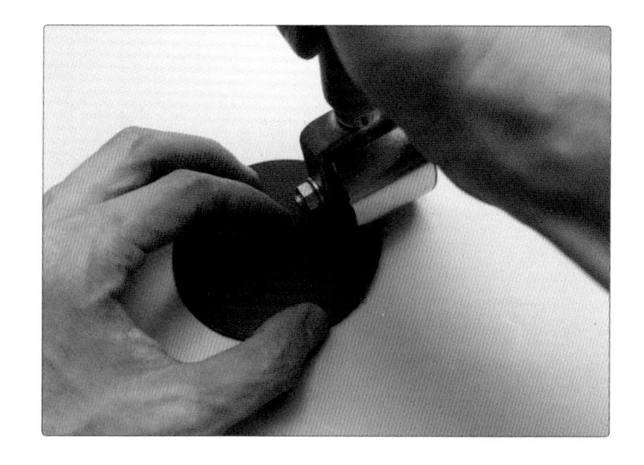

4 干燥后，用皮革裁刀修缮黏合面误差，用研磨器进行打磨。

5 用边线器或间距规标记缝合线并打孔（只打出缝合孔印即可）。

6 卷合侧面，确认长度（标记时要多留出1cm，然后裁切）。

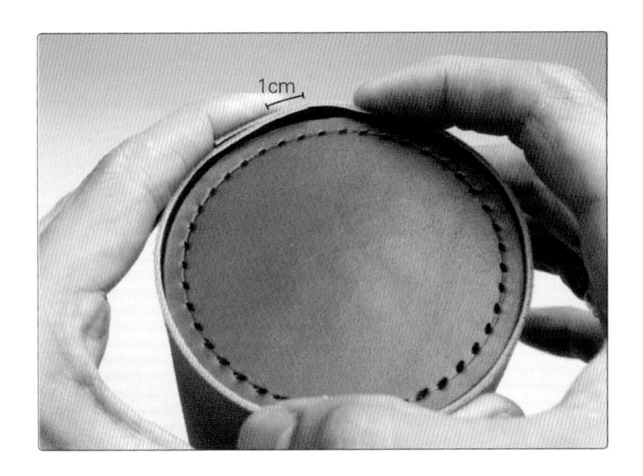

7 标记削皮部分。

8 用间距规测量底座厚度，以此宽度为基准，在侧面的银面上画装饰线，并用皮革裁刀刮磨。

9 将标记部分进行倾斜削薄。

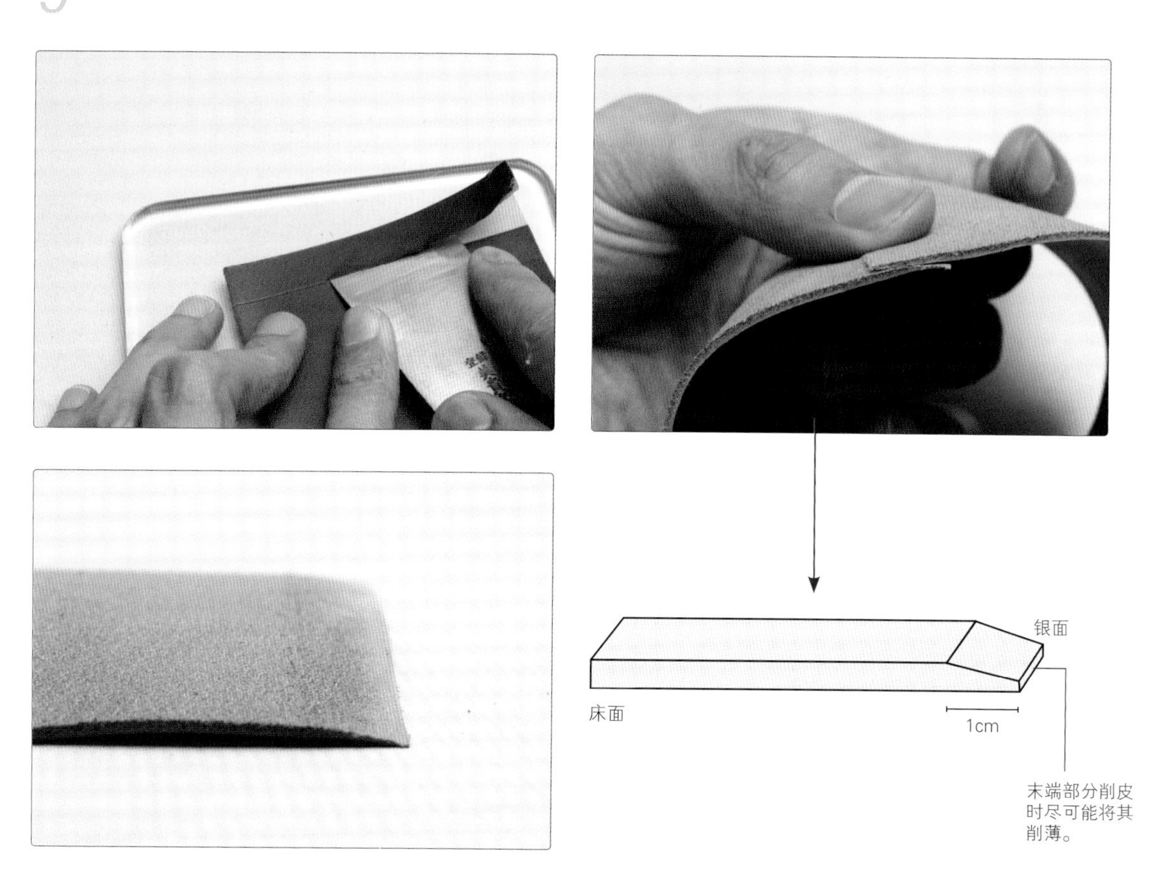

10 打磨需黏合部分的床面。

11 在倾斜削薄部分涂抹白乳胶，将两端黏合后压实。

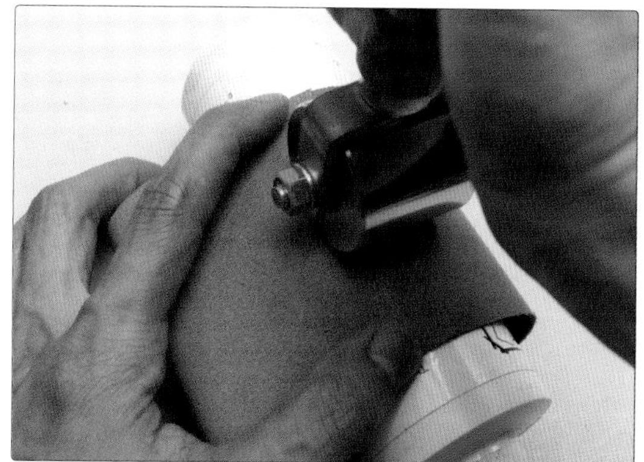

12 确认底面与另一片侧面相吻合。

13 与之前的步骤一样，多留出1cm裁切侧面。

14 画装饰线与削皮线。

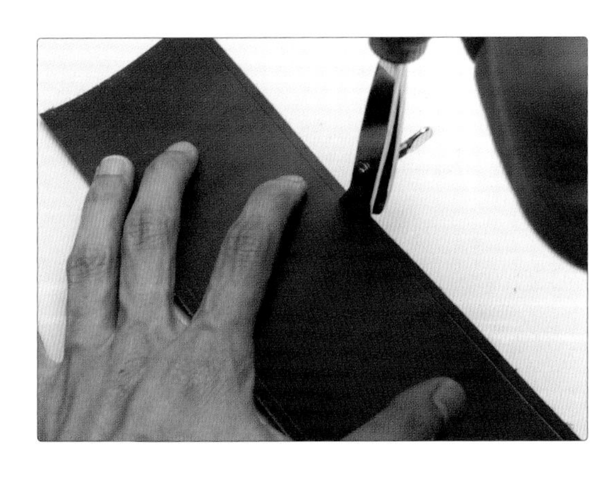

15 进行倾斜削薄。

16 打凿两片侧面的缝合孔。削皮部分因有重叠，所以如图所示，在割皮分界线处，要将打凿的孔分为两半。

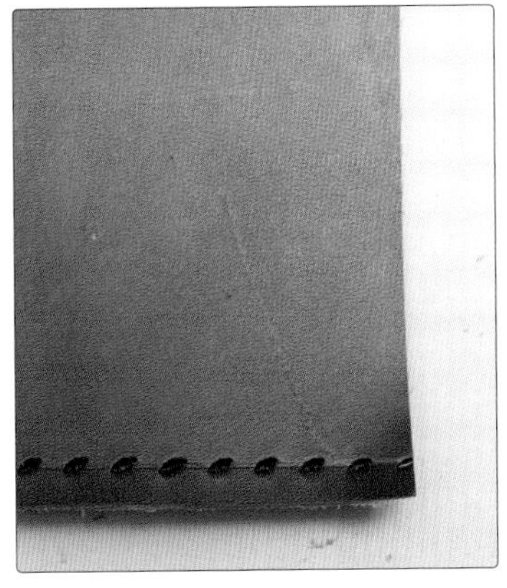

17 涂抹白乳胶，将两片侧面黏合用滚轮压实。

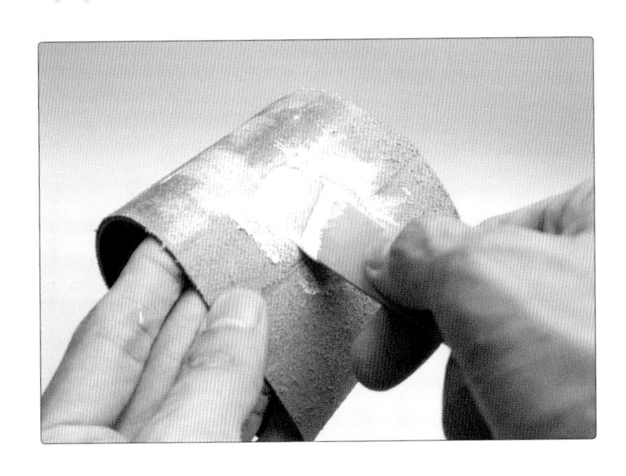

18 用削边器修除边缘棱角。

19 涂抹床面处理剂，用修边器打磨收尾。

20 用砂布打磨后，涂抹2~3次丙烯酸树脂收尾剂，进行干燥。

21 在侧面和底面需黏合部位涂抹白乳胶后将其黏合，用手压实。

22 用菱锥打凿缝合孔。

*底面缝合线所成的圆较小，侧面缝合线所成的圆较大，所以侧面针脚会比较密集。开始时，可以将缝合孔一对一缝合，然后可以逐渐增加侧面的孔，一个缝合孔可穿凿2次。

23 沿着菱锥打成的孔缝合。

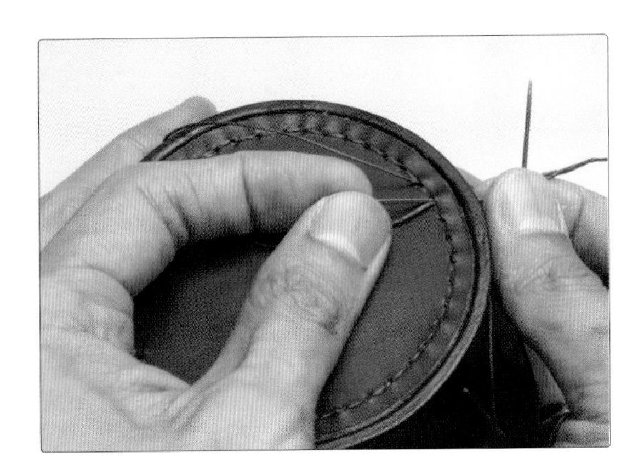

日记簿（见原大纸型 4 ）

皮制日记簿一直很受人们喜爱，不同颜色的皮革，可以营造出不同的感觉和气氛。利用高档的褐色或黑色皮革，可以制成经典款日记簿。选择漂亮的颜色制作一个日记簿，用它来记载并珍藏一年中发生的点点滴滴吧！

POINT 棱角形态制作，装订活页夹，装嵌磁扣，使用挖槽器

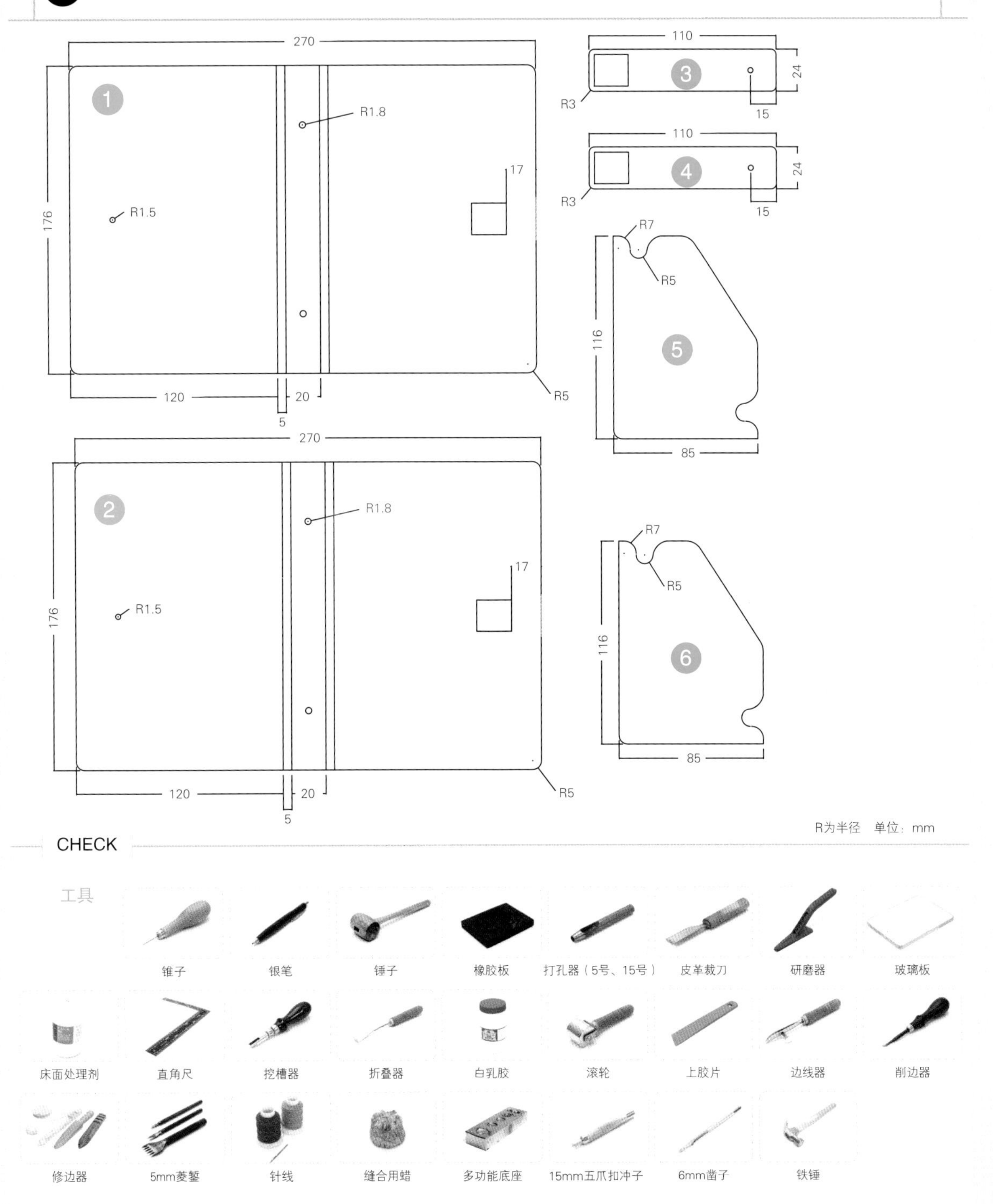

材料 0.8mm、1mm、1.5mm、2mm厚的皮革，14mm磁扣，活页夹

1 将图案转移到皮革上并进行裁切（收纳层的圆孔用5号打孔器打凿后再裁切会更方便）。

2 用研磨器打磨❶、❷、❸、❹黏合部分的床面。

3 在❺、❻上涂抹床面处理剂，用玻璃板磨压收尾。

4 为了使日记簿的边角更直，用银笔标记出挖槽部分，然后用挖槽器挖槽。

5 在日记簿封底与扣带对应位置用银笔标记装嵌磁扣处，用6mm凿子打孔，穿入磁扣，用折叠器折叠扣脚后，再用铁锤击打以使其与皮革更加紧贴。

6 涂抹白乳胶，用滚轮进行滚压黏合。

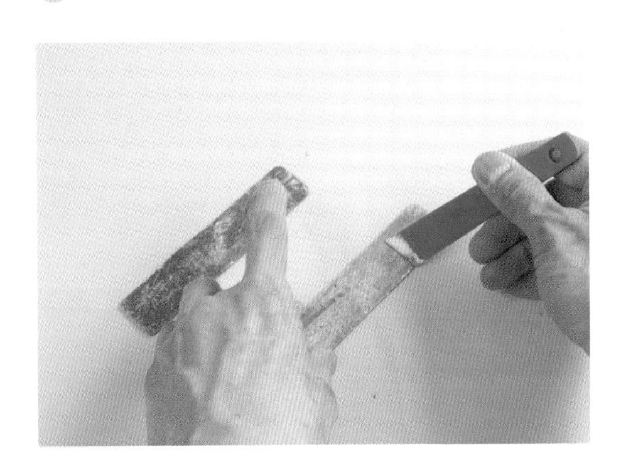

7 研磨器打磨裁切面，用边线器画缝合线。用削边器修掉裁切面边缘棱角后，涂抹床面处理剂，用修边器打磨收尾。

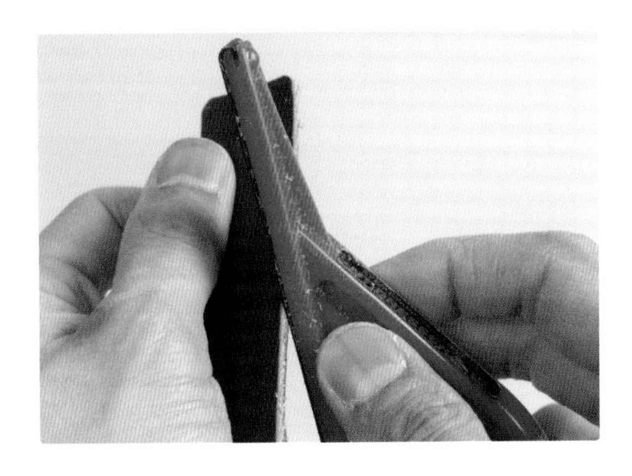
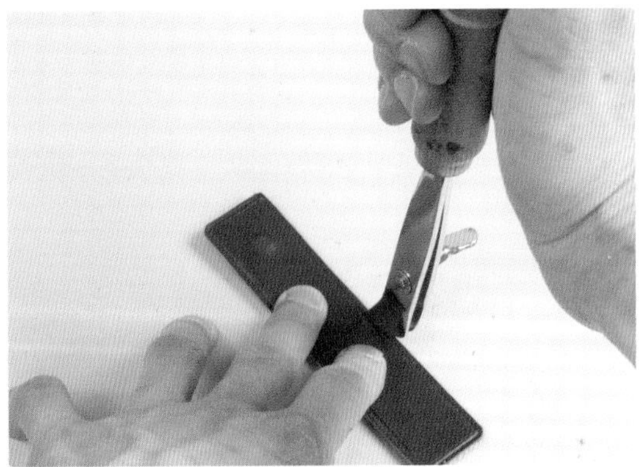

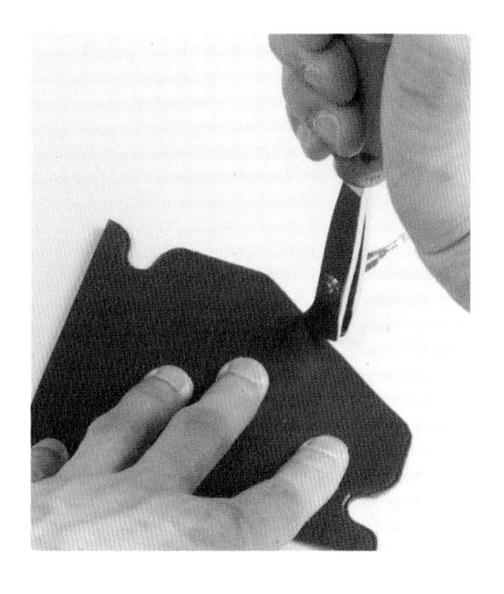

8 在扣带上打凿缝合孔。

9 在日记簿封面❶与扣带的连接处，用锥子标记打孔位置，再用菱錾打孔。

10

先对磁扣处进行收尾，之后再缝合日记簿封面❶与扣带的连接处（因封面❶内侧需黏合，所以剪线时要稍有剩余）。

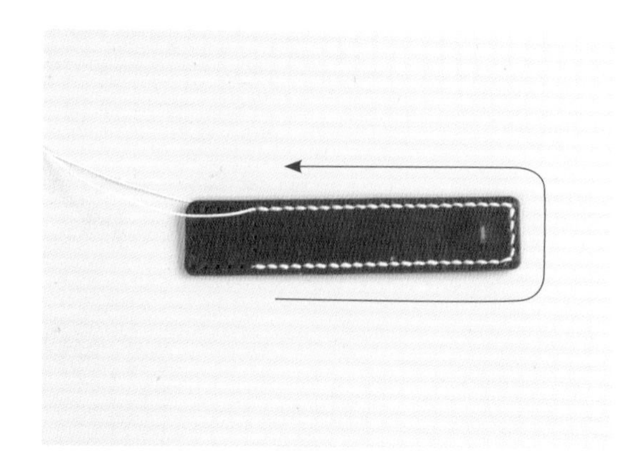

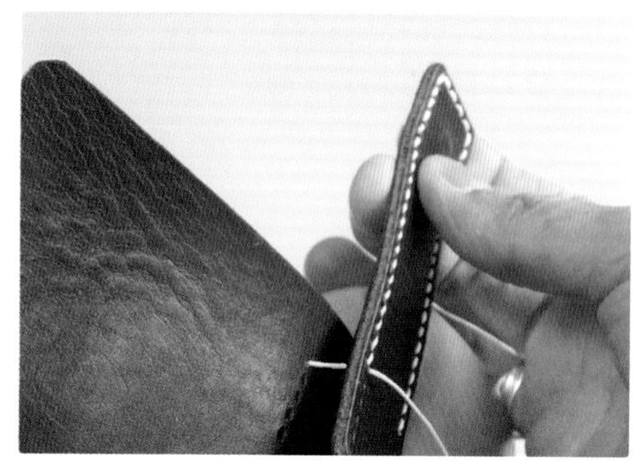

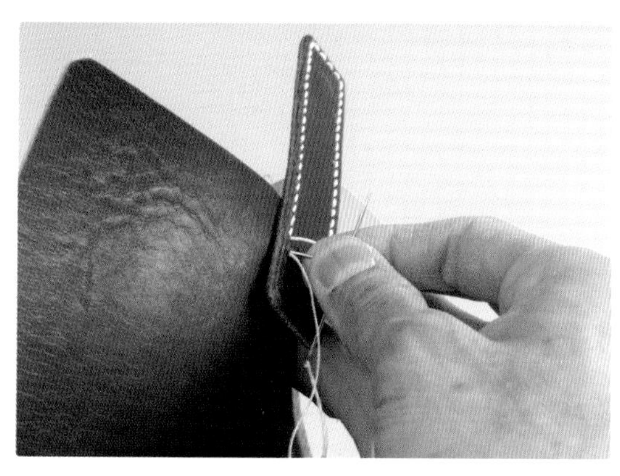

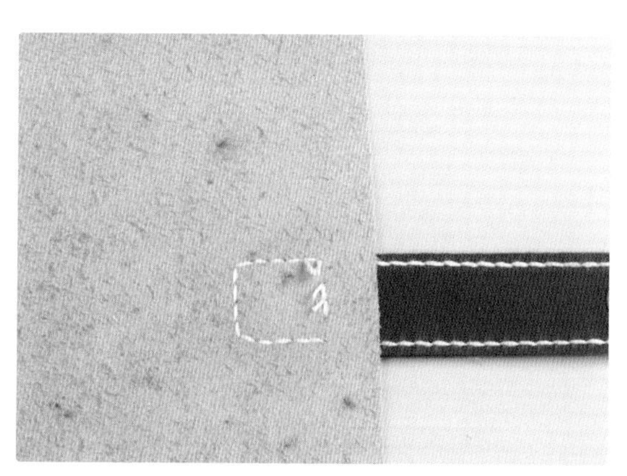

11

在❶、❷上涂抹白乳胶，黏合两面后用滚轮压实，再用修边器对槽部进行按压黏合。

12 用削边器修剪黏合面的误差，用研磨器打磨。

13 准备黏合收纳层，先对准叠放，用锥子标记出黏合部分，然后用边线器在需打磨的部分画线，收纳层用研磨器打磨，日记簿的内侧边用皮革裁刀刮磨。

14 涂抹白乳胶并黏合，用滚轮压实。

15 打磨黏合面的误差，画缝合线。

16 打凿缝合孔（打凿收纳层的缝合孔时需留心）。

17 用削边器修剪边缘棱角，涂抹床面处理剂，用修边器打磨收尾。

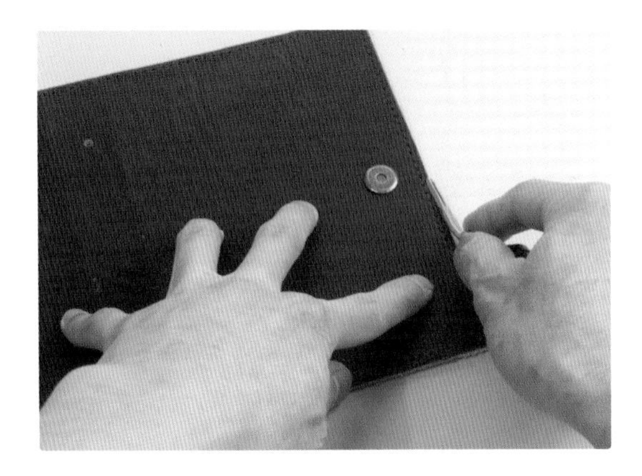

18 缝合。

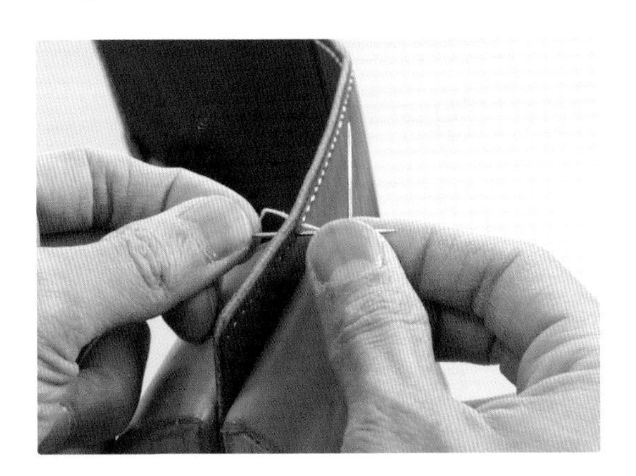

19 用15号打孔器，打凿装嵌活页夹孔。

20 将活页夹垫于多功能底座上，用15mm的五爪扣冲子装嵌。

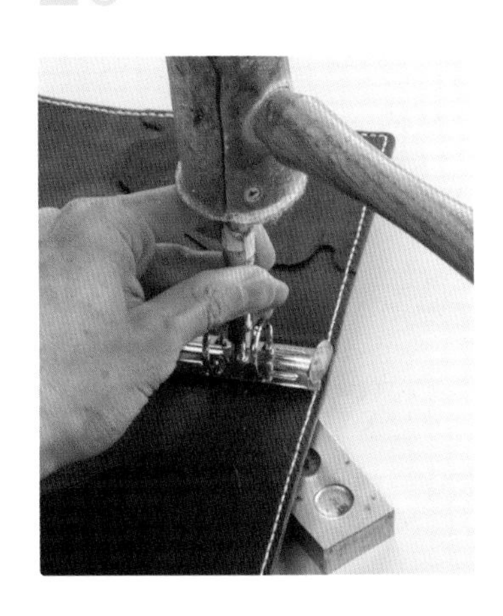

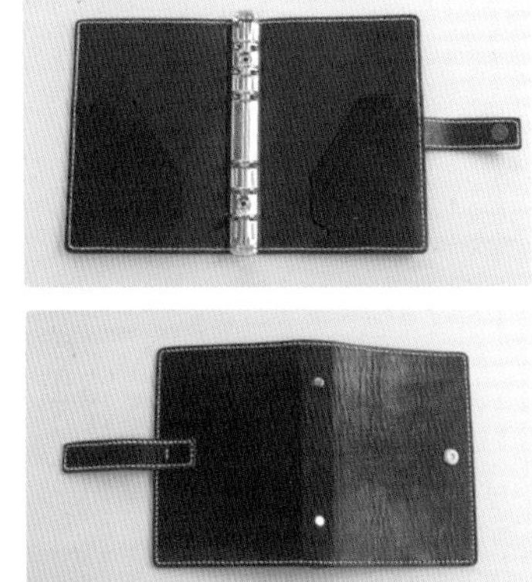

挎包（见原大纸型 2 ）

挎包的制作过程较长且复杂，属于皮革工艺中，手工作业时间最长，工程量最大的制品。工作量虽较大，但是在学会了制作前面各种各样的作品后，这个也就不算太难，快来试一下吧！

POINT 倾斜削薄，制作包带，装嵌D形环，使用挖槽器，盒状缝合

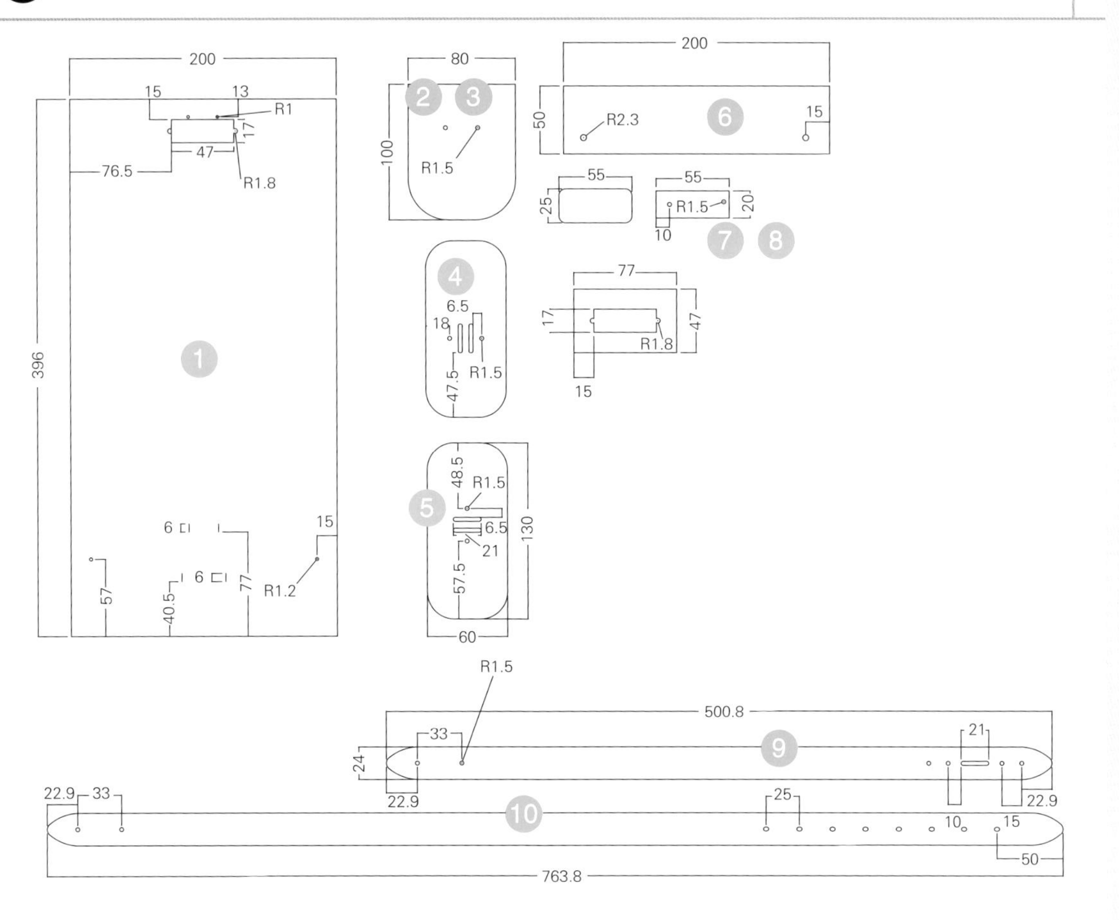

R为半径　单位：mm

CHECK

工具

材料 1mm、2~2.5mm厚皮革，皮带扣，10mm四合扣 2对，6mm铆钉10个，扣带，挂钩2个，搭扣2对

1 将图案转移到皮革上进行裁切。

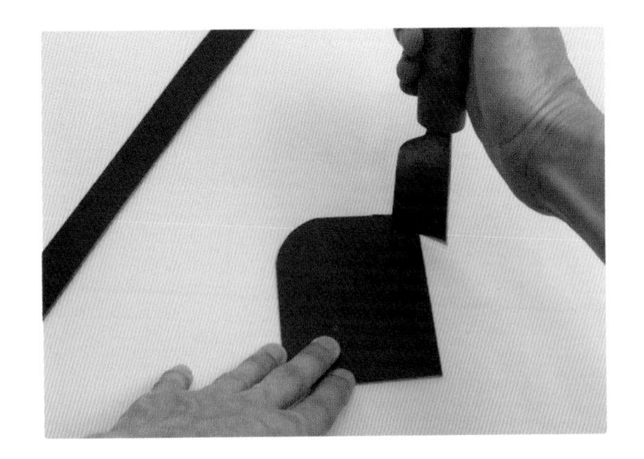

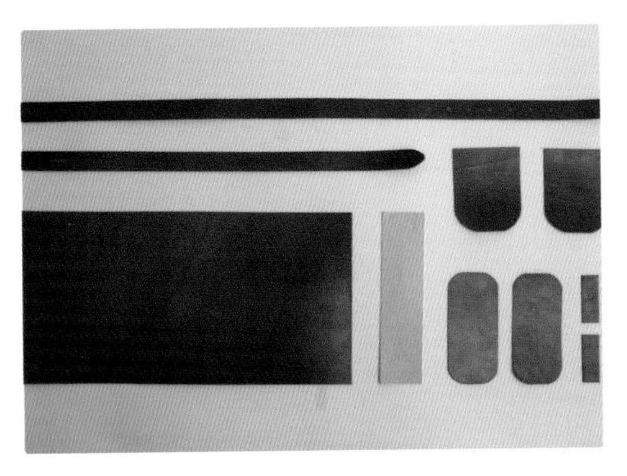

2 在床面涂抹床面处理剂，用玻璃板进行磨压收尾。

| TIP |

*如果在转移图案前对整片皮革的床面进行收尾，可以防止床面粘上床面处理剂。

3 对未黏合的裁切面进行收尾，用研磨器打磨。

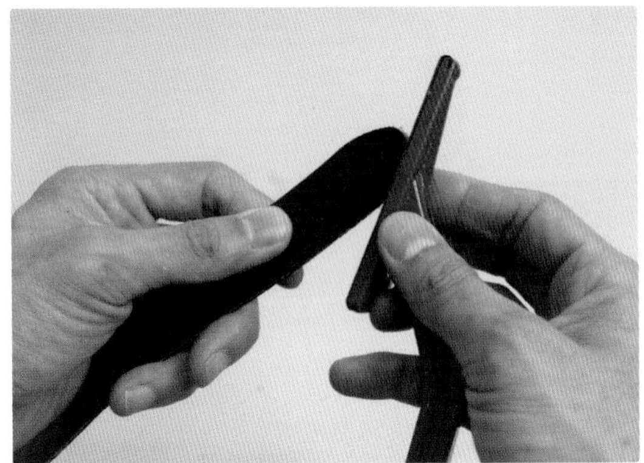

4 画装饰线。

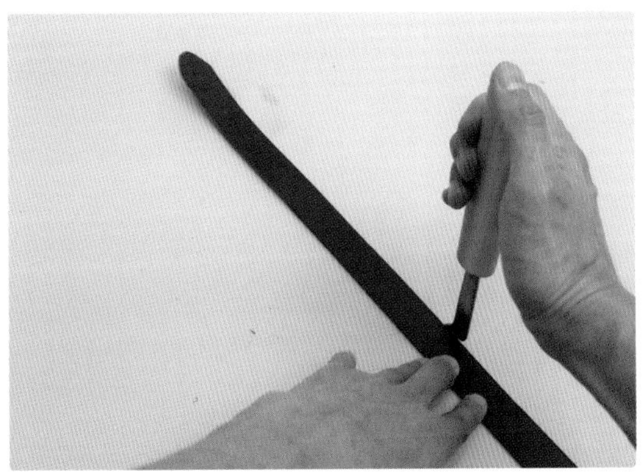

5 用间距规在②上标记要黏合的部分，并打磨。

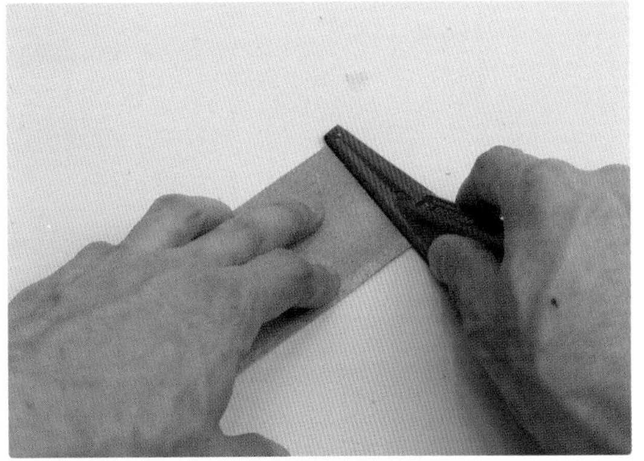

6 将步骤3中打磨过的部分用削边器修剪边缘棱角并涂抹床面处理剂，用修边器打磨收尾。

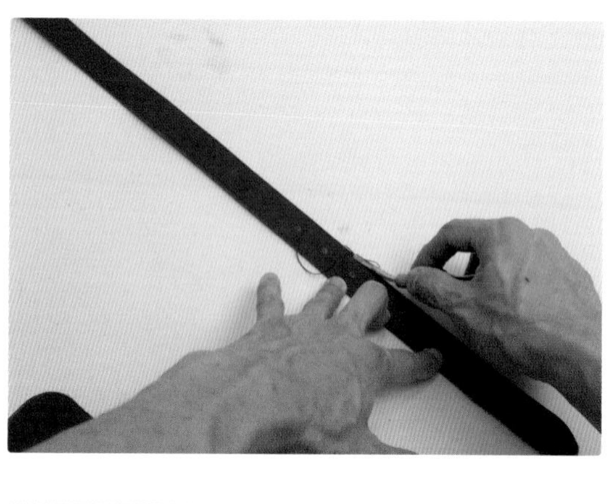
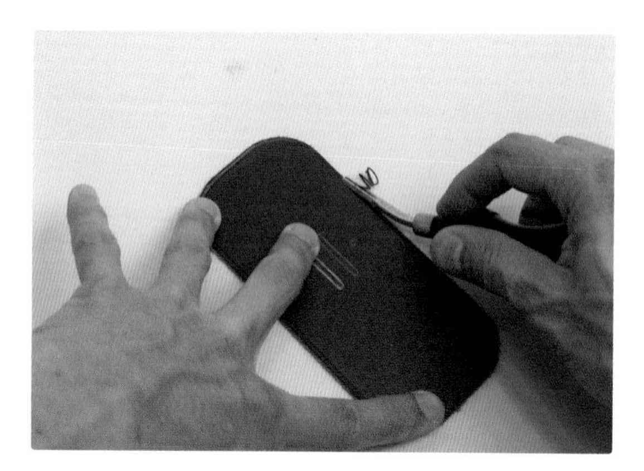
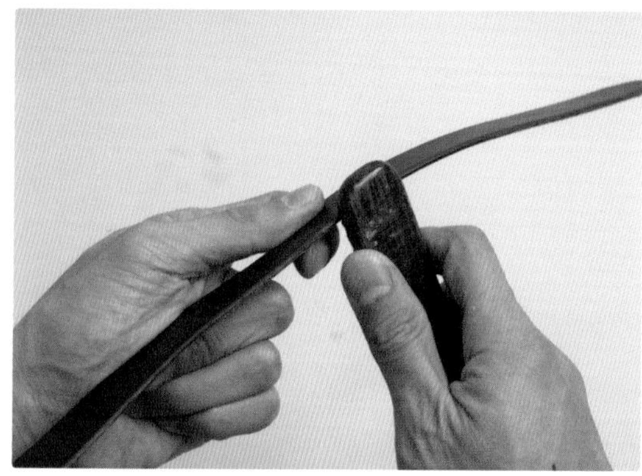

7 用挖槽器在③的银面上挖出缝合线槽，用间距规在床面上标记出需削薄部分（缝合线间距4~5mm、削皮线间距8~9mm）。

8 沿着步骤7中的标记线，以玻璃板为底衬，用皮革裁刀进行倾斜削薄。

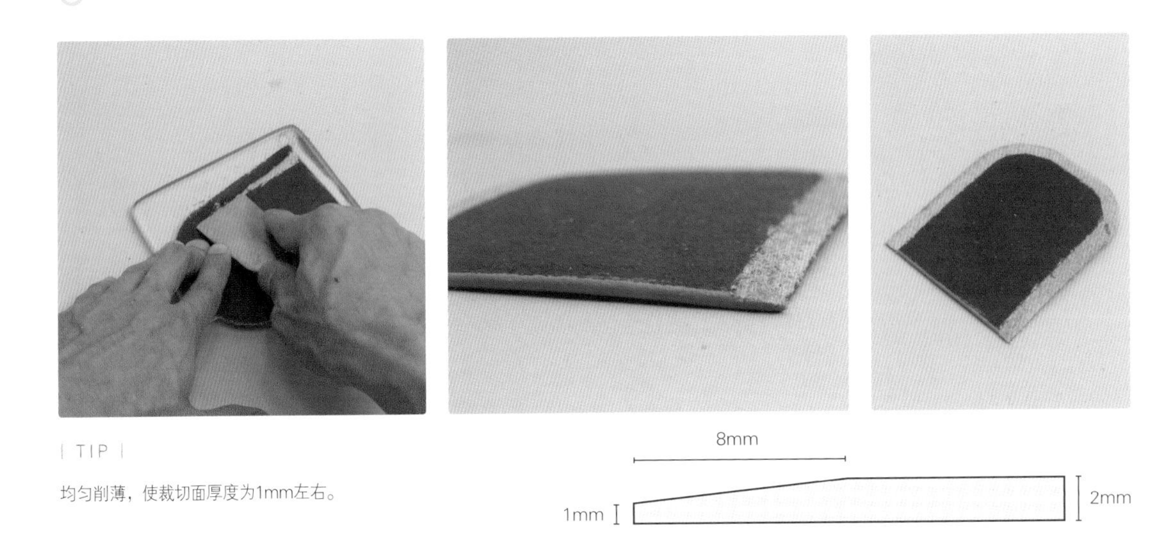

| TIP |

均匀削薄，使裁切面厚度为1mm左右。

9 用间距规标记⑦、⑧的削皮部分（距裁切面1.5cm画线），以玻璃板为底衬进行倾斜削薄。

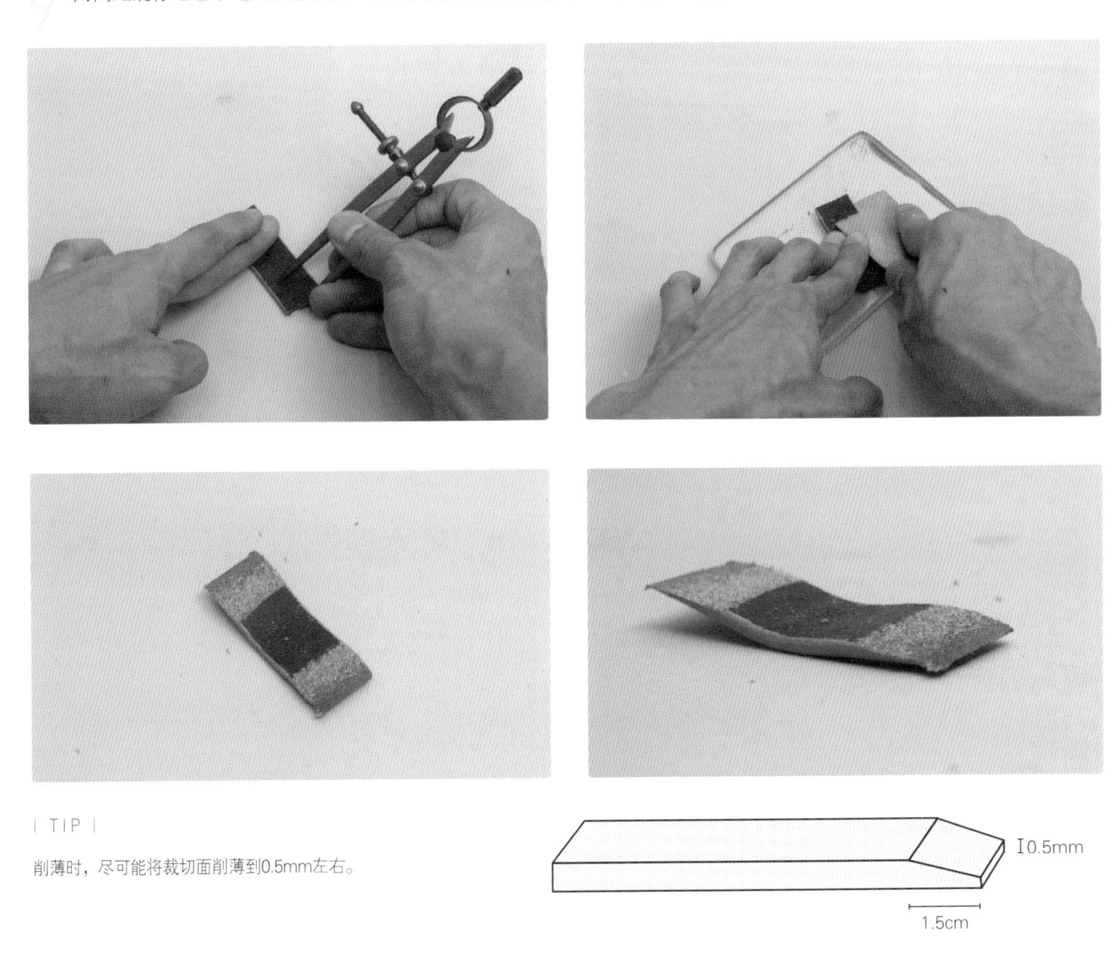

| TIP |

削薄时，尽可能将裁切面削薄到0.5mm左右。

10 将削薄部分吸水后，用手折叠边缘削薄部分，然后利用折叠器沿缝合线按压，使边缘直立。

11 在④的穿包带的位置，用长方形皮带孔打孔器打孔，用8号打孔器在装嵌铆钉的位置打孔。

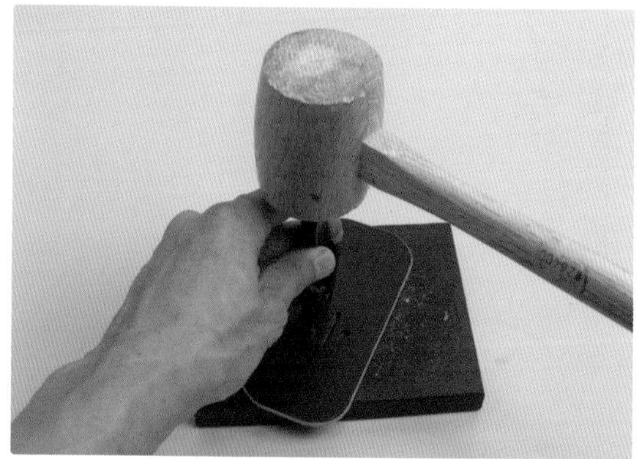

12 将D形环穿入⑦、⑧，并插入步骤11用长方形皮带孔打孔器打凿的孔中，之后用银笔标记黏合位置。

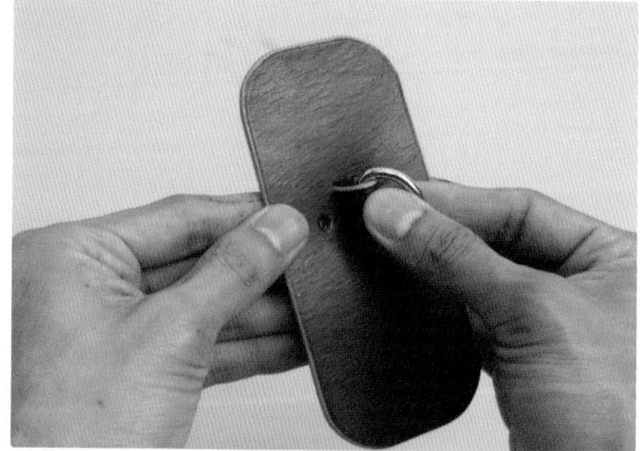

13 步骤12中标记的部分涂抹DIA黏合剂并黏合，再压实。

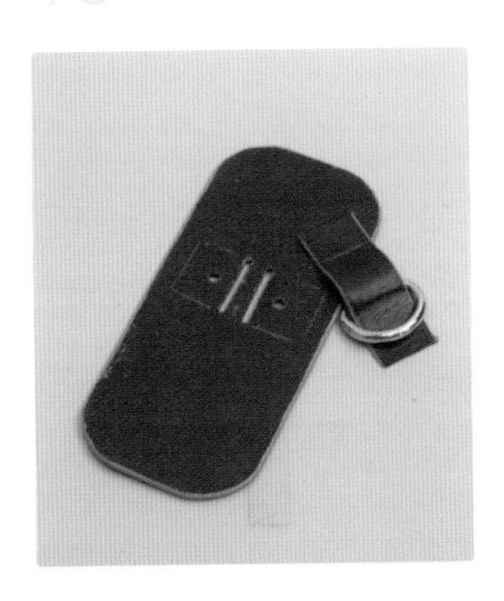

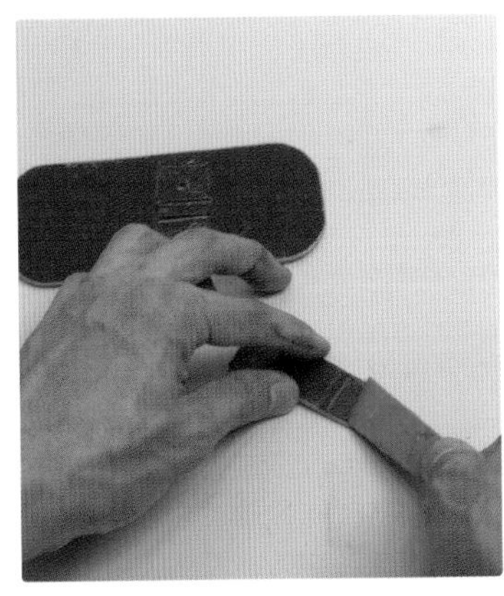

14 ③与④在需黏合的位置，沿步骤11打过的孔，再次用10号打孔器在③的位置对应打孔，装嵌6mm铆钉。

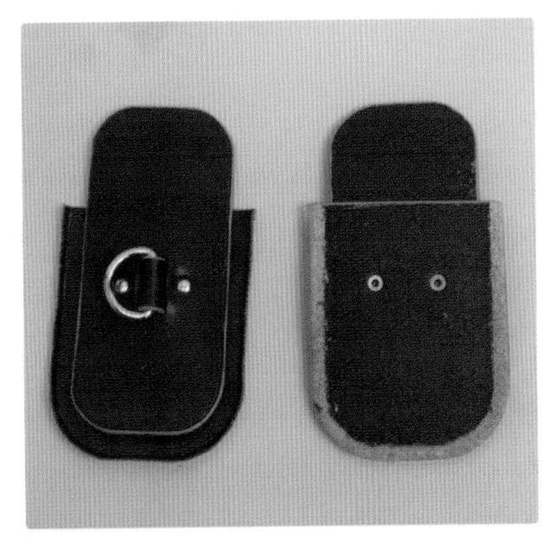

15 用间距规标记缝合线，用菱錾打孔。

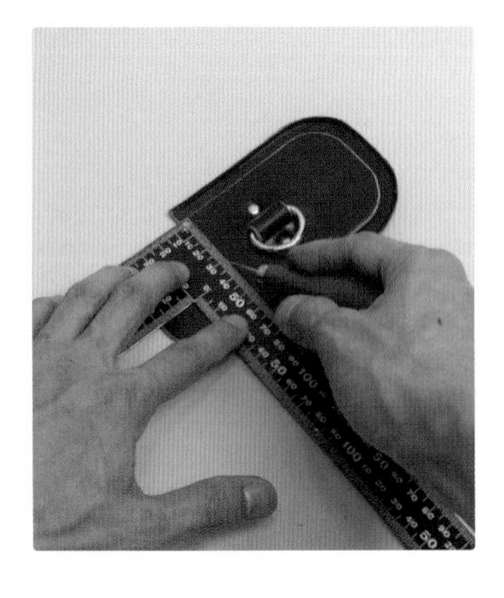

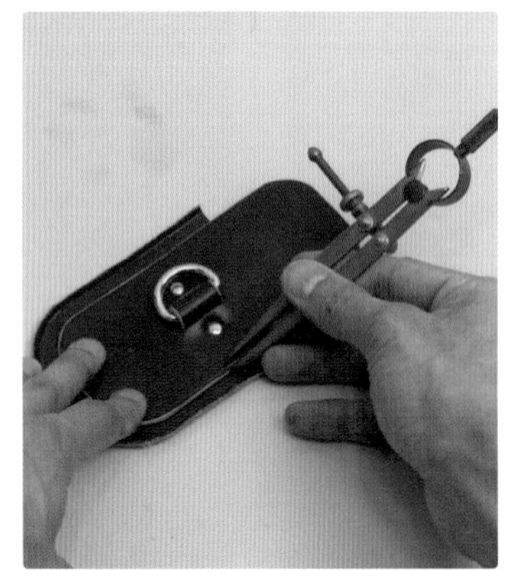

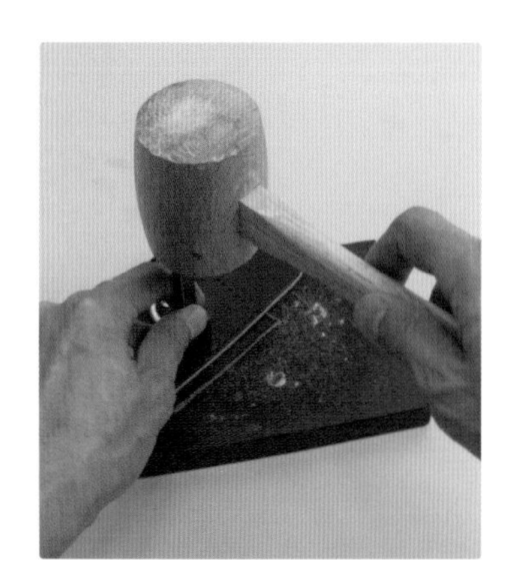

16 缝合。

17 在削薄部分再次用床面处理剂收尾，并用研磨器打磨黏合部分。

18 确认步骤17中完成的侧面与❶黏合的部分后，用银笔标记（利用双面胶临时固定更加方便）。

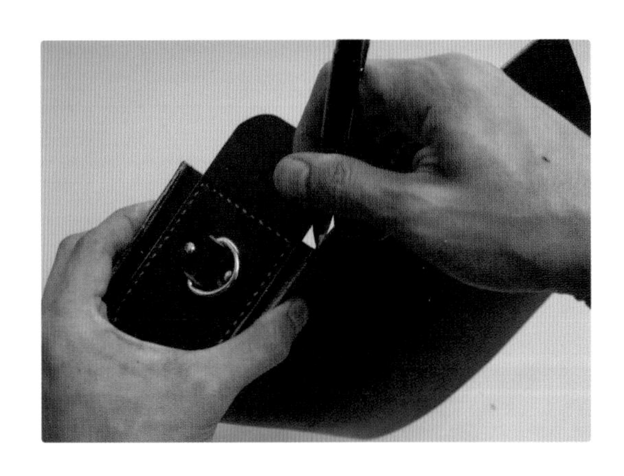

19 在❶、❷上装嵌四合扣的部分，用8号和15号打孔器打孔（❶用8号、❷用15号）。

20 装嵌10mm四合扣。

21 用锥子与间距规将黏合部分标记出来后，再用研磨器打磨。

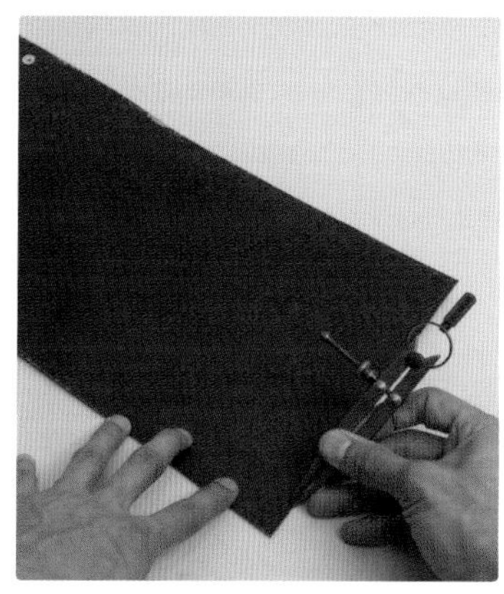

22 在步骤21中标记的黏合部分涂抹白乳胶并黏合，用滚轮压实。

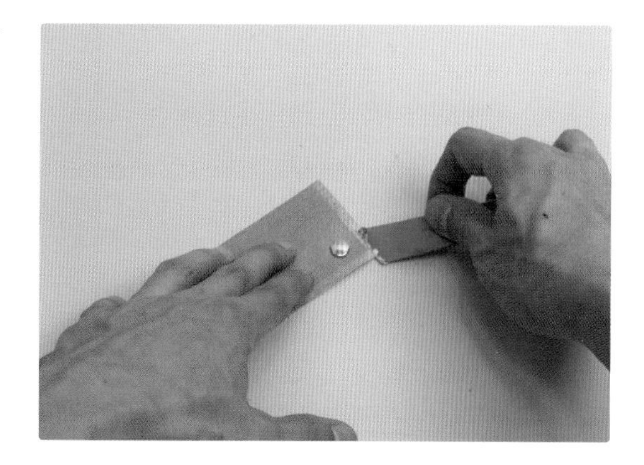

23 用皮革裁刀修缮黏合面误差，并用研磨器打磨。

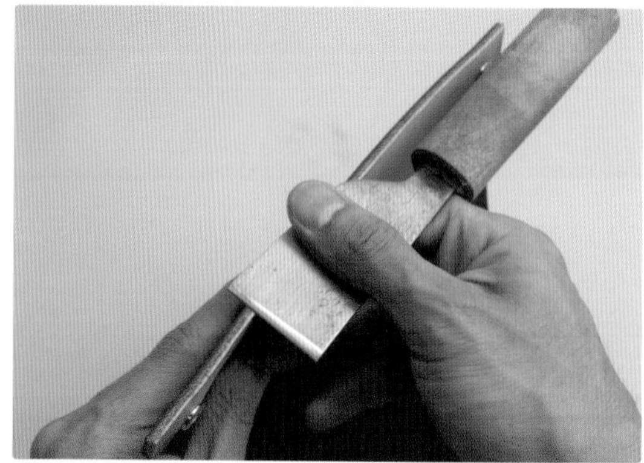

24 用挖槽器在❶上挖缝合槽。

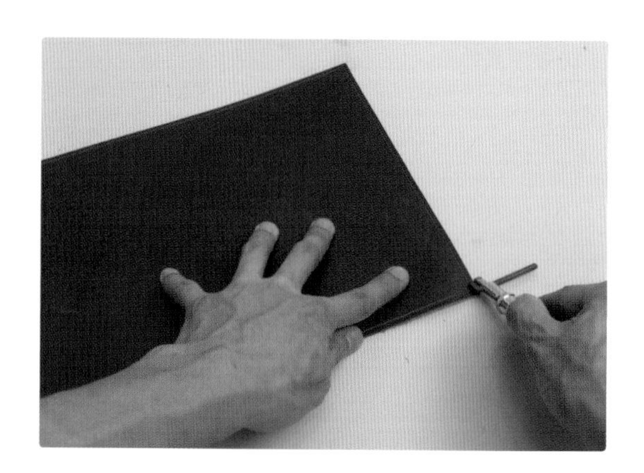

25 以步骤18中用银笔标记的部分为基准，打凿缝合孔。

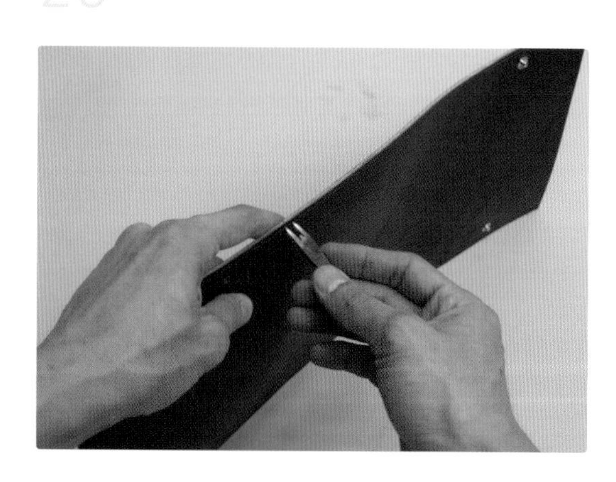

26 用研磨器打磨步骤18中标记的黏合部分。

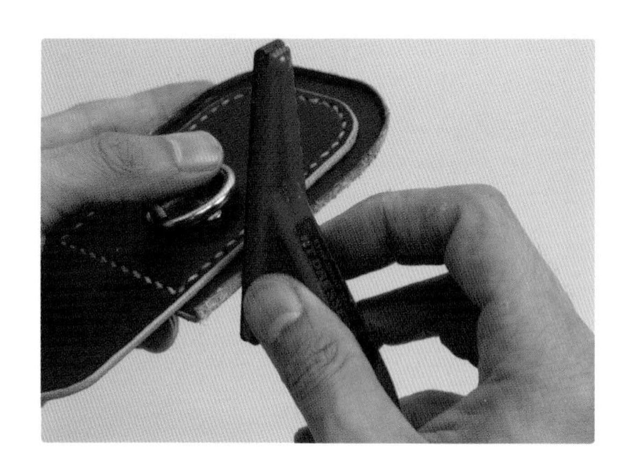

27 步骤26中打磨过的部分涂抹强力黏合剂，干燥之后，对合在一起并用平口钳夹住。

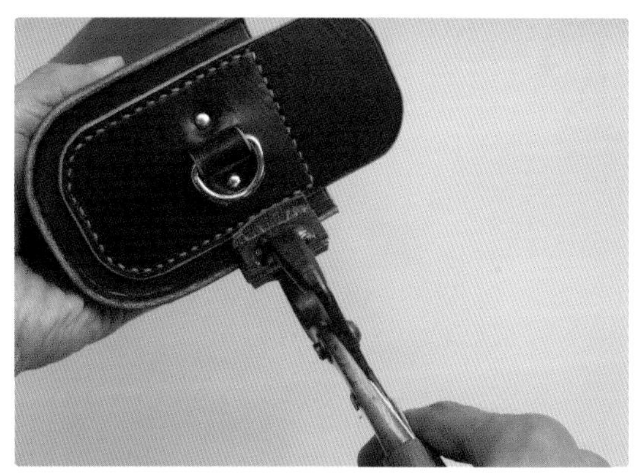

28 沿着步骤25中打出的孔印，用菱锥穿孔。

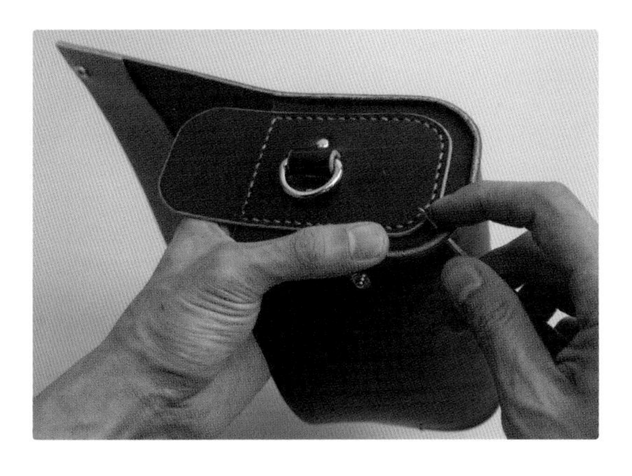

29 缝合。

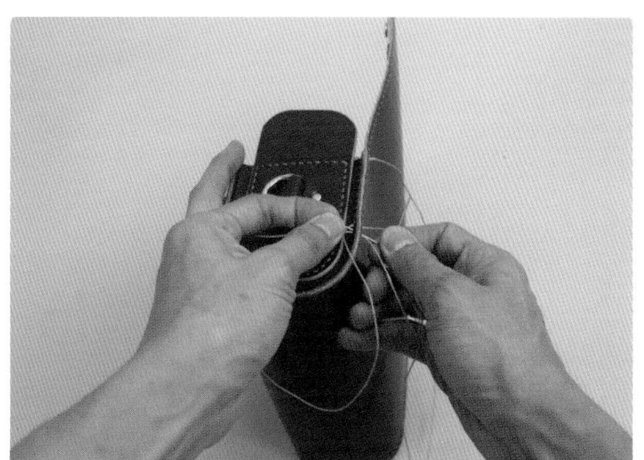

30 用皮革裁刀切除黏合面的误差，再用研磨器打磨。

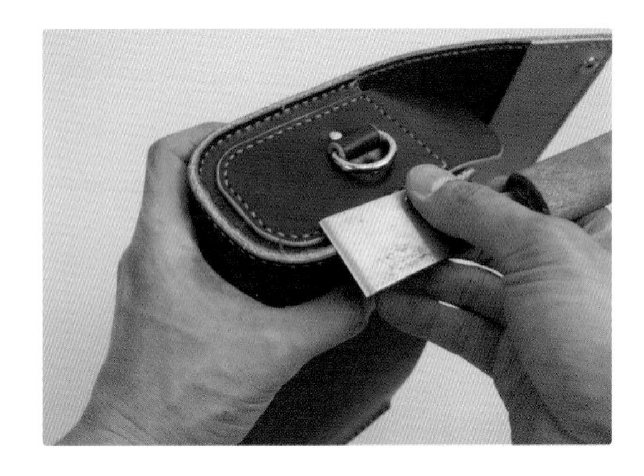
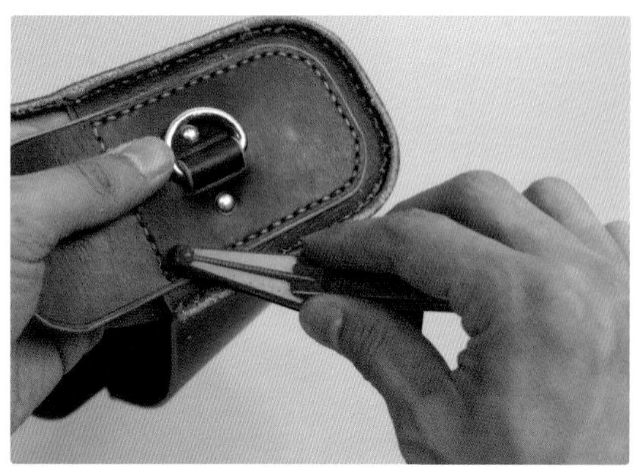

31 用削边器修剪边缘棱角后，涂抹床面处理剂，用修边器打磨收尾。

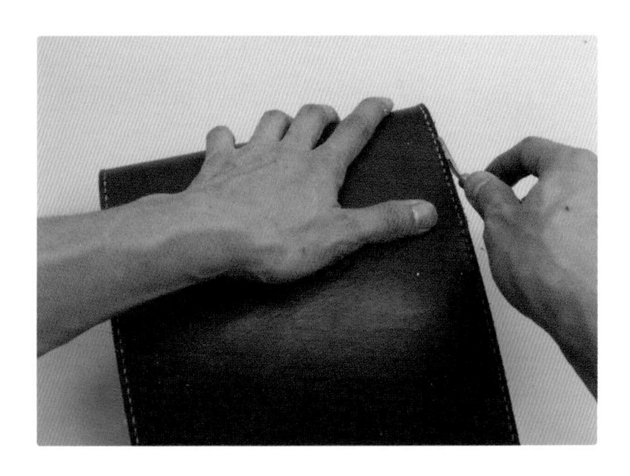

32 包带穿入挂钩，装嵌铆钉后，再插入皮带扣，用铆钉固定。

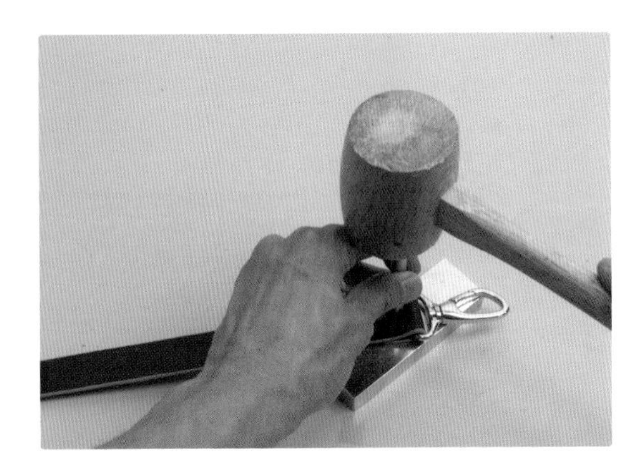

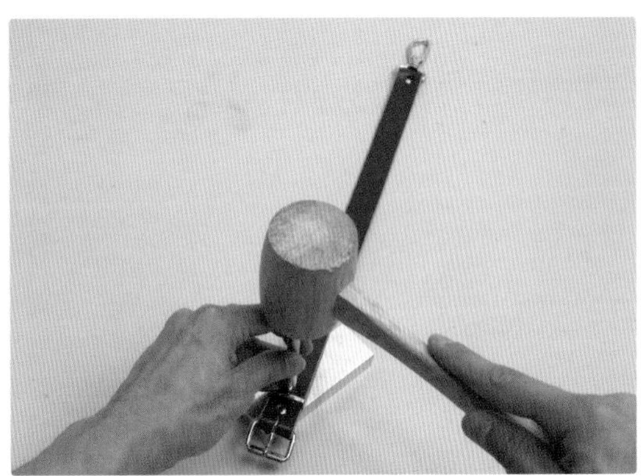